탄소 교향곡

탄소 교향곡

탄소와 거의 모든 것의 진화

로버트 M. 헤이즌 지음 | 김홍표 옮김

뿌리와
이파리

심층탄소관측단 친구와 동료들에게:
모험은 이제 막 시작되었을 뿐이다.

차례

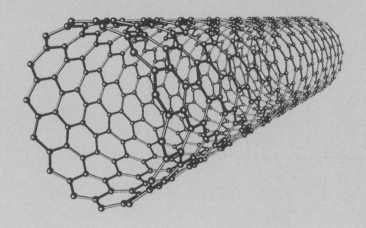

프롤로그

주위를 둘러보자. 탄소는 어디에나 있다. 이 책의 주재료인 종이, 종이 안의 글자, 종이를 고정하는 접착제에도, 신발 밑창과 가죽, 옷의 합성섬유와 울긋불긋한 염료 그리고 그것을 잠가주는 테플론 지퍼와 벨크로 테이프에도, 입으로 들어가는 모든 종류의 음식, 맥주와 술, 탄산수와 스파클링 와인에도, 바닥의 카펫, 벽의 페인트, 천장의 타일에도, 천연가스에서 휘발유, 양초 왁스를 망라하는 연료에도, 튼튼한 나무와 윤이 나는 대리석에도, 모든 접착제와 윤활유에도, 연필심과 다이아몬드 반지에도, 아스피린과 니코틴, 코데인과 카페인을 포함한 모든 약물에도, 장바구니에서 자전거 헬멧, 싸구려 가구와 명품 선글라스에 이르는 모든 플라스틱에도 탄소가 들어 있다. 배내옷부터 수의까지 탄소는 우리를 둘러싸고 있다.

탄소는 생명의 근원이다. 피부와 머리카락, 피와 뼈, 살과 힘줄은 모두 탄소에 의존한다. 몸을 구성하는 모든 세포, 세포소기관 모두가 견고한 탄소 골격으로 이루어졌다. 모유의 탄소가 아이의 뛰는 심장 속 탄소가 된다. 탄소는 연인의 눈, 손, 입술, 뇌의 화학적 정수다. 우리는 매순간 코로 탄소를 내뱉는다. 우리가 입맞춤할 때는 탄소 원자가 서로를 껴안는다.

우리 주변에서 탄소를 함유한 물건의 단 10퍼센트만 대는 것보다 탄소가 아예 없는 물건, 예컨대 냉장고 안 알루미늄 캔, 아이폰 속 실리콘 마이크로칩, 치아에 씌워놓은 금같이 특이한 소재들을 전부 찾는 게 차라리 더 쉬울 것이다. 우리는 탄소 행성에 사는 탄소 생명체다.

특별하지 않은 화학 원소란 없지만, 어떤 것은 더 특별하다. 무척 다양한 주기율표 거주자들 중 여섯 번째 원소는 우리 삶에 독특한 의미를 부여한다. 탄소는 '물건'의 단순하고 정적인 요소에 그치지 않는다. 우주의 진화를 이해하는 열쇠인 탄소는 광대한 시공간에 걸쳐 가장 핵심적인 화학적 연결고리다. 거의 140억 년에 걸쳐 진화한 우주는 한없이 매력적이고 예측할 수 없는 행동조차 서슴지 않는 과감성을 보여왔다. 탄소는 행성, 생명체, 그리고 우리의 출현을 안무했던 진화의 중심에 서 있다. 그 어떤 원소보다 탄소는 산업혁명기 증기기관에서 현대의 '플라스틱 시대'에 이르기까지 새로운 기술의 등장을 빠르게 촉진했다. 비록 행성 규모에서 환경과 기후의 전례 없는 변화를 몰고 오긴 했지만.

우리는 왜 탄소에 주목할까? 많기로 따지면 수소를 따를 원소가 없고 헬륨은 안정적이며 산소는 반응성이 무척 큰데도 말이다. 철, 황, 인, 나트륨, 칼슘, 질소 모두 자못 흥미로운 연기자들이다. 이들 모두 지구의 복잡한 진화에서 나름대로 주인공 역할을 했다. 그러나 우주의 적막한 냉기와 어둠 속에서 의미와 목적을 찾으려면 탄소를 살펴보아야 한다. 그 자체로도, 혹은 다른 원자와의 화학적 결합으로도, 탄소는 비길 데 없는 우주적 참신함의 화신이자 우주 진화를 이끈 엄청난 잠재력을 보여주었다.

100가지가 넘는 화학 원소 중 탄소는 인간의 열망을 반영하는 한편 두려움의 대상이기도 했다. 해마다 새롭게 발명되는 어마어마한 수의 탄소 기반 소재—클리넥스, 스판덱스, 프레온, 나일론, 폴리에틸렌, 바셀린, 리스테린, 박틴, 스카치테이프, 실리 퍼티*—는 우리의 삶을 크게 향상시켰다.

---

* 리스테린Listerine은 구강청결제, 박틴Bactine은 국소마취제 리도카인을 함유한, 통증을 줄이는 물질이 든 스프레이, 실리 퍼티Silly Putty는 고무공 같은 장난감을 만드는 데에 쓰는

하지만 이런 합성 화학물질이 널리 쓰이는 동안 의도하지 않은 결과가 불거지기도 했다. 오존층에 구멍이 뚫리고, 치명적인 알레르기 반응이 일어나거나 셀 수 없는 발암물질이 등장했다. 모든 생체분자의 토대로서 인류와 지구 생명체의 복지 및 지속 가능성에 이처럼 커다란 공헌을 한 원자는 없었다. 만약 탄소 원자가 없어지거나 잘못 정렬되면 질병과 사망으로 이어질 수 있다.

지표면 가까운 곳에서의 탄소 순환은 지구 기후를 안정시키고 생태계의 건강을 보장하는 한편 값싸고 풍부한 에너지를 제공한다. 그러나 화산 폭발, 석탄 연소, 소행성 충돌 또는 숲의 소실 등 자연이나 인간 활동으로 탄소 원자 분포가 흐트러지면 기후가 변하고 생태계가 붕괴될 수 있다. 흥미로운 사실은 탄소의 영향이 지표면에 가까운 생물권 영역에만 국한되지 않는다는 점이다. 지구 저 안쪽 깊은 곳에 숨어 있는 탄소는 우리 행성을 알려진 다른 모든 세계와 구별해주는 역동적인 움직임을 숨기고 있다.

어떤 의미에서든 탄소 이야기는 곧 모든 것의 이야기다. 어디에나 있고 없어서는 안 될 이 원소는 비밀도 많다. 우리는 지구가 얼마나 많은 탄소를 소장하고 있는지 모른다. 행성 깊숙이 숨겨진 다양한 형태의 탄소를 완전히 이해하지도 못한다. 우리는 지구 표면과 깊은 내부 사이를 순환하는 탄소 원자의 움직임을 제대로 알지 못하며, 그 움직임이 수십억 년 지구 역사의 이른바 '도저한 시간deep time'을 어떻게 변화시켰는지 형언하지 못한다. 수백만 가지 탄소화합물이 알려져 있지만 과학자들은 이제야 비로소 풍부한 탄소화학의 세계에 발을 들여놓았을 뿐이다. 그리고 모든 것 중 가장 커다란 미스터리인 생명의 기원은 다른 원소와 복잡한 화학적 조합을 이루는 탄소의 거동과 불가분의 관계가 있다.

양과 형태, 움직임과 기원에 이르기까지 탄소에 대해 우리는 아는 것보

합성고무의 일종이다.

다 모르는 게 훨씬 많다. 분명 우리는 답을 찾아야 하겠지만 어떻게 우리 지식의 커다란 빈틈을 메울 수 있을까? 과학 사업의 구조 자체가 지속적인 발전을 방해하는 것처럼 보이기도 한다. 대학에는 탄소과학 연구부서가 따로 없으며 대규모 학제간 연구가 진행되는 일도 드물다. 자연세계에 대한 질문에서 시작해 과학적 발견이 성사되는 것이지만 또한 개별 학문분야의 전문성이 통합보다 우선시되는 환경에서 융합학문의 육성에 시간을 할애하고 연구비를 충당하는 일도 그에 못지않게 중요하다.

누가 이렇게 색다른 종류의 연구를 이끌 것인가?

2007년 초, 뉴욕시의 고색창연한 세기협회Century Association 클럽에서는 카네기 과학연구소가 주관한 기금 마련 만찬행사가 진행되고 있었다. 경제는 호황을 누리고 있었으며 버락 오바마가 여전히 일리노이주 상원의원이던 시절이다. 미국 역사상 가장 위대한 예술가들의 그림과 조각품이 클럽의 널찍한 목재 패널 벽에 전시되었다. 탐나고 값비싼 클럽 회원권을 받는 대가로 존 프레더릭 켄세트, 윈슬로 호머, 폴 맨십과 같은 유명 작가들이 예술작품을 제공한 것이었다. 모두가 만족스러운 거래였다. 세기협회는 훌륭한 걸작을 모았고 예술가들은 클럽의 비싼 입회비를 기꺼이 감당할 수 있는 부유한 후원자들에게 접근할 수 있었으니 말이다.

그날 저녁식사 후 강연자였던 나는 본질적으로 흥미를 끌 만한 주제인 생명의 기원 연구에 대해 발표했다. 간단한 소품도 준비했다. 탄산 소다수 한 잔, 근처 공원에서 주운 돌, 앙증맞은 찻숟가락, 그리고 빨대. 짜잔! 깊고 뜨겁고 탄소가 풍부한 해저 화산 환경에서 생명체가 출현했을지도 모를 화학적 과정을 암시하는 가벼운 시연이었다. 때론 활발하고 때론 신랄한 격론의 대상이었던 내 가설에 약간의 자극적인 양념을 가미한 발표를 이어나갔다. 게다가 덤으로 이 주제에 대한 내 최근작 『제너시스』(고문주 옮김, 한 승, 2008)를 모든 참석자에게 나누어주었다. 그 순간 작품을 전시한 예술가들에게 일종의 친밀감을 느꼈던 기억이 어렴풋이 난다. 그들처럼 나도 부유한 후원자들 앞에서 밥을 달라고 노래부르고 있었다. 나와 동료 과학자들이 붓을 들이댈 새로운 과학 캔버스를 마련할 기회가 찾아오기를 내심 고대하면서.

과학 사업에도 밑천이 필요하다. 대학원생이나 박사후연구원을 지원하는 데 연간 10만 달러도 넘게 든다. 새로운 분석 장비의 가격만 100만 달러 이상인 데다 서비스 계약과 부품 교체 비용으로 매년 장비 가격의 10퍼센트 이상을 써야 할 수도 있다. 학회에 참석하려면 출장비가 들고 논문출판 비용, 시험관, 시약, 킴와이프스* 같은 기본 실험용품도 구비해야 한다. '간접비'는 떠올리고 싶지도 않다. 산업계, 정부 기관, 민간 재단의 지원이 없다면 과학연구는 빠르게 시들어갈 것이다. 그러나 10만 달러가 넘는 연구비 신청서를 작성하는 일은 성공률이 10퍼센트도 안 되는 험난한 과정이다.

빅애플**에서 나는 모자를 손에 들고 과학자가 아닌 사람들 앞에서 과학을 홍보했다. 그런 행사를 수월하게 치를 수 있는 사람도 있겠지만 과학을 홍보하는 일은 내겐 다소 버거웠다. 새로운 경험이었던 그날 행사는 프로젝트와 몇 번의 연구비 신청 마감일이 겹치면서 이내 잊히고 말았다. 그러던 어느 날 모든 것을 바꿔놓은 전화 한 통이 걸려왔다.

2007년 초봄, 워싱턴에 이른 벚꽃이 피기 시작할 때였다.

---

* Kimwipes: 실험실용 고급 휴지.
** 뉴욕시의 별명. 영화 〈배트맨〉의 고담Gotham도 마찬가지다.

"안녕하세요, 헤이즌 박사님, 뉴욕 슬론 재단 제시 오수벨입니다." 분명 세기협회 클럽에서 제시를 만났겠지만 전혀 기억이 나지 않았다. 다정하면서도 사무적인 그의 목소리는 유쾌하면서도 중후하게 들렸다.

"저희 슬론 재단에서 새로운 사업을 구상하고 있습니다." 귀가 멍멍했다. 슬론 재단은 과학연구를 지원하고 교육사업도 열심이다. 야심찬 해양생물 센서스와 암흑에너지를 발견한 디지털 전천탐사사업Digital Sky Survey, 미국 공영라디오방송국(NPR)과 공영방송서비스(PBS)가 대표적 사례다.

"생명의 심층 기원 프로그램에 관심이 있으시지요?" 바닷속 깊은 화산지대에서 생명이 출현했다는 무척 모험적인 가설을 다룬 뉴욕 강연이 적중한 것 같았다.

오수벨은 슬론 프로그램이 대개 연간 700~1000만 달러 규모로 10년 동안 진행된다고 말한 다음 내 반응을 살펴보는 듯했다. 나는 잠깐 침묵했다. 8개의 0이 뇌를 마비시켰나 보다.

곧 우리는 현실로 돌아와 세부사항을 논의하기 시작했다. 10년짜리 대규모 사업으로 생명의 기원에만 초점을 맞추는 일은 너무 좁은 시각이라고 나는 강조해서 말했다. 생물학뿐만 아니라 물리학, 화학, 지질학에서 행성 규모의 탄소 미스터리가 여전히 해결되지 않았던 상황이었다. 우리가 지구 탄소의 더 깊은 내용을 이해하기 전까지는 생명의 오래되고 신비로운 기원을 알 수 없으리라고 나는 거듭 강조했다.

제시 오수벨은 물리학, 화학, 지질학 및 생물학이 참여하는 포괄적인 접근방식을 좋아했다. 45억 년의 지구 역사, 나노 크기에서 우주까지, 지각에서 지구 내핵까지 다양한 분야의 전문가를 모으고 워크숍을 열어 현재 우리가 아는 것과 모르는 것을 정의하고 지구 탄소에 대한 인류의 이해를 근본적으로 바꿀 글로벌 전략을 달성하기 위한 첫 일 년, 40만 달러 규모의 기초사업이 사전승인되었다.

그것은 단순한 캔버스가 아니었다. 그것은 전례 없는 힘, 즉 웅장한 합창단, 다수의 오페라 독주자, 튜바에서 피콜로에 이르기까지 각양각색의 음색을 지닌 초대형 오케스트라와 함께 한 야심찬 베토벤 교향곡이었다. 여태한 번도 시도된 적이 없는 사업이었다.

❖

쏜살처럼 1년이 흘러 2008년 5월 15일, 세계 각지에서 100명 이상의 전문가들이 모였다.[1] 10여 개 국가, 다양한 과학분야의 중진 교수들도 기꺼이 합류했다. 우리는 새롭고 통합된 접근방식으로 탄소과학을 다룰 근거와 의지가 있는지 여부를 타진할 임무를 부여받았다.

과학자들이 좀체 자신의 안전지대를 벗어나려 하지 않아서 워크숍 첫날은 그다지 생기가 돌지 않았다. '집단이기주의 금지'와 '경계를 넘어'라는 거창한 수사에도 불구하고 생물학자들은 거의 생물학자들과 대화를 나눴고 지구물리학자와 유기화학자들도 각자 자신의 울타리 안에 옹기종기 모여 있었다.

둘째 날은 좀 나아졌다. 조금씩 생생한 대화가 이어지면서 아직 미답의 분야가 시나브로 드러나기 시작했다. 지구 핵 탄소의 수수께끼, 불가사의한 원시 생명의 기원, 위엄 있는 판구조 거대순환, 광대한 지하 미생물생물권의 암시 등이 그런 것들이었다. 우리는 새롭고 좀더 넓은 맥락에서 자신의 좁은 전문분야를 되돌아보게 되었다. 그렇게 처음으로 우리는 폭발하는 화산과 다이아몬드 광산, 판구조론과 기후 변화, 화학적으로 반응성이 큰 광물과 숨겨진 깊은 생명체 사이의 역설적이면서 아직 미답의 상호작용에 대해 궁리하기 시작했다. 포괄적인 통합주제로서 탄소과학의 매력이 우리를 잡아당기고 있었다.

사흘째가 저물어갈 무렵 세계적 협력을 향한 틀이 짜였다. 열정이 넘치는 지도자들이 등장했다. 슬론 재단 관계자들은 토론장에서 에너지를, 과학자들의 눈에서 열정을 보았다. 주저 없이 그들은 심층탄소관측단Deep Carbon Observatory을 출발시켰다.[2] 우리는 특이한 과학적 야망과 전망을 지닌 범국가적 모임의 일원이 될 것이었다. 그 가능성에 전율했지만, 아마 모든 참가자가 한편으로는 극적이고 창피하고 뼈아픈 실패의 일부가 되는 건 아닐까 하는 걱정을 했을 것이다.

10년이 지난 지금, 우리 목표는 초과달성된 듯싶다. 50개국에서 온 1000명 이상의 과학자로 구성된 국제탄소연구자함대가 지구 탄소의 신비를 샅샅이 캐고 있다. 전 세계 수십 개 기관과 재단이 나서 총 5억 달러에 달하는 연구 자금을 지원하는 심층탄소관측단은 역사상 가장 포괄적이고 광범위한 학제 간 연구 시도 중 하나다.

성공적인 과학프로그램이 으레 그렇듯 우리는 많은 것을 배웠지만 또한 얼마나 모르는지 뼈저리게 느끼기도 했다. 탄식과 답이 없는 질문은 곧잘 미래 연구로 치닫는 지속적인 원동력이 된다. 알면 알수록 더 모른다는 사실을 깨닫는 것은 곧 과학의 역설이다. 아마 아예 알 수 없을지도 모른다. 뭔가 발견할 때마다 미지의 세계로 향하는 문이 크게 열린다.

이제 나는 새롭게 떠오르는 탄소과학의 전망을 공유하고 그간 발견한 내용과 아직 탐험해야 할 미지의 세계를 기록하려 한다. 하지만 어떻게? 만일 내가 존 프레더릭 켄세트나 혹은 윈슬로 호머였다면 그림을 그렸을 것이다. 글은 더 어렵다. 백과사전처럼 탄소에 대해 주저리주저리 나열한다고 해도 이 주제가 포괄하는 다양한 뉘앙스를 제대로 설명하지 못할 것이기 때문이다. 그렇다면 어떻게 탄소의 이야기를 한 권의 책에 함축할 수 있을까? 기회가 주어졌지만 사실 난감했다. 제시 오수벨이 방향을 제시하기 전까지,

나는 한 발짝도 떼지 못한 채 다만 저립하고 있었다.

"교향곡을 써보세요!" 명령하듯 그가 말했다.[3]

제시는 내가 지난 40년간 과학자이자 트럼펫 연주자로서 낮에는 실험실에서 연구하고 밤에는 여러 악단에서 공연했던 사실을 알고 있었다. 나는 워싱턴 체임버 심포니와 내셔널 갤러리 오케스트라에서 정식 단원으로, 내셔널 심포니 오케스트라와 워싱턴 내셔널 오페라에서 객원 연주자로 활동하며 베토벤, 브람스, 슈만, 멘델스존의 모든 교향곡을 여러 차례 연주한 바 있다. 그럼에도 처음에는 그의 말을 이해할 수 없었다. 음악이 아닌 말로 교향곡을? 무엇의 어떤, 네 악장…?

불확실하고 혼란스러웠지만 그 은유는 몇 가지 의미가 있다. 심층탄소관측단에는 다양한 물리학자, 화학자, 생물학자 및 지질학자가 있다. 마찬가지로 심포니 오케스트라에도 다년간 훈련한 열광적 연주자들이 즐비하다. 오케스트라 음악가는 제각기 독특한 악기를 연주한다. 바이올린과 튜바, 플루트와 스네어 드럼, 트럼펫과 비올라 등등 모든 음색과 음역이 중요하지만 홀로는 그 어느 것도 공연장을 울리는 장엄함을 웅변할 수 없다. 탄소과학의 교향곡도 마찬가지다. 심층탄소관측단의 다양한 목소리가 없었다면 '탄소 교향곡'은 결코 울려퍼질 수 없었을 것이다.

오케스트라 연주에서 잊을 만하면 아름다운 솔로가 출현하는 일도 색다른 즐거움이다. 우리 탄소 교향곡에서도 걸출한 남녀 연구자들이 나타나 그들의 변주를 더 큰 주제를 가진 작업으로 통합하는 일이 전개되는 것이다.

모든 교향곡과 마찬가지로 이 책도 개인적인 여정이다. 내용은 독특하고 전망은 제한적인데다 다소 편향된 관점으로 구성된 나만의 분위기를 드러낼 수밖에 없다. 나는 수백 명에 이르는 동료들의 작업 덕에 이 글을 쓰게 되었지만 이 탄소 이야기는 기본적으로 내 개인적인 구술 작업이다. 그렇기에 앞으로도 다양한 형식의 탄소 교향곡이 거듭 나타날 것이다.

♦

일관된 틀을 구성하는 데 어려움을 겪긴 했지만 나는 과학적 노력과 훌륭한 교향곡 사이의 유사점에 초점을 맞추면서 탄소 교향곡의 악장을 짜맞추어 나갔다. 이내 고대 자연철학자들의 네 원소가 떠올랐다. 흙, 공기, 불, 물. 독특한 특성을 갖고 환원할 수 없는 '정수'인 이들 네 원자는 통합적으로 우주의 모든 물질을 구성한다. 주기율표 원자 중 탄소는 유일하게 이들 네 원자의 특성을 고스란히 지니며 네 악장의 주제를 힘차게 이끌고 간다.

교향곡에서처럼 이 책은 넓은 주제와 각기 다른 분위기를 표현하는 네 악장으로 구성된다. '제1악장―흙'에서 우리는 지구 행성의 단단한 결정인 광물과 암석을 살펴본다. 이 악장은 지구가 형성되기 한참 전, 탄소 원자가 더 작은 원자 부품에서 만들어졌던 창조의 새벽에서 시작한다. 곧이어 풍부한 광물로 구성된 지구가 출현하고 그 안에서 결정성 탄소화합물이 진화해온 아름다운 선율이 펼쳐진다.

'제2악장―공기'의 주제는 지구의 위풍당당한 탄소 순환이다. 탄소 원자는 바다와 대기 사이에서 장소를 바꿔가며, 판구조 운동을 하는 지각판을 따라 지구 내부 깊은 곳으로 침강했다가 수백 개의 활화산에서 터져나오는 뜨거운 기체 속에서 표면으로 돌아오며, 저장소들 사이에서 끊임없이 움직인다. 인간 행동의 미처 의도하지 않은 결과가 흠집을 내기 전까지 수백만 년에 걸친 이 도저한 탄소 순환은 흐트러짐 없는 평형 상태를 유지해왔다. 교향곡의 느린 움직임처럼 이 주제는 더 부드럽고 우아하게 접근해야 한다.

에너지, 산업 및 하이테크 응용과학 분야에서 탄소의 역동적인 역할은 '제3악장―불'의 강력하고 빠른 스케르초로 표현했다. 탄소는 우리 삶의 모든 면에 참여하며 수천의 얼굴을 가진 '물질'의 질료다. 우리 삶의 모든 측면에 스며든 탄소처럼 과학자와 음악가의 활력은 스케르초로 출렁인다.

마지막 '제4악장―물'은 생명의 기원과 진화를 연주한다. 이 악장은 지구의 원시 바다에서 생명체가 출현하면서 평화롭게 시작되지만 생명의 놀라운 진화적 다양성과 혁신으로 빠르게 치닫는다. 탄소 교향곡은 거대한 한줄기 피날레로 합쳐지면서 탄소과학을 한 울타리 안에 그러모은다.

자리에 앉자. 이제 조명이 꺼진다. 우리 이야기는 탄소, 그리고 심지어 시간마저 생겨나기 전, 절대적 없음에서 우주가 탄생하면서 시작된다.

침묵

우주Cosmos 이전은 텅 빔.
아무것도—물질이나 빛, 심지어 공간조차 없다.
어떤 단서도 없다.
생각도 발견도, 예술도 음악도, 희망과 꿈도 없다.
다만 어둠과 고요가 있을 뿐

우리는 모든 것의 부재,
그러한 절대적인 무를
헤아릴 수 없다.
시간 이전의 시간은
우리의 물리법칙을 넘어
미지의 안개 속에 신비롭게 서 있다.
그것은
탄소, 모든 것의 출현
이전의 시대였거늘

제1악장

흙: 탄소, 결정의 원소

창조의 순간!
시간과 공간은 무에서 나온다.
모든 것의 우주적 본질은 한순간에 나타난다.
공허에서 생겨난 순수한 에너지 소용돌이 틈에서.

우리 우주는 농축된 세상에서 태어났다.
농밀하고 뜨겁고 상상할 수 없을 정도로 작았지만
그것은 팽창했다.
빛보다 급히 부피를 창조하고
성장하며 빠르게 식어갔다.
식을수록 틀이 다져진 우주는
더 친숙하고 더 집다워졌다.

서곡—지구 이전

웅장한 탄소 교향곡은 138억 년 전 창조의 새벽, 짧고 광적인 전주곡으로 시작되었다. 빅뱅 이후 짧은 시기에는 그 어떤 종류의 원자도 우주를 수놓지 못했다. 너무 뜨겁고 무자비하게 폭력적이었던 환경 탓이다. 물질과 에너지의 조밀하고 과열된 압축점이 팽창하며 차가워지는 동안 기본 입자는 별, 행성, 생명체의 구성원으로 스스로를 자리매김했다. 우리가 아는 거의 모든 물질의 출발점인 수소와 헬륨이 가장 먼저, 아찔할 만큼 많이 만들어졌다. 그러나 최근 밝혀진 사실에 따르면, 이보다 무거운 원자들 또한 이때 엄청난 수로 생성되었다. 생명의 원소인 탄소와 질소, 산소 등이 그런 것들이다.

원자의 발명: 빅뱅 탄소

과학자들은 빅뱅 이후 수백만 년이 지난 뒤 별에서 탄소 이야기가 시작되었다고 가르친다. 수십 개의 교과서와 동료심사를 통과한 출판물에서도 이런 주장을 흔히 볼 수 있다. 이런 견해는 활기차고 역동적이며 광적인 매력으로 가득한 탄소 연구의 핵심 주제에서 벗어나 우리를 잘못된 길로 인도한다. 그러한 함정을 어떻게 피할 수 있을까? 모든 가설에 의문을 던지고 결과를 확인, 또 확인해야 한다. 그리고 언제든 깜짝 놀랄 준비를 하면 된다.

첫세대 별이 탄생하기 이전 우주 역사에서 원자를 만드는 유일한 과정은 짧은 시간에 벌어진 독특한 사건이었다. '빅뱅 핵합성(Big Bang nucleosynthesis, BBN)'[1]이라 불리는, 핵 창조력이 폭발한 17분간의 시간이었다. 138억 년 전 모든 물질, 에너지, 공간 자체가 갑자기 존재하게 된 불가사의한 특이점singularity인 빅뱅은 오늘날까지도 우리 우주를 특징짓는 팽창을 시작했다. 팽창은 곧 냉각을 의미하며 냉각과 함께 일련의 응축(물리학자들은 '동결'이라고 한다) 과정이 진행되었다. 매 단계 벌어지는 연속적인 변환을 거쳐 우주는 더 유형화되고 흥미로운 곳으로 바뀌었다.

감지할 수 없게 뜨겁고 밀도가 높은 소용돌이에서 처음으로 응축된 것은 가장 기본적인 입자인 '쿼크'(원자핵의 구성 입자)와 '렙톤'(전자를 떠올리자)이었다. 처음 1초 동안 온도는 100조 도라는 상상도 할 수 없는 온도로 떨어졌고, 쿼크들이 세 개씩 쌍을 이뤄 결합하면서 천문학적인 수의 양성자와 중성자가 약 7:1의 비율로 만들어졌다. 초침이 계속해서 째깍거리는 동안, 우주는 팽창과 냉각을 이어갔다.[*]

우주의 나이가 3분이 되었을 때, 우주는 핵력에 의해 양성자와 중성자가 다양한 조합으로 한데 묶여 안정한 원자핵을 형성할 최적의 상태가 되었다. 우주의 (명백히 매우 짧은) 역사상 처음으로 온도는 겨우 1000억 도까지 충분히 '냉각'되었다. 한번 완성된 핵이 고스란히 남아 있기에 충분한 조건이었다. 수소 원자의 핵인 고립된 양성자는 지배적인 위치를 차지했다. 그 덕에 지금도 우주에는 수소 원자가 압도적인 양을 차지한다. 그러나 수소만 있었던 것은 아니었다. 그다음 17분 동안 중성자는 그들이 찾을 수 있는 모든 양성자와 미친 듯이 결합하여 '중수소'라고 불리는 수소 동위원소를 형성했다. 이들 중수소의 대부분은 쌍쌍이 융합하여 헬륨-4로 알려진, 2개의 양성자와 2개의 중성자를 가진 헬륨으로 변했다. 약 20분이 지난 우주는 너무 많이 냉각되어 더이상의 핵융합 반응은 일어나지 않았다. 그렇게 원자 비율은 어느 선에서 고정되었다. 이 가장 단순한 버전의 빅뱅 핵합성으로 우주에는 수소 핵 10개당 하나의 헬륨-4 핵에 약간의 중수소가 버무려져

---

[*] 중성자가 양성자보다 0.1퍼센트 더 무겁다. $E=mc^2$ 방정식에 따르면 양성자에 이 차이만큼 에너지를 보충해주어야 중성자가 만들어진다. 하지만 빅뱅 1초 후 온도가 떨어지면서 중성자를 만들 에너지원이 사라졌다. 그 결과 양성자의 수가 점점 많아져 중성자와의 비율이 7:1보다 커졌다. 양성자와 전자로 구성된 수소가 우주에 압도적으로 많은 이유가 바로 여기에 있다.

있는 형국이었다.

이는 유용한 단순화이지만, 사실 빅뱅 핵합성 이야기는 그리 단선적이지만은 않다. 핵입자(양성자와 중성자)들 또한 서로 뒤섞이면서 가능한 모든 조합으로 충돌했고, 작지만 상당한 양의 헬륨-3(양성자 두 개와 중성자 한 개) 및 리튬-7(양성자 세 개와 중성자 네 개)을, 뿐만 아니라 빠르게 부서지는 더 크고 불안정한 핵들 또한 형성했다. 오늘날 우주에서 관측되는 희소한 헬륨과 리튬 핵의 비율은 빅뱅 직후부터 시작된 우주의 진화를 계산하는 데 있어서 가장 까다로운 제약조건 중 하나다. 우주의 기원에 관한 이러한 설명에 따르면, 빅뱅 핵합성 과정은 리튬(원자번호 3번)보다 무거우면서 안정한 원소를 생성할 여지가 없다. 여기에는 원자번호 6번, 즉 탄소가 없다는 뜻이다.

과학의 재미는 미묘함에 있다. 앞 단락에서 서술한 '탄소 없음'이 반드시 '탄소 제로'를 뜻하지는 않는다. 정확하게 말한다면 '**의미 있는** 만큼의 탄소가 없음'이 될 것이다. 그것은 우주 역사에서 앞으로 다가올 별과 은하의 행동을 주도할 만큼의 탄소가 아직 준비되지 않았다는 뜻이다. 결정crystal이나 대기 혹은 참나무를 구성할 충분한 양의 탄소는 빅뱅 초기에 만들어질 수 없었다. 탄소를 추적 중인 우리는 반드시 6번 원소의 탄생 과정에 대해 속속들이 알아야 한다. 단 하나의 원자일지라도 탄소 원자의 출현은 우주적 의미가 있다.

빅뱅 이후 3분에서 20분 사이 17분간의 시간은 상상할 수 없을 만큼 폭력적이고 강렬했다. 핵이 상호작용하고 서로를 교환하면서 고삐 풀린 듯 새로운 원자를 만들어냈다. 양성자와 중성자 사이에 일어날 수 있는 거의 모든 종류의 충돌은 대부분 중수소나 헬륨을 만들었지만, 20분에 가까워질수록 더 차가워진 우주에서 일어난 더 큰 핵조각 사이의 반응은 더 복잡한 조합을 이뤄 리튬보다 무거운 몇몇 원소를 형성하였다.

2007년에 이탈리아 천체 물리학자 파비오 이오코Fabio Iocco와 그의 동료들이 발표한 계산에는, 그동안 기나긴 계산 과정을 감수하기에는 (슈퍼컴퓨터를 사용하는 데 드는 비싼 비용은 말할 것도 없고) 도저히 있을 법하지 않아 보여서 무시되었던 100개 이상의 가능한 핵반응 경로들이 포함되어 있었다.[2] 이오코의 결론은 다음과 같았다. '네, 그러한 반응들은 있을 수 없는 일 같지만 불가능한 건 아닙니다.' 탄소, 질소, 산소(원자번호 6, 7, 8)가 전부 만들어졌다. 하지만 그 양은 우주의 후속 진화에 영향을 미치기에는 너무 적었다. 어쨌든 여러 원소가 형성되었다. 이오코의 계산에 따르면 대략 4,500,000,000,000,000,000(450경)개의 수소 원자핵마다 한 개의 탄소-12 원자핵이 나타난다. 얼핏 보기에 그 정도는 거의 의미가 없을 정도로 충분히 적어서 이오코와 그의 동료들은 초기 별들이 '금속이 없는 환경'에서 진화했다는 결론을 내렸다(천체 물리학자들은 헬륨보다 무거우면 죄다 '금속'으로 취급한다). 다시 한번 과학자들은 빅뱅이 사실상 탄소를 생성하지 않았다고 주장했다.

정말 그게 전부일까? 대략적인 계산에 따르면 우주는 빅뱅 핵합성에서 최소 10^{80}개(숫자 1 뒤에 0이 80개)의 수소 원자를 만든 것으로 나타났다. 또한 앞에서 살펴보았듯 수소 원자 450경 개당 한 개의 탄소 원자가 만들어진다. 아주 적은 양이다. 하지만 수소 원자의 수가 워낙 많기 때문에 아주 적은 부분일지라도 탄소의 숫자는 **어마어마하게 크다**. 간단히 계산해도 빅뱅은 10^{64}개 이상의 탄소 원자를 생성했음을 의미한다. 그 총량은 우주 질량의 아주 작은 부분에 불과하며 오늘날 우주에서 발견되는 총 탄소 원자의 1조분의 1에 미치지 못하지만 여전히 원시 탄소 원자의 수는 많다.

빅뱅 초기에 만들어진 10^{64}개의 탄소 원자는 지금 어디에 있는 것일까? 일부는 확실히 이전 세대의 별에 포착되고 핵융합 반응 주기를 거쳐 더 무거운 다른 원소로 변형되었다. 나머지 빅뱅 탄소 원자는 오늘날 우주 전체에 우주 먼지와 가스로 흩어져 있다. 그러나 최초의 탄소 원자 중 많은 것들은 우리 현대 우주의 그것과 섞여 나중에 형성된 탄소와 구별되지 않는다.

우리 몸에는 10^{24}개 이상의 탄소 원자, 즉 1조에 1조를 곱한 수만큼의 6번 원자가 들어 있다. 필연적으로 그중 수조 개의 원자는 빅뱅 핵합성의 진통을 겪으며 아주 오래전에 별이 벼려냈던 바로 그 탄소 핵이어야 한다. 생명에 필수적인 모든 원소, 원시 수소는 말할 것도 없고 필수 원자인 산소와 질소도 마찬가지다.

놀라운 사실은 우리 몸의 수많은 탄소 원자가 우리가 오랫동안 믿어온 것처럼 별이 아니라 태초 138억 년 전의 빅뱅에서 형성되었다는 점이다. 칼 세이건은 "우리는 별 먼지로 만들어졌다"[3]는 유명한 말을 했다. 하지만 이 말은 반만 옳다. 빅뱅 핵합성 탄소 덕택에 우리는 모두 '빅뱅 먼지'로도 이루어졌다.

항성 먼지

지구와 생명체가 살아가려면 빅뱅의 원시 도가니에서 만들었던 것보다 훨씬 더 많은 양(1조 배 이상)의 탄소가 있어야 한다. 6번 원소의 진정한 저장소를 찾으려면 우리는 밤하늘의 빛나는 별을 보아야 한다. 거의 모든 탄소 원자가 별 깊숙한 곳에서 만들어졌기 때문이다.

벌써 한 세기 전에 하버드 대학의 뛰어난 여성 과학자 그룹이 탄소 이야기에서 별의 역할을 알아차리기 시작했다. 1880년대 천문학은 새로운 도전에 직면했다. 바로 별의 본성에 대한 폭발적인 데이터를 처리하는 일이었다. 이전의 천문학자들은 세계 최고의 망원경을 사용하여 20만 개가 넘는 별의 위치와 밝기를 기록했지만 다양한 물리적, 화학적 특성을 다룬 데이터는 거의 없었다. 19세기의 마지막 25년 무렵 감도가 좋은 분광기와 카메라를 천체망원경에 부착하는 방법이 등장하면서 천문학자들은 새로운 통찰력을 얻을 수 있게 되었다. 그렇게 생성된 유리 사진판은 하늘에 점점이 박힌 수천 개의 점을 별 스펙트럼의 모자이크로 변형시켰다. 유리 프리즘이 백색광을 빨강에서 보라까지 무지갯빛 스펙트럼으로 펼쳐놓듯이 개개의 별은 사진 속에서 바코드의 수직선처럼 작고 길쭉한 직사각형으로 나타났다.

별 스펙트럼은 별에 대해 많은 것을 증언한다. 별 표면이 고온(일반적으로 섭씨 2,000~33,000도)으로 가열되면 각 화학 원소는 일종의 원자 지문이라 할, 서로 다른 색상의 밝은 선으로 구성된 고유한 패턴을 방출한다. 각선은 원자의 전자가 더 높은 에너지 수준에서 더 낮은 에너지 수준으로 내려올 때 발생한다. 고정된 색상의 작은 섬광이 수반되는 '양자 점프'다. 예컨대 선명하고 촘촘한 한 쌍의 주황색 선은 나트륨의 존재를 드러낸다. 그와 달리 수소는 강한 빨간색 선 하나, 녹색 선 하나, 스펙트럼의 청자색 끝쪽에 약한 선 8개를 가진다. 탄소의 스펙트럼은 20개 이상의 선을 특징으로 하며 모든 색상에 걸쳐 강한 띠가 분포되어 있다. 각 항성 스펙트럼은 수십 가지 화학 원소의 특성을 드러내는 선들이 어지럽게 중첩되어 있다.

이러한 분광학적 도구로 무장한 천문학자들은 분석할 수백 개의 별이 포함된 수천 개의 유리판을 제작했다. 이 사진판은 맨눈으로 보면서 해석해야 했다. 까다롭고 지루한 작업이다. 시간이 지날수록 별 스펙트럼을 해석하는 것보다 더 빠른 속도로 사진판이 쌓여갔다.

1872년에 최초로 별 스펙트럼 사진을 찍은 의사이자 아마추어 천문학자 헨리 드레이퍼의 선구적인 연구 덕에 하버드 대학 천문대는 가장 많은 별 스펙트럼 유리판을 찍어내는 곳으로 부상했다. 100개가 넘는 별 스펙트럼 유리판 이미지를 찍어대며 막 추진력을 받기 시작한 드레이퍼는 불행히도 1882년에 사망했다. 드레이퍼의 친구인 하버드 대학 천문학 교수 에드워드 찰스 피커링이 1885년에 이 프로젝트를 물려받았다. 1년 뒤, 드레이퍼의 부유한 미망인 메리 앤 팔머 드레이퍼는 피커링의 연구에 자금을 지원하기 시작했고 계속 늘어가는 별 스펙트럼 분석 데이터『드레이퍼 항성목록 Draper Catalogue of Stellar Spectra』의 출판을 승인했다.

1880년대 대부분의 과학 분야와 마찬가지로 천문학도 거의 전적으로 남성이 활약하는 분야였다. 실제로 20세기 대부분의 천문대에서 여성은 밤에 남성과 함께 일할 수 없었다. 그런 분위기 탓에 사진판 해석하는 일도 남성들이 도맡았다. 피커링은 남성들의 엉망진창인 일 처리에 크게 실망했다. "우리집 스코틀랜드 가정부가 해도 이보다 더 낫지." 그는 여러 번 불편한 속내를 내비쳤다.[4]

다행스럽게도 피커링에겐 '스코틀랜드 가정부'가 있었다. 윌리어미나 플레밍은 스코틀랜드 던디에서 남편, 자녀와 함께 미국에 이민 온 교사 출신의 21세 여성이었다. 얼마 지나지 않아 남편과 헤어진 그녀는 피커링 집안의 가정부로 일하게 되었다. 1881년, 피커링은 24세가 된 플레밍에게 천문대에서 별 스펙트럼 읽는 일을 해보라고 권했다. 그렇게 여성들에게도 천문학 현장에서 일할 기회가 열리게 되었다. 비록 피커링의 동기가 순수하게 이타적이지는 않았을지라도 말이다. 플레밍이 받았던 시급 25센트도 남성들이 받았던 것보다 훨씬 적었다.

플레밍은 스펙트럼 해석뿐만 아니라 수천 개 별 사이에서 패턴을 읽는데도 탁월했다. 그녀는 다양한 스펙트럼선의 위치와 강도의 미묘한 차이를 감지하는 법을 빠르게 배웠고 주로 특징적인 수소 스펙트럼선의 강도를 바탕으로 개개의 별에 A에서 Q까지의 문자를 부여하는 분류체계를 고안했다. 그녀는 유명한 말머리성운과 수십 개의 다른 '성운'(먼지와 기체로 구성된 거대한 성간구름으로, 최근에는 탄소화합물도 풍부한 것으로 알려졌다)을 포함하여 이전에 알려지지 않았던 수백 개의 천체를 발견했다. 플레밍은 또한 선구자로서 열두어 명의 다른 여성 동료들을 위한 기반을 다져놓았는데, 이들은 훗날 '하버드의 컴퓨터'[5]란 애칭으로 불리게 된다.

하버드 항성 분류
수천 개의 별 스펙트럼 데이터가 새롭게 쏟아지면서 천문학 분야는 우주에서 탄소의 기원과 분포를 둘러싼 우리의 이해를 근본적으로 바꿀 태세를 갖추었다. 첫 번째 중요한 단계는 다양한 별의 미묘한 차이를 드러낸 이미지에서 시작되었다. 그것은 천문학자 애니 점프 캐넌의 작품이었다.

애니 캐넌은 1863년 델라웨어주 도버에서 태어났다. 그녀의 아버지 윌슨 캐넌은 델라웨어주 상원의원이자 선박 설계자였다. 어머니 메리 점프 캐넌은 밤하늘을 사랑했다. 오래되어 책 모서리가 닳은 천문학 책을 읽어가며 캐넌 모녀는 별을 보고 별자리를 해독했다. 웰즐리 대학에서 애니는 과학을 공부하라는 권유를 서슴없이 받아들여 대학의 초대 물리학 교수 새라 프랜시스 위팅의 지도를 받았다. 20세 때인 1884년, 애니는 물리학 학사학위를 취득했다.

10여 년 동안 사진가, 작가로서 기술을 닦은 1896년, 캐넌은 과학으로 돌아와 피커링과 하버드 컴퓨터 그룹에 합류했다. 머잖아 그녀는 다양한 유형의 별 스펙트럼을 인식하는 전문가가 되었고 얼마 지나지 않아 시간당 200개라는 놀라운 속도로 별 스펙트럼을 문서화했다. 피커링은 "남자든 여자든 이 일을 그렇게 빨리할 수 있는 유일한 사람이 바로 캐넌 양이죠"라고 칭찬했다.[6] 40년 동안 일하면서 캐넌은 총 35만 개의 별을 눈으로 분석하여 모든 동료의 총계를 훌쩍 넘어섰다.

캐넌은 자신만의 패턴 인식 기술로 다른 사람들이 놓친 경향을 볼 수 있었다. 별 스펙트럼에 몰두한 덕에 그녀는 새롭고 더 진척된 별 분류체계를 만들 수 있었다. 남반구의 밝은 별에 초점을 맞춘 캐넌은 별의 표면온도와 직접 관련이 있는 주요 스펙트럼선의 상대적 강도를 기준으로 별을 구분할 것을 제안했다. 그렇게 하버드 분류체계는 별을 7개의 주요 등급으로 나누게 되었다. 가장 뜨거운 별에서 가장 차가운 별까지 순서대로 분류한 이 체계는 플레밍의 문자를 대체함은 물론 훨씬 단순해졌다. O, B, A, F, G, K, M 그룹. 천문학을 공부하는 학생들은 두음을 따 별의 분류체계 방식을 이렇게 외운다. "Oh Be A Fine Girl, Kiss Me."

1941년 사망하기 전까지 캐넌은 자신이 발견한 업적으로 널리 찬사를 받았고 유럽과 북미 여러 곳에서 메달과 장학금 및 명예 학위를 받았으며 과학계 차세대 여성의 롤모델이 되었다.

캐넌은 어떻게 그렇게 놀라운 효율로 일하면서 성공할 수 있었을까? 일부 과학사가들은 짜임새 있게 가정경제를 꾸려나가는 덕을 본 것이라고 평가한다. 다른 사람들은 어려서 캐넌이 성홍열을 앓은 탓에 커서 거의 듣지 못했고 그래서 사회활동에 무심했던 점을 이유로 꼽는다. 하지만 그 시대 여성 중 장애를 겪은 사람이 어디 한둘이던가? 게다가 가정경제를 이끌어나간 여성은 더더욱 많다. 캐넌이 성공한 데는 뭔가 남들과 다른 근본적인 이유가 있는 것이다. 그녀는 성실하고 헌신적이며 무엇보다 천문학에 열정을 보였다. 게다가 동시대 여성들과 달리 그녀에게는 **기회가 주어졌다**. 수 세기 동안 과학계에서 입을 다물어왔던 주제가 바로 기회를 박탈당한 이들의 역사다. 이름 없는 미래의 아인슈타인과 뉴턴, 타고난 권리가 싹조차 틀 수 없었던 금지된 천재적인 머리, 성별이나 인종 탓에 자신의 열정을 결코 발견할 수 없었던 사람들의 긴 이야기였다. 우리 모두에게 가장 큰 비극은 이루지 못한 무수한 삶, 묻힌 열정에 있다.

별 속의 탄소

애니 점프 캐넌의 별 분류는 탄소가 만들어지는 데 별이 어떤 역할을 했는지 규명하기 위한 발판을 마련했다. 하버드 스펙트럼 분류는 상대적으로 차가운 '빨간색' 별에서 초고온 '파란색' 별까지 별의 표면온도를 반영한다. 당시의 천문학자들은 스펙트럼선이 서로 다른 화학 원소의 상대적 풍부함을 의미한다는 점을 이해했지만 스펙트럼선의 세기를 화학조성으로 변환하는 일은 어렵고 쉽게 해결될 실마리가 보이지 않았다.

온도는 상황을 복잡하게 만든다. 모든 원자는 양전하를 띤 원자핵을 둘러싼 껍질에 음전하를 띤 전자가 도는 구조다. 이 껍질 사이를 도약하는 전자는 하버드 천문대 유리판에 포착된 특징적인 스펙트럼선을 생성한다. 그러나 뜨거운 별에서 원자끼리 충돌하다 가장 바깥쪽의 전자를 잃으면 원자가 이온화되면서 특정 스펙트럼선의 강도가 줄어든다. 주기율표의 첫 번째와 두 번째 원소인 수소와 헬륨은 극단적인 상황에 해당한다. 대부분의 수소 원자는 전자를 잃고 외톨이 양성자가 된다. 대부분의 헬륨 원자는 두 개의 전자를 잃어 두 개의 양성자와 두 개의 중성자를 가진 '알파입자'로 변신한다. 전자가 없으면 '전자 점프'가 불가능하므로 수소와 헬륨 이온의 스펙트럼선은 다른 원소의 그것보다 훨씬 흐릿하다.

"지금까지 천문학 분야에서 나온 것 중 가장 천재적"인[7] 논문을 쓴 연구자로 평가받는 세실리아 헬레나 페인은 1925년 별 스펙트럼선과 원소의 구성 사이의 복잡한 관계를 해독했다. 1900년 페인은 뛰어난 학자를 많이 배출한 영국 웬도버의 한 가정에서 태어났다. 네 살 때부터 홀어머니 밑에서 자라난 그녀는 과학에 뛰어난 재능을 보였다. 페인은 장학금을 받고 케임브리지 대학 뉴넘 칼리지에 입학해 생물학, 화학, 물리학에서 우수한 성적을 거두었다. 그러나 당시에는 남성만이 케임브리지 학위를 취득할 수 있었기 때문에 영국에서는 더 나아갈 기회를 얻을 수 없었다. 결국 그녀는 영국을 떠나 하버드 대학 천문대에 합류했고, 1925년에 여성 최초로 천문학 박사 학위를 받았다.

페인은 뜨거운 별에서 원자가 전자를 잃는 '이온화' 과정이 온도에 의존한다는 사실을 밝힌 논문으로 성공의 발판을 마련했다. 그녀는 산소, 규소, 탄소와 같은 핵심 원자의 상대적인 양은 스펙트럼선의 강도에 정확히 비례하지만 수소와 헬륨의 양은 크게 저평가되는 것 같다고 발표했다. 수소의 양은 100만 분의 1 정도만 스펙트럼선에 반영되는 것처럼 보였다. 페인은 수소와 헬륨이 우주에서 단연코 가장 풍부한 원소이며, 많은 경우 별 전체 질량의 98퍼센트 이상을 차지한다는 놀라운 결론에 이르렀다. 하지만 오랫동안 지구의 조성이 태양과 거의 같다고 가정해온 동료 과학자들은 개연성이 너무 떨어진다며 이 결과를 받아들이기를 거부했다. 선배 과학자들의 종용과 설득에 따라 처음 박사논문을 출판할 때는 그 결과가 '미심쩍다 spurious'는 문구를 삽입해야 했지만, 다른 과학자들이 그녀가 쓴 방법과 결과를 재현함으로써 마침내 올바르다는 것을 인정받았다.

페인의 연구 결과는 우주에서 수소와 헬륨을 제외한 원자 4개 중 1개의 비율로 존재하는 탄소의 기원과 풍부함을 이해할 실마리를 제공했다. 그러나 한 가지 근본적인 질문에 대한 답은 여전히 미스터리로 남아 있었다. 별은 6번 원소를 어떻게 대량생산할 수 있었을까?

헬륨 연소

별 대부분은 수소가 풍부한 거대 구체다. 태양이 대표적 사례다. 태양은 수소를 헬륨으로 변환하면서 살아간다. '수소 연소'라고 불리는 믿음직한 핵융합 반응 덕에, 지난 45억 년 동안 태양의 밝기는 아주 조금밖에 달라지지 않았다. 밤하늘에 있는 별의 90퍼센트가 핵융합 반응을 가동한다. 헬륨은 엄청난 온도와 압력을 가진 별 안쪽 저 깊숙한 곳에서 만들어진다. 거기서는 양성자(수소 핵)끼리 충돌하고 서로 융합하면서 더 큰 핵을 생성한다. 지금까지 나온 모든 설명을 종합하면 수소를 태우는 별로서 태양은 앞으로도 수십억 년 동안 안정적일 것이다. 그러다 태양 핵의 수소 대부분이 융합하여 헬륨이 되면 '헬륨 연소'라는 새롭고 더 활기찬 단계가 시작된다. 마침내 탄소가 만들어질 발판이 마련되는 것이다.

영국의 천문학자 프레드 호일 경은 1954년 케임브리지 대학 세인트존스 칼리지 강사로 있으면서 헬륨이 탄소로 변하는 핵융합 반응을 처음으로 상술했다.[8] 호일은 놀랍도록 다양한 경력의 소유자다. 케임브리지에서 수학 교육을 받은 그는 1940년, 25세의 나이에 영국군에 합류하여 레이더 연구에 참여했다. 그 뒤 미국으로 가 맨해튼 프로젝트를 진행하는 동안 핵반응을 처음 배웠다. 전쟁이 끝난 후 케임브리지로 돌아온 호일은 10년 동안 별에서 진행되는 핵반응에 몰두했다.

1950년대까지 별 내부의 극한 온도와 압력 아래 핵융합 반응이 벌어지고 새로운 원소가 탄생하는 '핵합성'의 기본 개념이 확립되었다. 호일은 자연상태에서 특정 원소의 많고 적음이 작은 핵을 더 큰 핵으로 융합하는 계단식의 항성 과정stellar process에서 비롯된다는 것을 알아차렸다. 어떤 원소(철과 산소)는 흔하지만 다른 원소(베릴륨과 붕소)는 드물다. 양성자와 중성자의 조합이 쉽게 이루어지면 그 원소의 양이 많고 그렇지 않으면 적을 것이다.* 한 번에 하나의 중성자, 하나의 양성자 또는 하나의 알파입자(2개의 양성자와 2개의 중성자를 포함하는 헬륨-4)의 추가를 촉진하는 공명 resonance이 특히 중요하다. 대부분의 새로운 원자핵은 기존의 핵에 이 작은 빌딩블록building block을 하나씩 더하면서 형성된다.

하지만 탄소는 변칙적이었다. 당시 계산에 따르면 별에서 탄소 합성으로 이어지는 손쉬운 경로가 없었으므로 6번 원소는 매우 드물어야 맞았다. 그러나 세실리아 페인과 다른 과학자들이 측정한 바에 따르면 우주에서 탄소가 네 번째로 풍부한 원소였던 것이다. 이러한 불일치를 설명하기 위해 호일은 '삼중알파과정triple-alpha process[9]'이라는 흥미로운 메커니즘을 제시했다. 호일은 오래된 별의 중심에서 헬륨-4(알파입자)가 농축된다는 사실을 알고 있었다. 충돌하는 두 알파입자는 쉽게 융합하여 4개의 양성자와 4개의 중성자를 포함하는 베릴륨-8을 형성한다. 베릴륨-8을 탄소-12로 바꾸려면 알파입자를 하나 더 추가하면 된다. 그러나 여기에 함정이 숨어 있다. 베릴륨-8은 극도로 불안정하다는 사실이다. 1000조분의 1초도 안 되는 찰나에 더 작은 조각으로 분해되어버린다. 따라서 불안정한 베릴륨-8에 세 번째 알파입자가 추가되어 탄소-12가 만들어질 가능성은 극히 희박해 보인다.

호일의 돌파구는 자연의 우연성에서 나왔다. 탄소-12 핵은 이전에는

---

* 원소의 양을 표시한 그래프를 보면 베릴륨의 양은 무척 적다. 대체로 톱니바퀴 모양의 그래프를 볼 수 있는데 원자번호가 홀수인 원소들의 양이 상대적으로 적다.

간과되었지만 7.68메가전자볼트의 에너지량에 공명하는 특성이 있다. 이는 베릴륨-8이 붕괴하는 것보다 훨씬 빠르게 알파입자를 낚아채는 데 필요한 에너지값이다. 호일은 적당한 조건이 갖춰지면 이 삼중알파과정이 일어나 탄소-12의 생성 속도가 약 10억 배 증가할 수 있다고 추정했다. 실험과학자들은 회의적이었다. 탄소 연구는 넘치도록 충분히 이루어진 반면 여태껏 그런 공명이 보고된 적이 없었기 때문이었다. 그런데도 호일은 캘리포니아 공과대학 연구원들에게 이 '호일 상태Hoyle state'를 찾아보도록 설득했으며 얼마 지나지 않아 그것을 확인했다. 호일의 예측은 탄소 존재 비율의 불일치를 깔끔하게 설명할 수 있었다. 호일은 천체물리학의 총아로서 존재감을 드러냈다.

항성 핵합성을 깔끔하게 설명하면서 명성과 영예를 얻었지만 그의 경력에 논란의 여지가 전혀 없는 것은 아니었다. 그는 우주에 대한 지배적인 생각을 대놓고 비판하며 '빅뱅'이라는 말을 썼는데, 아마도 처음엔 경멸적인 의미였겠지만 결국 일상적인 용어가 되었다. 그는 창세기와 같은 '창조의 순간'에 기대지 않는 정상steady 상태 우주 개념을 훨씬 선호했다. 그는 또한 '범종설(汎種說, panspermia theory)'을 옹호했다. 지구상의 생명체가 우주에서 비롯했다는 무척이나 사변적인 개념이다. 호일은 조롱받는 범종설을 확장하여 혜성에서 온 바이러스가 생명의 시초였노라고 주장했다. 게다가 이들이 전 세계적인 바이러스 전염병을 전파하는 주범이라고 목청을 올렸다. 호일은 석유와 천연가스가 지구의 맨틀 깊숙한 곳에서 비생물적nonbiological 과정을 통해 생겼다는 가설을 강하게 고집했다. 이는 현재 심층탄소관측단 과학자들이 재검토하고 있는 논란의 여지가 큰 가설이다. 사사건건 대척점을 고수하는 까닭이 뭔지 묻자, 그는 이렇게 답했다. "옳지만 지루한 것보다 틀렸어도 흥미로운 것이 낫다."[10]

탄소가 퍼져나가다

130억 년도 더 된 오래전, 우주가 생긴 지 수백만 년 만에 등장한 최초의 별들은 암석도 생명도 없이 우주에서 밝게 타올랐다.[11] 빅뱅으로 탄생한 수소와 헬륨의 거대한 소용돌이 구름이 중력에 의해 한데 모여, 점점 더 크고 빛나는 구체로 거듭나면서 태곳적 별들이 나타났다.

별은 화학적 진화의 엔진이다. 항성 내부의 상상할 수 없는 열과 압력의 영향을 받아 수소는 헬륨으로, 세 개의 헬륨 핵은 탄소로 융합된다. 느린 과정이지만 별에게는 시간이 많다. 따라서 탄소 농도는 점차 증가하여 궁극적으로 수소 원자 1000개당 거의 5개의 비율로, 탄소 원자는 우주에서 네 번째로 풍부한 원소가 되었다.

우주 역사의 첫 수백만 년 동안, 계속해서 증가하는 이 항성 탄소 대부분은 별 안쪽 깊숙이 잠겨 있었다. 탄소 핵 일부는 핵연료가 되었고 헬륨과 융합하여 점점 더 무거운 원소들로 변했다. 동물의 생명을 주는 산소, 암석행성 건설자인 규소, 산업 건설의 역군인 철. 수백만 년 동안 격렬한 항성 대류가 벌어지자 깊이 숨겨져 있던 원자들이 별의 빛나는 표면으로 모습을 드러내기 시작했다. 격렬한 자기장과의 상호작용으로 외부로 밀려난 강력한 항성풍을 타고 몇 개의 탄소 원자가 별을 탈출했다. 별에서 만들어진 원자는 깊은 우주로 던져져 우주 '탄화carboning' 과정의 진정한 시작을 알렸다.

거대한 별이 죽을 때 우주 공간으로 많은 양의 탄소가 방출된다. 별의 죽음은 엄청난 양의 물질을 내놓는 격렬한 과정이다.[12] 초신성처럼 큰 별은 문자 그대로 우주에서 폭발한다. 도대체 별은 어떻게 폭발하는 것일까? 별의 질량을 안쪽으로 당기는 엄청난 중력과 그 질량을 바깥쪽으로 밀어내는 핵반응의 거대 에너지가 균형을 잃는 순간 별이 폭발하거나 쪼그라든다.

앞으로도 40억 년쯤 수소를 태워 헬륨을 만들 태양의 미래를 생각해보자. 태양의 중심에서 초과열된 수소는 헬륨 농도가 증가함에 따라 점차 소모될 것이다. 그때가 헬륨 연소가 별을 인수할 즈음이다. 아마도 5억 년 동안 태양 깊은 곳에서 타오르는 헬륨 기반 핵력이 우위를 점하며 상한까지 치고 올라올 것이다. 핵폭발의 바깥쪽 밀어내기가 안쪽으로 당기는 중력을 가뿐히 넘어서는 순간이 다가온다. 이 전환은 지구인에게 과히 즐거운 시간이 못 된다. 태양은 현재 지름의 100배 이상으로 부풀어오르고 이 '적색 거성'은 궤도를 가로질러 수성을 삼키고 운이 다한 금성을 넘어서 지구 궤도까지 거대한 풍선처럼 팽창할 것이다. 태양의 붉은 표면이 지구에 접근함에 따라 우리의 집은 생명 없는 잿더미로 변할 운명에 처한다.

중간 크기의 별인 태양에서 탄소는 핵반응의 끝이다. 비축된 헬륨이 소모되고 핵반응이 더는 진행되지 않으면 중력이 지난했던 100억 년 전쟁에서 최종 승리를 거둔다. 현재 지름보다 100분의 1 이하, 지구 크기로 졸아든 태양은 탄소가 풍부한 '백색 왜성'으로 붕괴할 것이다. 천천히 냉각되고 졸아들면서 새롭게 빚어진 탄소 알갱이 대부분은 '하늘에 박힌 다이아몬드'처럼 영원히 갇혀 있게 될 것이다.

태양보다 큰 별은 이런 운명에서 벗어난다. 내부 압력과 온도가 충분히 높아 탄소-12가 알파입자와 융합하여 더 무거운 원소(산소-16, 네온-20, 마그네슘-24 등)로 변화할 수 있기 때문이다. 별에 에너지를 더해주고, 새로운 원소를 만들며, 냉혹한 중력에 맞서 별을 팽창시키는 일련의 핵반응들이 폭포처럼 이어진다. 점점 더 빠르게 반응이 하나하나 쌓여 별이 철-56을 생성하기까지 단 몇 초가 소요될 뿐이다. 철보다 질량이 작은 원소의 경우, 새롭게 만들어진 핵은 그 이전 것보다 더 안정하다.[*] 각각의 핵반응은 에너지를 방출하고 불에 기름을 끼얹듯 별을 계속 타오르게 한다. 철-56은 핵반응의 최종 산물이다. 철-56 핵에 무엇을 하든(양자를 더하거나 빼든 혹은 중성자를 빼거나 더하든) 그 반응은 에너지를 소모한다. 별의 중심이 철로 바

---

[*] 원자번호 26인 철의 에너지량이 가장 적어 각 원소의 에너지량은 철을 기점으로 U자 곡선을 그린다.

뀌면 핵반응에 의한 바깥쪽 밀어내기의 힘이 순간적으로 꺾이면서 중력의 힘이 우세하게 된다.

이렇게 별 '꺼짐' 스위치가 내려가면, 별의 모든 질량(남은 수소, 헬륨, 탄소 및 기타 모든 것)이 거의 빛의 속도로 안쪽으로 당겨지면서 자멸이 시작된다. 빅뱅 이후 한 번도 볼 수 없었을 정도로 온도와 압력이 치솟는 이러한 혼란스러운 상황에서 원자핵은 다시 한번 세차게 충돌하고 격렬한 병합을 거듭하여 양성자와 중성자를 뒤섞어 더욱 더 무거운 조합을 이룬다. 주기율표 원자의 절반 이상이 이렇게 만들어진다. 우리가 초신성 '폭발'이라고 관측하는 현상은 이러한 질량의 격렬한 반등*이다. 별이 분해되면서 이렇게 새롭게 만들어진 철보다 무거운 원자들이 뒤죽박죽 섞인 채 우주로 날아간다.

주기율표에서 가장 무거운 원소 대부분을 포함하는 화학적 참신성은 초신성 폭발의 놀라운 결과물이다. 최근 들어 전모가 조금씩 밝혀지고 있지만, 중력은 모든 초신성 잔해의 일부를 포착하여 기이하고 조밀한 별 비슷한 물체를 구성한다. 그 잔해의 질량이 우리 태양 질량의 약 세 배를 넘으면 '블랙홀'이 된다. 블랙홀은 질량이 너무 커서 한 점으로 응축되는데, 여기서는 빛조차 탈출할 수 없다.

만약 초신성 잔해의 질량이 태양 질량의 한두 배 정도라면 중력 붕괴의 결과는 '중성자별'이라는 다른 괴물로 이어진다. 중성자별에서는 양성자와 전자가 함께 부서지며 초고밀도의 중성자 무리를 형성한다. 우리 태양의 두 배 질량을 가진 중성자별은 지름이 불과 몇 마일에 불과하다. 초신성 폭발 이후 원자 파편이 멀리까지 흩어진다는 점을 감안하면 동일한 폭발 사건의 여파로 두 개의 중성자별이 형성되는 일은 그리 드물지 않다. 이렇게 불안정한 쌍성雙星이 생성되면 머잖아 두 개의 중성자별이 충돌하고 '킬로노바

---

* 철보다 무거운 원자들이 형성될 에너지가 공급되었다는 말이다.

kilonova'라고 불리는 또다른 우주 재앙으로 이어진다. 지금까지 길게 살펴보았듯 핵입자가 합쳐지면 원소 주기율표의 모든 원소를 만들 엄청난 에너지가 방출된다.

그 결과는 어마어마하다. 철보다 무거운 화학 원소들인 금과 백금, 실용성이 높은 구리와 아연, 독성이 있는 비소와 수은, 첨단 기술의 비스무트와 가돌리늄 등이 이러한 우주 재앙에서 비롯된다. 지구에서 발견되는 이러한 모든 원자는 거대한 별이 붕괴를 거쳐 먼 길을 날아와 도착한 것들이다. 텅스텐 연마재, 몰리브덴 합금, 게르마늄 반도체, 사마륨 자석, 지르코늄 원석, 니켈-카드뮴 배터리, 스트론튬 형광체. 이들 모두는 폭발하는 고대의 별 덕분에 여기 지구 행성에 존재한다.

1세대 초신성이 우주에 새로운 화학물질을 뿌린 후에야 지구와 같은 암석행성들이 생겨나서 탄소를 생성하는 차세대 항성 주위를 돌 수 있게 되었다. 그들 중 많은 별이 폭발하여 더 풍부한 양의 탄소와 기타 무거운 원소를 퍼뜨렸고 그 결과 행성의 수가 늘어났다. '금속이 풍부한' 별도 마찬가지로 늘었다. 이 장대하고 폭력적인 방식으로 원소가 만들어지고 또 우주 멀리까지 퍼지는 장관은 지금 이 순간에도 여전히 관측된다.

130억 년이 넘는 시간이 지나는 동안 항성 주기가 여러 차례 되풀이되었다. 그 결과 우리 태양계를 빚는 데 소용될 결정의 원자, 탄소가 넉넉히 축적되었다.

제시부-지구의 출현과 진화

원자가 섞여 어우러져 무척 아름답고 놀랍도록 다양한 결정체를 만든다. 지구의 단단한 지각과 맨틀 및 핵에는 다이아몬드와 흑연을 포함하여 400가지 이상의 탄소함유 결정질 광물 등 방대한 양의 탄소화합물이 존재한다. 이렇게 풍부하고 다양한 탄소화합물은 45억 년에 걸친 지구 진화 역사의 생생한 이야기를 품고 있다. 한편 현대 과학자들이 합성한 탄소화합물 유도체들도 경이로운 다양성을 보이며 오늘날 기술세계를 선도하고 있다.

우주의 첫 번째 결정

탄소는 무리짓기를 좋아한다. 비록 홀로 태어났다 해도 탄소 원자는 절대 혼자서 외롭게 살아가지는 않는다. 그들은 최대 4개의 다른 원자와 결합할 수 있다. 결합하고자 하는 필사적 욕망의 필연적 결과인 탄소화학은 우주 탄생 초기부터 일찌감치 시작되었다. 수소로 둘러싸인 대부분의 원시 탄소 원자는 4개의 동반자를 빠르게 붙들어 메탄(CH_4) 분자, 곧 '천연가스'가 되었다.

별이 폭발하기 시작하면서 탄소화학은 흥미를 더해갔다. 그와 동시에 하늘은 새로운 화학물질로 뒤덮였다. 새롭게 등장한 원소 중 눈에 띄는 것은 단연 산소였다. 탄소와 강하게 결합하는 반응성 좋은 원소다. 일산화탄소(CO)와 이산화탄소(CO_2) 분자가 순식간에 무대에 나타났다. 다른 탄소 원자들은 주변의 풍부한 질소 및 수소 원자와 결합하여 치명적인 청산(HCN)이 되거나 황 또는 인과 결합하여 수십 가지의 다양한 탄소화합물을 형성했다.

이 작고 원시적인 기체 분자들은 수소 및 헬륨과 섞여 별을 양육하는 거대한 구름 모양의 성운을 형성했다.[13] 탄소는 기하학적 복잡성을 더한 분자 목록의 수를 늘리면서 사슬, 고리 또는 새장 모양의 참신한 분자 구조도 만들어냈다. 그러다 간혹 팽창하는 항성 대기 어딘가 탄소가 오롯이 집중된 소용돌이 가운데에서 자기들끼리 달라붙어 규칙적으로 정렬된 분자도 탄생했다. 바로 작고 반짝이는 다이아몬드 결정이었다.

다이아몬드는 완벽한 결정으로 동결된 탄소다. 어떻게 이 귀한 돌을 사랑하지 않겠는가. 최고로 단단하고 열전도율도 가장 높으며 전단강도도 월등한 데다 영롱하게 반짝이는 최상급 결정이다. 수세기 동안 다이아몬드는 소비자와 과학자 모두의 상상력을 사로잡았다. 크고 흠이 없는 다이아몬드 결정은 단순히 희귀하고 아름다운 보물 또는 사랑과 권력의 탐나는 상징에 불과한 돌이 아니다. 다이아몬드는 과학적 보물이기도 하다. 이 보석은 우리 행성의 불가사의한 속내를 드러내고 우리 행성의 신비롭고 깊은 과거를 품고 있다. 문자 그대로 다이아몬드는 감춰진 지구 심장부의 타임캡슐이며 멀리 시간을 거슬러 가면 우주 최초의 결정체이기도 하다.[14]

대체 무슨 일이 벌어진 걸까? 탄소가 풍부한 별의 표면은 온도가 너무 높아 원자의 진동이 크고 불규칙한 탓에 그 어떤 탄소 원자 쌍이라도 안정적으로 결합하기 쉽지 않다. 하지만 그러한 별이 폭발하여 기체 원자로 구성된 거대한 풍선 구름을 방출하면 상황이 달라진다. 팽창하는 기체 구름의 온도가 섭씨 약 4500도 아래로 떨어지면 동무를 갈망하는 탄소 원자가 다른 네 개의 탄소 원자와 결합하여 폭 10억분의 1인치 미만의 작은 피라미드를 형성할 수 있을 만큼 충분히 느려진다. 정사면체 피라미드형 탄소 원자 각각은 4개의 이웃을 원하므로 각각 3개의 탄소 원자를 더해가고 그렇게 늘어난 이웃 원자는 정밀한 기하학적 배열을 확장한다. 그렇게 다이아몬드 결정이 커진다.

이런 식으로 수십억 년 동안 현미경적 크기의 다이아몬드 결정이 수도 없이 만들어졌다. 이들은 암석행성보다 훨씬 이른 시기에 형성되었으며 오늘날에도 역동적인 항성 주변에서 계속 만들어진다. 백열성incandescent

항성 표면과 우주의 차가운 진공 사이의 확산 계면이 그곳이다.

지구 탄소광물의 놀라운 다양성

미세 다이아몬드 먼지는 우주 어디에나 있지만 우주 대부분의 지역에서 다이아몬드는 그리 선호되는 탄소 형태가 아니다. 별 주변의 극한 온도인 섭씨 4500도 이상에서 응축되고 성장할 수 있는 유일한 고체인 까닭에 다이아몬드가 가장 먼저 결정화한다. 다른 모든 결정은 이러한 백열 조건에서 녹거나 기체로 변하기 때문이다. 그러다 온도와 압력이 떨어지면 더 산만한 구조의 탄소 결정이 그 자리를 대체한다. 다이아몬드 속 탄소 원자는 너무 조밀하고 빈틈없이 밀집되어 있다. 미세 다이아몬드는 식어가는 별의 기체에서 쉽게 형성되지만 섭씨 약 4000도 아래로 온도가 떨어지면 '연필심'의 검은 광물인 흑연이 만들어진다.

흑연과 다이아몬드는 사뭇 대조적이다.[15] 다이아몬드는 강하고 3차원 들보와 같은 원자 구조 때문에 여간 단단하지 않다. 우아한 흑연 구조에서 각 탄소 원자는 작은 평면 삼각형 단위 구조에서 4개가 아닌 3개의 이웃 원자와 결합한다. 덜 혼잡한 이 원자 구조 덕분에 흑연은 평면인 탄소 시트가 층을 이루고 있어 마치 여러 겹의 종이를 쌓아 놓은 입체 구조를 이룬다. 느슨한 평면 탄소 시트는 연필에서 종이로 쉽게 옮겨가 베어링처럼 흐르듯 미끄러진다. 부드럽고 검은 흑연은 보석이랄 수 없지만 사회적 가치는 다이아몬드에 비할 바 아니다.

다이아몬드가 첫 번째, 그리고 흑연이 우주의 두 번째 결정이라고 우리는 생각한다. 대조되는 특성에도 불구하고 두 광물은 모두 순수한 탄소이며 처음에는 항성의 폭력적 잔해에서 형성되었다. 하지만 진정한 의미에서 다양한 형태의 탄소함유 결정―새로운 형태들의 폭발―이 나타나려면 다양성의 엔진인 암석행성이 등장하기를 기다려야 했다.

아주 오래전에 폭력적인 과정을 거쳐 행성이 형성되었다. 별과 행성의 발상지인 광대한 성운은 몇 광년의 넓은 공간에 포진한 우주 먼지와 기체의 거대 구름이다. 주변을 통과하는 악당별의 중력파나 초신성의 충격파 방해를 받으면 일부 성운 공간이 붕괴되고 중력이 소용돌이 구름을 안쪽으로 끌어당김에 따라 마치 두 손을 들고 맴도는 스케이트 선수처럼 빠르게 회전한다. 질량 대부분은 중심을 향해 모여 태양과 같은 별을 형성한다. 나머지 구름은 궤도를 운행하는 몇 개의 행성으로 자리잡는다. 우리 태양계의 젊은 태양은 남은 먼지와 기체 대부분을 목성 궤도와 그 너머까지 날려버릴 강력한 태양풍을 쏘아댔다. 그렇게 거대한 기체행성들이 생겨났다. 날아가지 않은 암석 잔여물들은 내행성인 수성, 금성, 지구, 화성을 형성했다.

행성은 우주 먼지 덩어리로 정전기에 의해 느슨하게 결합한 미세 입자처럼 작게 시작된다. 태양 에너지 폭발이나 성운 번개의 섬광은 그 덩어리를 비비탄 총알보다 크지 않은 작은 방울로 녹여버린다. 이 '콘드룰 chondrule'은 점점 더 큰 덩어리로 모여들어 점차 농구공, 소형 비행기 그리고 작은 산 크기로 덩치를 키운다.[16] 중력은 궤도를 떠도는 수많은 암석들을 더 큰 행성으로 끌어당기며 격렬하게 합친다. 처음에 태양계를 조립하고 남은 흔적이 콘드라이트 운석으로 지금도 지구에 떨어진다. 그리 드물지 않아 어렵잖게 구할 수도 있다. 이베이에서 몇 달러에 살 수 있으니 말이다.

지름이 100마일 넘게 성장한 미행성planetesimals의 내부 열은 원료를 녹이고 정제하고 분리했다. 철이나 니켈처럼 무거운 금속은 가라앉아 소행성 핵을 이루었다. 보석인 감람석과 휘석처럼 덜 조밀한 결정성 물질은 그 밖을 감싸는 맨틀 층을 이루며 소행성을 키웠다. 깨지거나 금 간 곳을 따라 순환하는 뜨거운 물은 암석 혼합물을 변화시켰고, 커다란 우주 암석이 날아와 부딪치면 그 여파로 새롭고 밀도가 큰 '충격' 변성 광물*이 생성되었다.

---

* 접촉변성(마그마 관입), 광역변성(높은 압력), 동력변성(단층운동) 및 충격변성(운석충돌), 네 가지로 변성암을 구분한다.

행성 발달 과정의 마지막 단계에서 커다란 원시 행성(지구도 그중 하나다) 몇 개가 신흥 태양계를 차지하고 거대한 진공청소기처럼 남은 암석 파편의 대부분을 삼켜버렸다. 지구와 그보다 작은 동반자인 원시 행성 테이아Theia 사이의 마지막 장대한 충돌로 인해 후자는 소멸하고 지구의 빛나는 달이 탄생했다.

하늘에서 달이 뭉치며 제 곳을 찾는 동안 상처를 입어 녹은 지구는 빠르게 치유되고 차가워지면서 얇고 부서지기 쉬운 지각, 두꺼운 맨틀, 접근할 수 없는 금속 핵을 형성했다. 깊은 곳을 순환하는 초고온수와 증기는 선별한 화학 원소를 농축하여 젊은 행성의 더 시원한 표면으로 실어날랐다. 거기서도 새로운 광물(탄소광물도 많았다)의 목록이 늘었다.

다이아몬드와 흑연이 든 우주 암석들과 부딪히면서 원시 지구는 여섯 번째 원소의 찬란한 항해를 시작했다. 지구가 진화함에 따라 탄소광물학도 조금씩 발전했다. 그 결과 원소의 구성과 3차원 구조가 독특한 수백 가지 결정이 등장했다. 이 놀랍도록 다양한 광물은 역동적인, 진화하는 우리의 세계를 웅변한다.

오늘날, 탄소함유광물은 무척이나 풍부하다.[17] 캐나다 로키산맥의 거대한 석회암 봉우리에서 그레이트배리어리프의 광대한 산호초, 도버의 화이트클리프에서 해저에 쌓인 작은 조개껍질에 이르기까지 광물은 지각에서 가장 커다란 탄소저장소다. 알려진 광물'종' 400가지에 탄소 원자가 들어 있다. 게다가 최근 연구자들은 그 목록의 수를 늘렸다. 150종 이상의 새로운 탄소함유 결정체가 암석 노두, 이글거리는 화산 분출구 가장자리 혹은 증발하는 호수 근처와 폐광산 토양에 묻혀 그간 우리의 눈길을 피해왔다. 발견되길 기다리는 희귀한 결정도 여전히 많다.

탄소광물의 다양성도 놀랍다. 색깔도 총천연색이다. 불타는 빨간색, 강렬한 주황색, 생생한 노란색, 멋들어진 녹색, 놀라운 파란색 및 풍부한 보라색. 없는 색이 없다. 흰색, 회색, 황갈색 및 검은색 등 모든 색조와 음영을 지닌다. 어떤 것은 완벽하게 투명하다. 부분적으로 투명하거나 반투명하거나 아예 불투명한 것도 있다. 금속 같은, 밋밋한, 반짝이는, 수지 같은, 왁스 같은, 희부연, 보는 방향에 따라 색이 변하는 것 등 광택도 무척 다양하다. 탄소광물의 형태도 오묘하다. 정육면체와 팔면체의 우아한 면, 기다란 바늘 모양 결정, 판이 차곡차곡 쌓인 결정, 부드럽게 가늘어지다 뾰족한 결정, 무정형 덩어리, 거친 외피, 관능적으로 둥근 모습, 불규칙하고 들쭉날쭉한 덩어리에 크기도 현미경으로나 볼 수 있는 것에서 비치볼보다 더 큰 것까지 다양하다.

역동적으로 움직이는 지구 지각에서 탄소 대부분은 세 개의 산소 원자에 연결되어 작고 평평한 삼각형을 이룬다. '탄산염 그룹'으로 알려진 원자 네 개짜리 화합물이다. 이 원자 블록은 풍부하고 다양한 탄산염광물을 형성하는데, 아마도 달팽이와 조개의 튼튼한 껍질, 식이칼슘 보충제, 대리석 식탁, 광택이 나는 분홍색 로도크로사이트* 보석 등으로 가장 친숙할 것이다.

탄산염광물, 특히 석회암과 백운암의 퇴적층은 지구 지각에서 단연 가장 풍부하다. 아마 10경 톤은 될 것이다.[18] 이는 석탄과 석유, 바다와 대기, 식물과 동물을 포함한 다른 모든 지각 저장소의 양을 합친 것보다 1000배 이상 많다.

이렇게 다양한 탄소함유광물 및 그들의 합성 유도체가 없는 현대 사회를 상상하기는 쉽지 않다. 탄소광물은 철 제련, 강철 단조, 농작물 비료, 유리 생산 및 시멘트 제조에서 중심적인 역할을 한다. 또한 이들 물질은 세제, 불꽃놀이, 도자기, 의약품, 수술도구, 폭발물, 보석 및 베이킹소다 같은 다

---

* rhodochrosite: $MnCO_3$. 능망간석이라고도 한다.

양한 제품의 제조를 돕는다. 수돗물 산성도를 낮추고 발전소에서 오염물질을 제거하는 데도 사용된다. 가장 효율적인 가공도구의 연마재나 각종 까다로운 산업 분야의 윤활제에도 탄산광물이 쓰인다. 게다가 천연 탄소 결정을 모방한 합성광물은 엄청난 잠재력을 가지고 우리의 필요와 갈망을 충족시켜나갈 것이다.

탄소광물의 무수한 형태와 숨겨진 기원을 연구하는 동안 우리는 탄소가 어떻게 순환하고 어디에 축적되는지 상당히 많은 정보를 축적했다. 우리는 지구의 깊은 곳으로 들어가 탄소 순환의 풍요로움을 목록화하기 시작했고 심지어 목록에서 누락된 것들을 예측할 수 있게 되었다. 탄소광물학은 여러 모습으로 변신을 치르며 수세기에 걸쳐 발전해온 학문 분야다.

그 역사를 이해하려면 2세기 전 스코틀랜드로 돌아가서 탄소광물이 지질학 논쟁의 핵심으로 부상하던 혼돈의 시기를 살펴보아야 한다.

탄산염광물은 지구의 역사를 보여준다

인간은 오래전부터 석회암을 사용해왔다. 석회암은 전 세계에 걸쳐 눈에 띄는 절벽과 들쭉날쭉한 산을 이루고 있는 울퉁불퉁하고 탄소가 풍부한 잿빛 암석이다. 이 풍부한 고대 퇴적물은 때로는 산호와 조개껍데기, 때로는 칼슘이 풍부한 바다나 호수의 화학적 침전물로 층층이 퇴적되었다. 매년 수십억 톤의 분쇄된 석회암이 고속도로, 철도, 건물 및 교량의 내구성 건설 재료로 팔리며 연간 판매량이 다이아몬드와 금, 은을 능가하는 지질 자원이다. 물론 산책로와 안뜰을 꾸밀 때도 사용한다.

석회암 덩어리와 더 조밀한 결정구조를 가진 대리석 사촌(깊은 곳에 묻혀 지구의 높은 압력과 온도에 의해 변형된 석회암의 한 종류)은 인상적인 건물과 기념관을 축조하는 데 쓰였다. 이집트 기자의 피라미드와 워싱턴 DC의 링컨 기념관이 대표적 사례다. 종종 화석 껍질로 장식된 멋진 종류의 석회암은 일반적으로 건물, 타일 바닥 및 주방 조리대를 장식하는 '규격화된' 석재로 공급된다. 실생활에서 우리는 산성 토양을 중화하려고 정원이나 잔디밭에 석회를 뿌리거나 건강보조식품으로 칼슘을 섭취하기도 한다. 닭도 석횟가루를 먹고, 보관하거나 소매상에 넘기는 과정에서 쉬이 깨지지 않는 더 강한 달걀껍데기를 만든다.

석회석limestone 탄산염광물은 또한 다양한 제조업에도 광범위하게 사용된다. 그중 가장 중요한 것은 석회lime(화학명 '산화칼슘')로, 석회석을 가마에서 섭씨 약 1000도까지 가열해 만든다. 석회*(잔디에 뿌린 석회석 분말과 혼동하지 말 것)는 매우 유용하다. 모르타르, 석고, 시멘트의 주성분으로 물과 섞이면 단단하고 내구성 있는 고체로 굳는다. 석회는 페인트의 '백색' 성분이다. 수천 년 동안 석회는 철 및 기타 금속을 제련하는 주요 성분으로 금속에서 불순물을 화학적으로 분리하는 화합물이었다. 산업화한 모든 국가에는 수백년 전부터 마을 곳곳에 빠짐없이 석회 가마를 설치하고 오래도록 사용해왔다.

18세기의 모든 지질학자에게 친숙했던 석회암에서 석회를 제조하는 과정은 과학사에서 흥미로운 역할을 했다. 사실 석회암은 지구과학을 수십 년 후퇴시켰다고 볼 수 있다.

1700년대 중반, 암석이 만들어지는 데 물이 중요하냐('수성론자 Neptunist') 열이 중요하냐('화성론자Plutonist')를 두고 유럽 지질학자들 사이에 격렬한 논쟁이 벌어졌다.[19] 일부 창조론적 경향을 가진 수성론자들은 대홍수(성경에 기록된 연대기인 1만 년 시간틀 안에 일어난 대홍수)를 지질학적 변화의 주요 원인으로 간주했다. 화성론자들은 화산활동에서 발생하는 열

---

* 보통 석회석을 900℃로 가열하면 생석회lime가 반응물로 나온다. $CaCO_3 \rightarrow CaO + CO_2$.

을 똑같이 중요한 변화 요인으로 여겼지만, 현대적인 풍광을 조성하는 데 훨씬 더 긴 시간이 필요하다고 생각했다.

논쟁의 씨앗은 유럽 대륙에서 싹텄다. 물에 침전된 퇴적물을 연구하는 지질학자들은 자연적으로 물을 선호했고 화산 용암을 연구한 지질학자들은 불을 선호했다. 이 논쟁은 괴테의 영향력 있는 희곡『파우스트』4막의 대화로까지 이어졌지만 여기에서 악마 자신은 화성주의자 역을 제대로 소화해내지 못했다. 세기말까지 과학적 논쟁은 지속되었고 결국 해결의 실마리는 스코틀랜드의 계몽도시 에든버러, 제임스 허턴의 변혁적인 연구 현장으로 옮겨갔다.[20]

허턴은 1726년 에든버러에서 새라 밸포어와 부유한 상인 윌리엄 허턴의 다섯 자녀 중 하나로 태어났다. 제임스가 세 살 되던 해 아버지 윌리엄이 사망했다. 어머니는 교육이 중요하다고 생각해서 어린 제임스에게 수학과 화학을 공부시켰다. 평생 그가 흥미를 놓지 않았던 분야였다. 에든버러, 파리, 네덜란드 레이던 대학에서 인문학, 철학, 의학을 공부한 허턴은 돈을 벌 수 있는 병원을 세우러 런던으로 갔다. 환자를 넉넉히 끌어모으지 못한 그는 에든버러로 돌아와 새 사업을 시작했다. 그는 이전에 에든버러의 여러 공장과 용광로에서 나오는 그을음과 재에서 비료로 널리 쓰이는 염화암모늄을 추출하는 새로운 화학공정을 개발한 경험이 있었다. 이렇게 새로운 방법을 비료 생산에 적용한 그의 화학 공장은 많은 수익을 올렸다.

돈을 번 허턴은 관심을 농업화학으로 돌렸다. 상속받은 두 개의 가족농장에서 그는 수확량을 늘리기 위한 이러저런 실험을 해나갔다. 그렇게 지각에서 발견되는 다양한 암석과 토양을 다루다 그는 자연스럽게 지질학에 빠져들게 되었다.

스코틀랜드의 암석에는 퇴적암과 화산암이 골고루 풍부하다. 어떤 것들은 형성되었을 때의 신선함을 간직한 채 똑바로 누워 있지만, 변형되고 깨진 것들도 많다. 허턴은 또한 변성 지형, 빙하 퇴적물 및 수많은 화성암을 타고 종일 탐험에 매달렸다. 허턴에게 특히 흥미로웠던 장소는 스코틀랜드 제드버러 근처의 바다 절벽 시카포인트였다. 그곳에서 허턴은 나란히 배치된 암석층을 연구했다. 바람과 파도의 침식작용으로 생생하게 노출된 젊은 붉은 사암의 완만한 경사 지층과 오래되고 어두운 사암의 가파르게 기운 층상 위에 있는 자갈 퇴적물을 관찰했다. 이 층들 사이의 경계는 마치 완만한 층이 퇴적되기 전에 가파른 층이 잘려나간 것처럼 반듯했다. 어떻게 그런 독특한 기하학적 현상이 생길 수 있었을까?

허턴은 시카포인트 절벽의 모든 측면 그리고 스코틀랜드 지질학의 모든 측면이 항상 우리 주변에서 진행되는 점진적인 자연 과정의 결과로 쉽게 설명할 수 있음을 깨달았다. 새로운 퇴적물은 느리게 켜켜이 층으로 쌓이고 묻혀 가열되고 눌려 돌로 변한다. 이 모든 과정이 암석 기록에 추가된다. 반면 오래된 암석은 점진적으로 변형되고 융기하고 침식되면서 전체적으로 암석층이 깎여 줄어든다. 시카포인트에는 이 두 과정이 모두 들어 있다. 오래된 퇴적물은 평평한 층으로 쌓이고 묻힌 다음 돌로 변했다. 깊은 곳에서 가해진 힘은 층을 압축하여 단단한 수직 주름으로 비틀어댔다. 그 수직 바위가 위로 솟은 다음 표면이 침식되었다. 그 위로 새롭게 토사가 매몰되고 퇴적물이 쌓이면서 한 주기가 진행된 결과 더 젊은 편평한 붉은 사암이 드러나게 되었다. 다시 한번 융기가 일어나 붉은 지층이 침식된 결과, 시카포인트가 완성된 것이었다.

허턴의 설명에 특별히 이색적이거나 새로운 것은 없었지만 한 가지는 주목할 만했다. 그것은 바로 긴 시간이었다. 다른 사람들은 지구 역사를 몇천 년 정도라고 보는 시각을 고수했다. 허턴은 수억에서 심지어 수십억 년에 걸쳐 균일하고 점진적으로 지질학적 변화가 진행되었으리라 추측했다. 그는 스코틀랜드의 바위에서 "시작의 흔적도 끝의 전망도 없음"을 보았다.[21] 1795년 허턴은 『지구 이론 The Theory of the Earth』이라는 제목의 책 두 권을 출판했다. 너무 어렵게 써서 그다지 충격을 던지지 못했지만 이미 지질과학의 패러다임은 바뀌기 시작했다.

　　과학적 추구 방식에서 허턴은 역동적인 스코틀랜드 계몽주의의 커다란 특징인 경험주의의 영향을 크게 받았다. 그는 에든버러 왕립학회와 시인 로버트 번스, 경제학자 애덤 스미스, 철학자 데이비드 흄 같은 사람들이 자주 찾는 지역 클럽에서 수십 명의 지식인과 교류했다. 그러나 허턴의 가설을 실험적으로 증명한 사람은 다름 아닌 스코틀랜드의 지질학자이자 지구물리학자 제임스 홀이었다.[22]

제임스 홀과 석회암 대논쟁

많은 동시대 과학자들과 마찬가지로 제임스 홀은 부유한 귀족 출신이다. 케임브리지와 에든버러의 명문 대학에서 지질학, 화학 및 자연사를 공부했는데 집안의 부와 특권의 호위를 받았다. 그는 유럽 전역을 여행하며 자기 집 도서관에 보관할 과학책을 사들이고 현대 화학의 창시자 중 한 명인 프랑스 화학자 앙투안 라부아지에를 만났다. 전기작가들은 애써 홀에게 칭호(4대 남작, 던글라스의 제임스 홀 경)를 부여하지만 홀의 명성은 귀족 혈통이나 칭호보다 그의 과학적 발견에 의존하는 바 훨씬 더 크다.

　　여행을 마치고 에든버러로 돌아온 홀은 친구 제임스 허턴이 혁명적인 아이디어를 책으로 출판했다는 소식을 들었다. 허턴의 『지구 이론』은 다양한 지질학적 현상을 관찰하고 쓴 것이었다. 거기에는 녹은 용암과 퇴적층의 상호작용을 기술한 내용이 들어 있었다. 바로 수성론자와 화성론자들이 이론적으로 격돌하는 지점이었다. 허턴은 화산이 폭발할 때 녹은 암석이 오래된 퇴적물 사이를 지나 위로 스며나오는 반면 용암의 혀*는 지하 깊은 층 사이로 침투한다는 것을 깨달았다. 그러한 관입intrusive 사건은 스코틀랜드 여러 지역에서 두드러지게 나타났다. 특히 에든버러 홀리루드 공원에 있는

---

* 규산이 풍부한 용암은 액체 상태라도 점성이 높아 금방 굳고 두꺼운 혀 모양의 바위로 변한다. 마그마 조성에 따라 움직이는 거리가 다르다.

아서시트Arthur's Seat는 빙하에 침식된 언덕으로 용암과 퇴적층 상호작용의 교과서적인 예를 제공하는, 도시 서쪽의 볼 만한 관광지다.

허턴의 이론에 도전하는 사례는 유사한 용융 암석이 석회암을 관통한 지역에서 나왔다. 허턴 이론에 반대하는 수성론자들은 석회암이 녹은 암석의 열기를 어떻게 견딜 수 있느냐고 물었다. 가마에서 그렇듯 과열된 석회암이 석회로 변한다는 사실은 누구나 알고 있다. 따라서 현무암, 화강암 및 기타 '화성암'으로 알려진 것들은 너무 뜨거우면 안 되는 것이었다. 다시 말해 화성암도 석회암과 거의 같은 시기에 물에서 침전된 것이어야만 한다고 주장했다. 일부 구경꾼들은 허턴이 이 도전을 반박할 수 없으리라고 보았다. 사람들은 허턴이 치명상을 입었다고 여겼다. 이에 허턴은 묻힐 때 높은 압력이 가해지면 석회암이 고온에 노출되더라도 변하지 않고 그대로 유지될 수 있을 것이라고 반박했다. 하지만 문제는 이를 실험적으로 어떻게 증명하느냐에 달려 있었다.

자신은 화성론에 회의적이었지만, 홀은 이 갈등을 해결하기 위해 상상력이 돋보이는 실험적 해결책을 내놓았다. 놀랍도록 독창적인 일련의 실험을 통해 허턴의 가설을 증명한 홀은 심층탄소 연구의 선구자로 우뚝 섰다. 하지만 홀은 솔직한 심정을 이렇게 고백하기도 했다. "한 3년 정도 날마다 허턴 박사의 이론과 맞붙다 보니까, 그게 점점 그럴싸해 보이더군요."[23] 어쨌든 홀은 현무암과 화강암을 고온 상태에 넣어 그것들이 어떻게 되는지를 두 눈으로 확인했다. 그것들은 석회암처럼 부서져서, 화산에서 왔다는 걸 부정했을까? 허턴이 예측한 대로 홀의 암석은 녹아서 붉고 뜨거운 용암으로 변했다가 다시 원래 상태로 냉각되었다.*

허턴이 세상을 떠난 지 1년 후인 1798년의 후속 실험에서 홀은 가열된 시료에 압력을 가하는 새로운 변수를 추가했다. 그렇게 하기 위해 홀은 잘

---

* 열이 암석을 형성하는 조건이라는 '화성론자'의 주장을 실험으로 증명한 것이다.

라낸 총신에 석회암과 점토를 넣고 용접하여 총신을 밀봉한 뒤 뜨거운 용광로에 넣었다. 열에 의해 기체가 팽창하여 내부 압력이 높아졌다. 이는 지구 표면의 압력보다 훨씬 더 높다. 실험하다 밀봉한 내용물이 새어나오거나 금속이 갈라지면서 여러 번 실패했고, 반응물이 충분히 건조되지 않아 무척 위험한 상황이 벌어지기도 했다. 홀은 이렇게 썼다. "용광로가 산산조각이 났다. 그 자리에 우연히 참석한 케네디 박사는 … 거의 죽을 뻔했다."[24]

하지만 석회암으로 가득 찬 총신 몇 개는 단단히 고정되어 있었고 홀은 압력을 받는 석회암이 녹는점보다 높은 온도로 가열되더라도 석회로 분해되지 않음을 보여주었다. 홀은 1805년 에든버러 왕립학회(7년 후에 그가 회장이 되었다) 회의에서 이 결과를 발표했다. '열의 효과를 수정하는 고압의 영향에 관한 실험'이라는 주제였다. 제임스 홀은 허턴의 가설이 옳다는 것을 증명했을 뿐만 아니라 지질학에서 고압 연구의 시대를 열었다. 이런 방식은 오늘날에도 여전히 사용되고 있으며 지구 깊은 곳에서 탄소 순환을 연구하는 핵심적인 수단으로 자리잡았다.

지구에서 가장 희귀한 광물

여기저기서 흔히 발견되는 탄산칼슘광물인 방해석으로 구성된 석회암은 지구 지각에서 단연 가장 큰 탄소저장소지만 그것은 문서화된 수백 개의 탄소 함유광물 중 하나일 뿐이다. 지구의 탄소를 이해하려면 방해석과 같은 평범한 광물에서 화학조성과 결정구조가 독특한 좀더 이국적인 광물종으로 관심을 돌려야 한다. 이제 우리는 지구에서 가장 드문 결정들 몇 가지를 살펴볼 것이다.

자연의 비밀을 배우려면 자연 데이터에 익숙해져야 함은 정한 이치다. 과학자들이라면 가끔 뭔가에 미친 듯이 몰두하는 시기가 있게 마련이다. 그 래프에 대해 깊이 생각하거나 표에 빠져서 온 신경을 거기에 쏟아붓는 식이다. 그것은 일종의 일시적인 광기 같은 것이어서 식사하면서 목록을 샅샅이 뒤지고 동료나 가족들과 대화하지만 속으로는 숫자를 생각하고 자면서도 숫자 꿈을 꾸다 숫자를 떠올리며 잠을 깬다. 운이 좋다면 뇌가 올바른 연결로 이어주는 순간이 있을 것이고, 바로 그때가 이전에는 아무도 본 적이 없는 것을 보는 깨달음의 순간이 된다.

맞다. 내게도 물론 그런 때가 있었다. 2015년 여름, 나는 5000종이 넘는 지금껏 알려진 모든 광물종의 세부사항에 몰두하며 며칠을 보냈다. 복잡한 화학과 어지러운 결정구조, 그들의 특성과 생성 방식, 발견된 지역과 광물의 연관성을 생각하느라 나는 그야말로 넋이 나갔었다. 서둘러 처리해야 할 긴급한 일상사도 다 제쳐두었다. 이메일에 답장도 하지 않았다. 가족들과 말도 줄고 무심해졌다.

5000종은 많은 숫자지만 집중하면 한 주 안에도 그 모든 걸 조사할 수 있다. 일주일이면 광물 왕국의 광활함과 풍요로움에 대한 '느낌'을 얻을 수 있다. 내가 깜짝 놀란 것은 희귀한 광물이 무척 많다는 사실이었다. 다시 말하면, 100개도 안 되는 광물종이 지각 거의 대부분을 차지하고 있었다. 거의 99.9퍼센트 정도였다. 그와 달리 대부분의 광물종은 극히 희귀했다. 탄소광물도 마찬가지였다.

탄소광물학은 다이아몬드와 흑연보다 훨씬 더 많은 것들을 포함한다. 지질학자들은 400개 이상의 탄소함유광물종을 도표로 작성했다. 이들은 탄소와 기타 화학 원소의 고유한 조합으로 구성되고 그 원자의 독특하고 기하학적인 배열을 통해 규칙적이고 반복적인 결정구조를 갖는다. 그중 몇 가지는 모든 대륙에서 발견될 정도로 풍부하다. 석회암 절벽과 교실 칠판 앞 백묵, 산호초와 조개껍질의 아라고나이트aragonite, 산山을 형성하는 백운암 dolomite, 쓰임새 많은 마그네슘 광석인 마그네사이트magnesite가 대표적이다. 루비와 에메랄드에는 못 미치지만 탄소광물도 색이 영롱한 '준보석'이 있다. 섬세한 핑크빛의 로도크로사이트와 농익은 녹색 공작석malachite, 내가 좋아하는 깊은 파랑색 아주라이트azurite가 그런 것들이다.

이렇게 흔한 것들이 있는 반면 탄소광물 10여 가지는 일반인은 말할 것도 없고 대부분의 광물학자들조차 생소한 것들이다. 세계에서 단 한두 곳에서만 발견되는 믿을 수 없을 만큼 희귀하고 미세한 결정체가 알려져 있다. 보라색 아벨소나이트abelsonite의 작은 결정은 콜로라도와 유타에 있는 5000만 년 된 그린리버 오일셰일의 한 지역에서 시추공 천공 작업을 통해 얻은 것이다. 아름다운 하늘색 후안고도이트juangodoyite는 칠레 이키케 지방의 산타로사 은광에서만 볼 수 있다. 화려한 에메랄드빛 초록색 위지물탈라이트widgiemoolthalite(빠르게 세 번 말해보라!) 결정은 서오스트레일리아 위지물타에 있는 에드워즈산 광산에서만 발견되었다. 나미비아 콤바트 광산에서 미세한 입자로 발견된 그루트폰테이나이트grootfonteinite도 희귀광물 목록의 한구석을 차지한다.

왜 그렇게 많은 종류의 희귀광물이 생겼을까? 왜 원자는 몇 가지 최적 배열을 찾아 그것을 고수하지 않는 걸까? 나도 다른 과학자들도 전혀 생각해보지 않은 질문이다.* 나와는 다른 전문성을 가진, 영리하고 호기심 많고 폭넓은 지식과 열정을 가진 친구를 갖는 것이 그래서 중요하다. 탄소처럼 과학자들도 형성하는 관계가 넓고 탄탄할수록 그 잠재력은 더 커진다. 해당 분야의 전문가라면 결코 묻지 않을 참신하고 독창적인 질문을 던질 수 있는 다른 분야의 용감한 동료, 내 친구 제시 오수벨이 바로 그런 사람이다.

제시는 자신을 '산업생태학자'라고 부른다. 그는 한 사회의 에너지 공급과 흐름을 연구한다. 에너지정책에 관한 한 도전적이고 풍부한 정보에 뒷받침을 둔 전문적 견해를 기탄없이 제시하는 인물로 전 세계에 널리 알려져 있지만, 뉴욕 록펠러 대학 교수로 재직하는 덕에 제시는 훨씬 더 다양하고 창의적인 연구를 할 수 있는 기반을 다지게 되었다. 또한 제시는 레오나르

---

* 논문이 없다는 뜻이지만, 조심해서 써야 할 말이다. 1771년에 산소를 가장 먼저 발견한 것으로 알려진 칼 빌헬름 셸레는 스웨덴어로 논문을 작성했다. 변방의 언어는 과학적 발견에서도 눈에 잘 띄지 않는다.

도 다빈치의 예술과 삶에 정통하다. 그는 대량 멸종에서 항공 재난에 이르기까지 다양한 현상의 원인을 설명하는 새롭고 설득력 있는 이론을 제안했을 뿐만 아니라 해양 생물의 다양성과 분포에 관한 권위자이며 '생명의 바코드'[25]라고 불리는 DNA 지문을 사용하여 식물과 동물의 종을 식별하는 전문가이기도 하다.

제시는 짜임새 있는 교과목과 정교한 절차를 거쳐 젊은 과학자를 양성하는 프로그램을 진행한 멘토로서도 높은 평가를 받았다. 2011년 그는 맨해튼 트리니티 고등학교의 캐서린 갬블, 로한 커페카, 그레이스 영에게 어떻게 차 성분을 연구해야 할지 조언했다.[26] 차 조리법 대부분은 비밀이었고 그 핵심 성분도 자세히 알려지지 않은 상황이었다. 하지만 이들은 DNA 검사를 통해 립톤에서 이국적인 아시아 제품에 이르는 차들의 미량 성분까지 찾아냈다. 이 젊은 탐정들은 생명체 바코드 기술을 써서 차에 파슬리, 블루그래스, 알팔파 그리고 명아주와 붉은 바트시아가 들어 있다는 것도 알아냈다.

1년 후인 2012년 제시는 같은 트리니티 학생인 케이트 스토에클과 루이자 스트라우스의 실험을 도왔다. 이들은 최고급 초밥집과 생선가게의 물고기를 조사했다. 스토에클과 스트라우스는 주인들 몰래 생선 일부를 실험실로 가져가 DNA 지문 검사를 했다. 결과는 놀라웠다. 물고기 4마리 중 1마리는 비싼 생선으로 이름이 잘못 적혀 있었다. 돔으로 팔리는 대구가 있는가 하면 날치알로 판매되는 일반 빙어 알, 값비싼 '흰 참치'로 둔갑한 싸구려 틸라피아가 적나라하게 드러났다. 뉴욕의 주요 언론매체에 기사가 실리자, 난리가 났다. '스시게이트sushigate'라고 불렸던 이 연구 결과는 유명짜한 일식집을 당황하게 했고 식품의약품안전처(FDA)으로 하여금 생선 검사 및 상표 표기에 대한 새로운 규칙을 만들도록 분위기를 조성했다.[27]

제시 오수벨은 차와 초밥 연구의 사회적 의미를 확실히 이해했지만 당연히 거기서 그친 것은 아니었다. 그는 세상의 큰 줄거리를 보았고 과학을 우리 일상생활의 식탁으로 가져오려고 노력했다. 『뉴욕 타임스』와 한 인터뷰에서 그는 이렇게 말했다. "300년 전만 해도 과학은 훨씬 덜 전문화되어 있었죠. 아마도 이제 더 많은 사람들이 참여하는 수레바퀴가 다시 구르기 시작하는 것 같습니다."[28]

슬론 심층탄소관측단의 프로그램 책임자로서 그는 내 인생을 송두리째 바꿔놓았다. 수년간의 예비보조금, 워크숍, 제안서 및 팀 작업을 통해 사업이 빠르게 진행되어 이젠 관측팀의 성과가 무르익고 있다. 그 과정에서 제시는 프로그램에 헌신하는 역동적이고 실무적인 동료였다.

2015년 10월 이탈리아 나폴리 인근 포추올리의 유명한 화산 분화구 솔파타라에서 인상적인 하루를 보낸 후 나는 제시를 만났다. 이산화탄소와 매캐한 황을 듬뿍 담은 증기를 내뿜는 이 분화구는 복잡한 광물화가 활발하게 벌어지는 곳이다. 아름다운 빨강, 주황, 노랑 결정은 황, 비소, 수은 및 기타 유해한 원소가 풍부한 뜨거운 기체 속에서 직접 응축된다. 결정을 만드는 냄새나는 화산 연기의 힘은 놀랍고 완전히 새로운 경험이었다. 그런 광물학적 장관은 접해본 적이 없었다.

그날 저녁 택시를 타고 로마를 가로질러 가면서 제시와 나는 다양한 종류의 광물과 희귀종이 왜 편향적으로 분포하는지에 관해 이야기를 나누었다. 그때 그는 대부분의 지질학자들이라면 묻지 않을 질문을 했다. "왜 그렇게 희귀한 광물이 많은 거죠?" 그때 든 생각은 만일 우리가 탄소의 모든 형태를 제대로 이해하고 있다면 드물게 나타나는 탄소화합물 결정에 대해서도 그래야 하는 것 아닌가 하는 점이었다. 조성도 그렇고 구조도 독특한 조합을 가진 수백 개의 희귀 탄소광물이 있는 까닭은 무엇일까? 이국적 해양생물에 박식한 제시의 지식과 내 광물학 전문지식이 만나 한바탕 대화가 이어졌다. 택시를 내릴 무렵 내 머릿속에는 논문 한 편은 나올 만한 아이디어가 떠올랐다.[29]

제시와 나는 뚜렷이 구분되는 네 가지 이유로 광물이 드물 수밖에 없다는 것을 깨달았다. 먼저, 수천 종의 광물은 형성되려면 반드시 선택되고 농축되어야 할 하나 이상의 희귀 화학 원소를 포함하기 때문에 희소하다. 이는 드문 광물들이 지각에서 농도가 10억 개 중 하나 정도에 불과한 카드뮴, 요오드, 레늄 또는 루테늄을 특징적으로 함유하는 까닭이기도 하다. 기이하고 있을 법하지 않은 원소와 결합하는 것도 이런 희소성의 한 이유다. 베릴륨과 안티몬이 같이 든 광물은 웰샤이트welshite 딱 하나뿐이다. 열렬한 광물수집가(이자 영광스럽게도 내 8학년 때 과학교사였던) 빌 웰시Bill Welsh의 이름을 딴 웰샤이트는 스웨덴의 유서 깊은 랑반 광산 지역에서만 발견된다. 바나듐과 몰리브덴 조합은 나미비아 그루트폰테인의 콤바트 납-아연광산에서 발견되는 헤레로이트hereroite라는 광물에만 들어 있다.

희귀광물의 두 번째 그룹은 풍부한 원소를 사용하지만 그 형성에 필요한 가혹한 조건 때문에 희소성이 생긴다. 지각의 가장 흔한 원소에 속하는 칼슘, 규소, 산소가 3:1:5 비율로 결합한 광물 하트루라이트hatrurite는 지금까지 이스라엘의 하트루림 지층에서 딱 한 번 발견되었다. 이 광물은 좁은 범위의 조성, 비정상적으로 높은 온도(섭씨 1150도 이상)에서만 결정화된다. 주변에 알루미늄이 조금만 있어도 하트루라이트 대신 다른 광물이 만들어진다.

만들어지고 나서 금방 사라지고 일시적으로만 존재하는 탓에 희소성을 갖는 광물도 있다. 염화망간 스카차이트scacchite는 흐린 날 공기 중 수분을 흡수하면 쉽게 부서진다. 내 이름을 딴 헤이제나이트hazenite는 캘리포니아 모노호Mono Lake에서만 발견되며, 비가 오면 녹아내린다. (호수가 건조해지면 미생물에 의해 광물이 침전된다. 그래서 미생물 똥이라고도 불린다. 어떤 동료들은 "헤이제나이트가 나타났네"라고 말했다.)[30] 공기 중에서 탈수되거나, 햇빛에 분해되거나 아니면 단순히 증발하기 때문에 희귀해진 광물도 있다. 이러한 광물 중 일부는 보고된 것보다 더 많은 지역에서 자주 발견되어야 맞겠지만 때와 장소를 잘 맞추어야 한다.

마지막으로 일부 광물은 수집하기에 아주 멀거나 험하기 때문에 드물게 보고된다. 활화산이나 깊은 광산에서 채취한 표본, 남극의 얼음 속에 몸을 숨긴 광물, 바다밑 땅속 깊은 곳에 은닉해 있는 것들은 비록 그 양이 풍부하다 해도 박물관에 자리를 잡거나 아마추어 컬렉션 목록에 오를 가능성은 거의 없다.

광물종 절반 이상이 그러하듯, 그것이 희귀하려면 구성 원소가 드물거나 생성 조건이 까다롭거나 수명이 짧거나 접근하기 어려운 네 가지 조건 중 최소한 하나를 만족해야 한다. 드물기는 하지만 이 네 조건을 모두 갖춘 광물도 없지는 않다. 오랜 지구물리학연구실 동료이자 광물학 멘토인 래리 핑거Larry Finger의 이름을 딴 핑거라이트fingerite가 그 예다.[31] 핑거라이트는 (1) 구리와 바나듐의 특이한 조합을 이루기 때문에 희귀하다. (2) 두 원소의 비율은 정확히 2:1이어야 한다. (비율이 1.5:1 또는 2.5:1인 경우, 종류가 다른 희귀광물이 생긴다.) (3) 비가 오면 녹는다. (4) 화산 정상 부근 뜨거운 증기 분출구에서만 형성된다. 핑거라이트가 엘살바도르 서부의 이잘코 활화산 꼭대기 근처 뜨거운 가스가 끊임없이 분출되는 곳에서만 발견된다는 점은 그리 놀랍지 않다.

대부분의 광물이 희소하다는 것은 깊은 의미를 갖는다. 유별나지는 않더라도 대개 희귀광물은 화학적 조건과 물리적 조건의 조합이 일반적이지 않은 장소에서 형성된다. 예를 들어보자. 니켈과 구리가 녹아든 뜨거운 소금물이 지표면 0.5마일(약 800미터) 아래 석회암 틈새로 압착되어 들어가면 짙은 녹청색의 둥그런 글라우코스패라이트glaukosphaerite 결정 클러스터가 꽃을 피운다. 조그만 장미꽃 모양의 노랑 베일리아이트bayleyite와 황갈색 스워차이트swartzite 무리는 우라늄 광산의 벽에서만 독점적으로 자라는 반면 황금빛 호엘라이트hoelite 침상 결정과 투명한 클라드노이트 kladnoite 칼날 모양 결정은 불 난 탄광 근처에서만 형성된다.

역동적이고 살아 있는 지구 행성은 서로 관련없는 다양한 상황에 비슷하면서도 기발한 트릭을 사용한다. 지구 내부의 열, 액체의 이동, 억누를 수 없는 생명활동이 유발한 화학적 혼합의 결과물인 특이한 광물들은 지구의 독특한 광물'생태학'을 이룬다. 그렇게 우리 행성 지구는 알려진 어떤 세상과도 다르다. 지구의 빛나는 달과 빠르게 공전하는 수성 및 우리의 붉은 이웃 화성 모두 한때 지구처럼 따뜻하고 물기가 있었지만 광물의 다양성은 우리의 푸른 행성과는 감히 비교가 되지 않는다.

희귀광물은 자연의 결정계를 연구하며 살아가는 사람들에게는 과학의 성찬이다. 대부분의 희귀광물은 이전에 알려지지 않은 결정구조를 가진다. 이는 원자의 새로운 기하학적 배열을 모방하여 새롭고 유용한 물질을 만들고자 하는 사람들에게 상상력의 원천이 된다. 희귀광물에는 한 번도 실험하지 않은 원소 혼합물이 들어 있다. 그러한 참신함은 또한 새로운 재료를 발명하려는 노력으로 이어진다. 하지만 무엇보다 가장 놀라운 사실은 모든 희귀광물을 문서화하는 작업이 아직 확인되지 않은 무수한 광물을 예측하는 열쇠임이 밝혀졌다는 점이다. 우리는 지표면이나 근처에 존재할 것이 분명한 희귀 원소들을 쉼 없이 발견하고 기록해야 한다.

빅데이터 광물학[32]

어떤 미네랄이 누락되었는지 예측하는 비결은 알려진 미네랄을 폭넓게 연구하는 것이다. 심층탄소관측단은 흔하건 귀하건 지구 탄소의 독특한 형태인 수백 가지 탄소광물에 대한 완전한 목록이 필요했다. 우리는 또한 광산, 채석장, 산봉우리, 갯벌에 있는 전 세계 탄소광물의 소재를 파악하고 그 양을 가늠해야 했다.

빅데이터 광물학은 지구의 미발견 광물 영역을 예측하는 열쇠다. 우리는 5000개 이상의 알려진 광물종과 그것들이 발견되는 전 세계 수백만 곳에 대한 데이터베이스를 구축해야 한다. 그런 다음 이 데이터를 분석하여 숨겨진 패턴을 파악하게 되면 새로운 발견을 향한 지침도 마련될 것이다.

우리에겐 빅데이터를 다룰 특별한 사람이 필요했다. 지질학을 사랑하고 창의적인 비전을 가졌으며 데이터베이스 소프트웨어 개발에 대한 기술적 전문성을 보유함은 물론이거니와 무엇보다도 프로젝트를 총괄하는 데 수많은 시간을 투자할 의향이 있는 사람이다. 투손에 있는 애리조나 대학의 광물학 교수 로버트 다운스가 적임자였다.[33] 다운스는 전 세계의 광물 목록 및 그 특성을 포괄적으로 정리하는 데만 꼬박 20년을 바쳤다.

다운스가 이런 엄청난 과제에 도전한 최초의 인물은 아니었다. 태생과 기질이 온순한 이 캐나다인은 남들보다 늦게 과학의 길에 들어섰다. 브리티시컬럼비아 대학에서 수학을 잘하긴 했지만 그는 노스웨스트준주의 고속도로와 밴쿠버의 지하철 그리고 브리티시컬럼비아의 철도를 건설하는 노동자로서도 충분히 행복했다. 또 한동안 아버지 조언에 따라 유콘 피프틴마일강에서 금을 팠고 브리티시컬럼비아 남부 산꼭대기의 단단한 암석을 다이너마이트로 폭파해 고급 광물 표본을 채굴하기도 했다. "저는 아는 사람이 있어서 다이너마이트를 공짜로 얻었습니다." 그는 잠시 뜸을 들이고는 "어리석은 짓을 했는데, 운이 좋아서 죽지는 않았습니다"라고 덧붙였다. 이런저런 모험을 거친 그는 37세의 나이에 버지니아 공대에서 수리mathematical 결정학 박사학위를 받았다. 그리고 3년 후, 우리 카네기 연구소에서 박사후 연구원으로 일한 뒤, 투손의 애리조나 대학 교수진에 합류했다.

겉보기엔 느긋한 사람이지만 그의 내면은 광물과 연구에 대한 열정으로 가득 차 있다. 수십 년 전 광물학에 본격적으로 발을 디뎠을 때 그는 수백 곳에 수천 종의 광물 데이터가 여기저기 무질서하게 흩어져 있다는 사실을 깨달았다. 그는 광물의 정확한 결정구조를 파악하고 물리 및 화학적 특성을 일람할 수 있는 표를 포함해 공식적으로 승인된 모든 광물종의 체계적인 목록을 작성하기로 작정했다. 그렇게 다운스는 세계에서 가장 포괄적인 광물종 데이터베이스를 구축하는 작업에 착수했다.

처음에는 최고의 광물 결정구조 데이터를 수집하는 소규모의 개인적인 작업으로 시작했지만『미국 광물학자American Mineralogist』와『캐나다 광물학자Canadian Mineralogist』같은 주요 저널의 결정구조 편집자로서 다운스는 수백 개의 결정학 데이터 목록에 곧바로 접근할 수 있었다. 그는 또한 공식적으로 승인된 광물종의 포괄적인 목록이 없다는 사실도 깨달았다. 국제광물학협회(International Minerological Association, IMA)는 자연계에서 새롭게 발견되는 광물의 독특한 화학조성과 결정구조의 조합을 확인하고 심사하는 임무를 맡고 있다. 그러나 IMA는 자원봉사단체이고 한동안 IMA의 '공식' 목록은 체계적으로 업데이트되거나 한 곳에서 정기적으로 출판되지도 않은 채 다소 비공식적인 상태로 존재했다. 다운스는 IMA와 협력하여 현장에 더 많은 질서를 부여하기 위한 문서화 작업을 시작했다.

돈이 다운스의 노력에 날개를 달아주었다. 애플 컴퓨터의 초대 CEO인 억만장자 마이크 스콧이 다운스의 천사가 되었다. 1977년 스콧은 신생 회사가 차고에서 나오려 할 때 스티브 잡스, 스티브 워즈니악과 힘을 합쳤다. 스콧은 전 세계 거의 모든 박물관의 소장품을 능가하는 크고 완벽하며 색깔이 진한 장엄한 보석들을 열정적으로 수집했다. 그는 절단된 원석을 식별하는 빠르고 명확한 방법을 알고 싶었고, 그래서 다운스를 찾아온 것이었다. 그는 다운스 연구실에 최첨단 기기를 들여와 광물 및 광물의 특성 데이터베이스를 개발하는 것을 지원하기 위해 500만 달러를 기부했다. 다운스는 스콧이 소장한 광물을 낱낱이 분석했다. 마침내 마이크 스콧이 키우는 고양이 루프의 이름을 딴 '루프 광물데이터베이스'가 탄생했다.[34] 우리 중 몇몇은 이 데이터베이스 이름을 '루프 데이터'라고 부르는 게 대중적으로 그리 바람직하지 않다고 생각했다. 그러나 어쨌든 그것은 거래였고, 그렇게 루프(http://rruff.info/ima)라는 이름이 정착했다.

어쨌든 처음 아이디어는 모든 단일 광물종을 문서로 만드는 게 아니라 가능한 한 많은 데이터를 수집하는 것이었다. 하지만 한번 시작된 일은 꼬리에 꼬리를 물고 이어졌다. 다운스는 중요한 광물 데이터를 입력하고 원자구조와 광학적 특성을 측정하는 한편 애리조나 대학 박물관에 특징적인 광물 표본을 보관하고 학부생들을 고용해 사진을 찍었다. 그는 데이터 입력 절차를 간소화하고 새로운 데이터 영역을 추가하여 다른 광물데이터베이스와 연동하고 사용자친화적으로 만들 프로그래머를 고용했다. 그렇게 해서 그는 광물 데이터 수집 및 사용에 정통한 여러 명의 대학원생을 훈련시켰다.

루프 광물데이터베이스를 구축하는 과정에서 로버트 다운스는 광물학계에 없어서는 안 될 인물이 되었다. 며칠마다 업데이트되는 그의 웹사이트에는 세계에서 가장 완전한 광물종 목록이 망라되어 있다. Rruff.info/ima는 학생, 교수진, 아마추어 수집가, 박물관 큐레이터로 구성된 광물학 커뮤니티가 자주 문을 두드리면서 매주 거의 10만의 조회수를 기록한다.

루프는 여전히 내용과 범위를 확장하고 있다. 이제는 누구나 광물을 그 구성과 구조에 따라, 또는 광물그룹별로 검색할 수 있다. 최근 다운스와 그의 동료들은 이미 있던 데이터에 '광물 진화'의 특성을 추적할 수 있는 광물 진화 데이터베이스를 추가했다. 이곳에서는 20만 개 남짓한 광물의 나이를 참고문헌과 함께 제공한다. 새로운 통계 패키지와 그래픽 옵션을 추가하여 이제 사용자는 광물 데이터를 구미에 맞게 시각화할 수 있다. 폭넓은 광물학적 전문지식을 바탕으로 다운스는 화성탐사선 큐리오시티를 운영하는 연구팀에 참여하여 화성에도 착륙했다. 그 결과로, 행성광물학도 데이터베이스에 추가되었다.

이제 우리는 IMA가 승인한 지구와 행성에 분포하는 5000개가 넘는 광물의 전체 목록에 공짜로 접근할 수 있으며 거기에서 나오는 모든 중요한 통계에 손쉽게 접근할 수 있다. 하지만 지금까지 발견한 무수한 탄소의 결정 목록과 형태를 아는 것은 곧 무엇이 빠졌는지를 예측하는 첫 번째 단계에 지나지 않는다. 우리는 또한 광산과 산, 채석장과 노두, 동굴과 절벽 등 전 세계 수십만 광물 지역에 대한 데이터가 필요하다. 그 목록을 작성하는 일은 5000종 이상의 광물을 문서화하는 것보다 훨씬 어렵긴 하지만 지구의 탄소함유광물의 정확한 양을 추정할 수 있는 유일한 방법이다.

Mindat.org

국제 광물데이터베이스를 통합하는 일을 추진한 두 번째 영웅은 졸리온 랠프Jolyon Ralph로, 광물 및 보석 데이터를 모으고 공유하여 작은 제국을 건설한, 열성적인 데다 빈틈없는 성격의 영국인이다.[35] 광물학 분야의 여느 사람처럼 랠프도 어려서부터 수집을 시작했다. 그는 처음으로 수집한 표본을 기억한다. 영국 콘월의 유명한 틴타겔 해안에서 여섯 살 때 발견한 자갈 속 석영 결정체였다. 그때부터 평생에 걸친 광물 사랑이 시작되었다. 수집품은 늘었지만 40년이 지난 지금도 그는 그 옛날의 작은 돌을 보관하고 있다.

그의 열정은 1980년 열 살 되던 해에 국가에서 주도한 컴퓨터 프로그래밍 교육사업에 뽑혔을 때 다시 불타올랐다. 코딩에 대한 그의 열정은 지금도 식지 않았다. 그는 유명한 왕립광산학교에 지질학 전공으로 입학했지만 얼마 지나지 않아 컴퓨터공학으로 전과했다.

현재 세계에서 가장 광범위한 광물 지역 데이터베이스이자 다운스의 루프 광물종 데이터베이스를 보완하는 Mindat.org는 1993년 크리스마스 무렵 졸리온 랠프의 개인 광물 목록에서 시작되었다.[36] 처음에는 자신이 수집한 표본과 지역 목록에 불과했지만 랠프는 점차 그 데이터베이스를 확장해 나갔다. 그는 전 세계 모든 곳, 모든 광물종을 망라하는 사이트를 개발하려는 아이디어를 구체화하면서 데이터를 계속 추가하고 Mindat의 기능을 보강했다. 윈도우 운영체제가 등장하고 인터넷이 일상이 되면서 2000년 10월 10일 새로운 모습의 Mindat이 대중 앞에 등장했다.

사실 이런 일은 혼자 하기에 힘에 부친다. 지식이 풍부하고 열정적인 수집가 수만 명의 자발적 노력이 수놓인 수백 년 광물학 연구의 결과로 광물종과 발견 지역에 대한 데이터가 산처럼 쌓였다. 다만 어느 지역에서 어떤 광물종 모음이 발견되는지에 관한 수백만 가지 정보들이 여기저기 흩어져 있었고, 상당수는 수십 개의 언어로 출판된 수많은 책과 기사 속에 묻혀 있었다. 알 수 없는 양의 추가적인 귀한 자료들은 그야말로 어둠에 덮여 있다. 색인카드에 쓰여 파일 서랍에 갇히거나 현장연구용 노트북 혹은 컴퓨터 드라이브에 저장된 미공개 정보가 그런 것들이다. 졸리온 랠프는 숨겨진 데이터를 찾아 하나의 원활한 인터넷 플랫폼으로 구성하여 전 세계에 제공하는 일을 자신의 사명으로 삼았다.

사람들은 주로 광물이 발견되는 정확한 위치에 관심이 많다. 지질학자들은 광물이 어떻게 형성되는지 알아보려면 어디로 가야 할지를 알고 싶어 한다. 수집가는 최고의 표본을 어디서 찾아야 할지를 궁금해한다. 광업회사는 목돈을 벌기 위해 어디에 구멍을 뚫어야 할지를 고심한다. 그러나 비교적 최근까지도 광물의 지역 정보를 한 곳에서 열람하는 일은 불가능했다. 몇몇 광물학자들이 한정된 지역에 국한해서 연구를 진행했을 뿐이었다.『애리조나의 광물』,『카르파티아산맥의 광물』같은 지질학 책 제목만 봐도 잘 알 수 있다.「데스밸리의 광산」,「세계의 보석들」같은 기사도 쉽게 볼 수 있다.『광물학 기록Minerological Record』과『암석 및 광물Rocks and Minerals』처럼 인기 있는 정기간행물은 세계에서 가장 위대한 광물 수집 현장과 풍부한 삽화가 담긴 이야기를 담고 있다. 가끔은 생산성 높은 광산이나 유명한 지역에서 발견된 광물 목록을 주의 깊게 편집하기도 한다. 하지만 전모를 파악하기에는 역부족이다. 광물에 관한 포괄적 식견을 얻으려면 (예컨대 아주라이트 또는 로도크로사이트처럼 비교적 일반적인 광물이 발견된 모든 곳을 표로 작성하려면) 수천 개의 출처를 조사하느라 몇 년이 걸릴지 모른다. 게다가 자료의 상당 부분은 외국어로 되어 있다. 열성적인 도우미 군단이 필요한 또다른 이유다. 랠프는 이들 도우미를 모집했다.

Mindat 통계는 놀랍다. 약 5만 명의 등록된 사용자가 광물 사진을 제공하거나 광물 지역을 설명하거나 광물 데이터를 직접 편집할 수 있다. 그들은 수십만 장의 광물 표본 사진을 한꺼번에 업로드했다. 전 세계 30만 곳에 관한 데이터가 기록되었으며 개별 광물은 쉽사리 100만 건을 넘었다. 랠프는 "이렇게 급성장하리라곤 예상도 못 했죠"라고 말했다. "그것이 곧 제 삶이 되었습니다."

Mindat을 관리하고 확장하기 위해 하루종일 일하는 랠프는 앞으로도 갈 길이 많다고 실토했다. 어떤 광물이 풍부한 지역(특히 중국)의 몇몇 위치는 아직도 정확하지 않다. 제대로 설명되지 않은 곳도 많다(그는 모든 지역에 GPS 좌표를 추가하려 한다). 게다가 Mindat 같은 크라우드소싱 작업에는 항상 오류와 편견이라는 꼬리표가 붙는다. 때로 수집가는 자신이 발견한 광물을 잘못 동정한다. 훨씬 더 일반적인 색상과 유형의 광물보다는 영롱하고 반짝이는 희귀암석이라고 보고할 가능성이 크다. 그렇기는 하지만 수십 년간의 노력과 조직화를 통해 졸리온 랠프의 Mindat.org는 광물학을 변화시키고 광물학 연구의 새로운 길을 열었다.

광물생태학

로버트 다운스의 포괄적인 광물종 목록과 졸리온 랠프의 방대한 광물 지역 모음 덕분에 지구의 모든 결정질 형태의 탄소를 목록화하려는 심층탄소관측단의 꿈은 손에 잡힐 만큼 가까워졌다. 방대한 데이터베이스에서 우리는 무엇을 얻을 수 있을까? 2014년 산더미 같은 데이터에서 숨겨진 패턴을 찾기 시작했을 때 우리가 던졌던 질문이다.

데이터를 분석하면서 우리는 생물 생태계처럼 지구 광물이 지구 전역에 불균등하게 분포되어 있다는 사실에 놀랐다. 몇 가지 광물은 수천 곳에서 발견되지만 대부분의 광물은 극히 희귀했다. 대여섯 종류의 장석(長石, feldspar)이 지각 부피의 약 60퍼센트를 차지하고,[37] 수십 가지 다른 일반적인 광물이 나머지 거의 모두를 구성한다. 반면 1200가지가 넘는 광물종은 오직 한 지역에서만 발견되었다. 600종 이상이 정확히 두 곳에서만 발견되었고 세 곳에서 발견된 종은 400여 가지에 이른다. Mindat.org의 지역 데이터를 폭넓게 분석한 결과 지금까지 문서화된 모든 광물의 절반 이상이 5개 이하의 지역에서 출토된 것으로 밝혀졌다. 대부분의 광물종은 무척 드물다. 놀랍다.

소수의 일반적인 종과 다수의 희귀종이라는 이런 치우친 '빈도 분포'가 자연계의 다른 곳에서도 흔히 볼 수 있는 현상일까?[38] 사회학, 경제학, 지리학 또는 기타 분야의 문헌에서 이와 비슷한 빈도 분포를 확인할 수 있을까? 드문 것이 우세하다는 광물 분포 유형을 설명할, 잘 확립된 수학적 접근방식이 있을까?

숲속을 산책하다 나는 그럴싸한 답변을 생각해냈다. 2014년 6월, 카네기 연구소 신임 소장인 매슈 스콧의 팰러앨토 집에 초대를 받아 우리는 과학과 인생 그리고 연구소의 미래를 두고 얘기한 적이 있었다. 스콧은 식견이 남다르고 다학문적 사고에 능한 열정적인 사람이었다. 그는 세포 및 발생 생물학 발전에 혁명적인 공헌을 했으며, 생물학과 의학, 공학, 물리학 및 화학을 아우르는 최전선의 학제간 프로젝트에 참여하는 연구자들이 모인 스탠퍼드 대학의 야심찬 연구실 Bio-X를 이끌었다. 최첨단 시설이 갖춰진 그의 연구실은 10억 달러 상당의 자금을 운용했다. 이제 그는 지구, 우주 및 생명 과학의 탐사기획으로 유명한 카네기 연구소를 끌고 갈 새로운 모험을 기대하고 있었다.

앉아서 이야기하는 대신 우리는 바위투성이의 북부 캘리포니아 해안을 따라 고대의 거대한 나무들이 서 있는 삼나무숲으로 하이킹을 갔다. 위풍당당한 침엽수들을 지나며 나는 동식물의 불균일한 분포에 생각이 미쳤다. 생태계의 생물량 대부분은 거대한 삼나무에 저장되어 있고 나머지 대부분은 몇 가지 크고 지배적인 나무와 관목이 차지한다. 그러나 생물 다양성의 대다수는 이끼, 양치류, 곤충, 노래하는 새, 다채로운 캘리포니아 바나나민달팽이 등 훨씬 더 작은 종에서 발견되었으며, 무수히 많은 보이지 않는 미세한 생명체는 말할 나위도 없다. 나는 숲을 걸으며 이렇게 물었다. "생태계 안 생물량 분포가 지구 광물 분포 유형을 흉내낼 수 있을까?"

돌파구는 며칠 후 예상치 못한 곳에서 불쑥 튀어나왔다. 빈도 분포에 대한 기사를 검색하던 중이었다.[39] 답은 단어words였다. 책에 등장하는 단어의 특징적 분포는 지구 광물의 분포와 매우 유사하다는 것이 밝혀졌다. 당장 이 책부터 생각해보자. 다른 사람들과 마찬가지로 나도 '하나a', '그리고 and' 및 '그the'를 자주 쓴다. 아마도 각기 수백 번은 넘을 것이다. 물론 '광물', '다이아몬드' 및 '탄소'처럼 특정 주제와 관련되어 자주 등장하는 단어도 있다.

문장에서 가장 자주 쓰인 단어를 강조해서 표시하는 '워드클라우드'나 '워들wordle'을 본 적이 있을 것이다. 이 워드클라우드에서 볼 수 없는 것은 문장에서 한두 번 정도만 사용된 특이한 단어다. 그렇지만 훨씬 더 많은 단어들이 이 범주에 속한다. 이 책에서 '워들'은 한 번 나온다(아차, 실수! 그새 한 번 더 늘었다). '초서Chaucer', '틸라피아' 및 '위지물탈라이트'도 마찬가지다. 사실 그 희귀한 단어를 분석하면 주제, 장르는 물론이거니와 심지어 문서의 저자까지도 명확히 알 수 있다. 오래된 원고를 찾았는데 누가 썼는지 알고 싶은가? 그 희귀하고 특이한 단어와 어구는 이전에 알려지지 않은 디킨스, 초서 또는 셰익스피어의 작품을 드러낼 단서가 되기도 한다.

몇 가지 공통 요소와 수많은 희귀 요소를 갖춘 이런 유형을 우리는 '드문 다수Large Number of Rare Events'(또는 줄여서 LNRE)* 분포라고 한다. 드문 다수 분포를 연구하는 일은 소수의 역사가와 문헌학자들이나 관심을 보이는 응용수학의 한 분야라고 생각할 수도 있다. 이에 반해 테러와의 전 세

---

* 실세계에 존재하는 많은 수치 중 첫 번째 숫자가 무엇인지 분석하면 그것이 1일 확률이 30퍼센트쯤 된다. 이를 발견한 사람의 이름을 따 벤포드Benford 법칙이라고 한다. 자주 등장하는 단어의 수를 발견한 사람은 지프Zipf이고, 지프의 법칙은 프랙털 현상을 다루는 문서에 흔히 등장한다.

계적 전쟁 탓에 '어휘lexical통계'는 사람들의 이목을 끌었다. 국가안보국은 누가 누구에게 무슨 말과 글을 쓰고 있는지 알고 싶어한다. 이메일이나 짧은 문서 또는 전화 녹취록의 드문 다수 분포를 분석하면 설득력 있는 단서를 확보할 수 있다. 결과적으로 드문 다수 분포 연구에 자금이 유입되었다. 최근 몇 년 동안 수학 공식이 빽빽한 두꺼운 교과서가 등장했으며 드문 다수 분석을 위한 정교한 통계 패키지는 온라인에서 무료로 제공된다.

복잡한 수학의 핵심을 탐구하는 일이 특출한 몇 사람만의 전유물은 아니라 해도 드문 다수 방정식을 해독할 수 있는 광물학자는 적으며 새로운 분야에 맞게 맞추어낼 수 있는 사람은 더더욱 적다. 2015년에 나는 당시 애리조나 대학의 응용수학 강사이자 한때 로버트 다운스의 하키팀 동료였던 그레테 히스태드와 연구팀을 꾸렸다. 히스태드 같은 사람을 찾아내는 것은 과학자의 꿈이다.[40] 그녀는 수학적 재능이 있고 배우고자 하는 열의가 있고 창의적인 데다 보기 드물게 열심히 일하는 사람이었다.

노르웨이 태생의 그레테는 바이킹 시대까지 거슬러 올라가는 가계 출신이다. 그녀는 16대를 이어온 가족농장에서 어린 시절 대부분을 보냈는데, 자기네 땅에서 나온 철기시대 보석이 국보로 지정되었다고 자랑한다. 그레테는 열정적인 운동선수이기도 해서 노르웨이의 축구 1부리그 팀에서 뛰었고, 대학원에 입학하고자 미국에 들어오기 전인 1994년에는 릴레함메르 동계올림픽 성화주자로 나서기도 했다. 그녀는 애리조나 대학에서 박사학위를 받고 수학을 강의하다가 퍼듀 대학 노스웨스트의 교수로 자리를 옮겼다.

그레테는 잘 정립된 수학적 형식론formalism을 지구상의 광물 분포를 연구하는 데 적용하려고 애를 썼다. 그녀는 어휘통계 문헌을 읽고 그와 관련된 수학 공식을 찾아 보강했으며 곧이어 지구상 광물의 자연 분포가 '유한 지프—망델브로'와 '일반화된 역 가우스—프아송' 분포 함수로 알려진 두 가지 드문 다수 분포 유형과 정확히 일치한다는 점을 입증했다.[41]

종의 분포를 다루는 생태학적 연구에 경의를 표하기 위해 우리가 '광물

생태학'이라고 명명한 분야에서 많은 발견들이 뒤를 이었다.[42] 우리는 드문 다수 분포가 붕소, 코발트, 구리 및 크롬과 같은 특정 화학 원소를 포함하는 광물의 다양한 하위집합에도 적용된다는 사실을 알게 되었다. 탄소에 대한 자세한 연구는 그 아이디어를 한 단계 더 발전시켜 산소, 수소 및 칼슘과 결합된 탄소광물의 더 작은 하위집합을 드문 다수 분포 모델로 설명한다.

광물 분포의 드문 다수 모델은 우리가 대규모 광물데이터베이스에서 추론한 것을 정확하게 모델링하는 경험적 법칙이라는 점에서 무척 흥미롭다. 하지만 이 접근방식에서 얻을 수 있는 정보는 훨씬 많다. 수학적 모델은 우리가 이미 알고 있는 것을 체계화하기 때문에만 중요한 게 아니다. 그것은 가끔 우리가 아는 자연에 대한 단순한 설명을 넘어 우리가 모르는 것을 예측할 수 있도록 인도한다. 그레테 히스태드는 드문 다수 모델이 알려진 광물의 분포를 정량화할 뿐만 아니라 아직 발견되지 않았거나 설명이 누락된 광물의 분포도 보여준다는 걸 밝혀냈다. 드문 다수 모델을 사용하면 지구의 '잃어버린missing 광물'을 예측할 수 있다.[43]

어떻게 그런 일이 가능할까? 아직 탐험하지 않은 지구 비슷한 행성에 우주선이 착륙했다고 치자. 그곳에서 우리는 될 수 있는 한 완전한 광물 목록을 작성하려 들 것이다. 누구에게라도 첫 번째 집어든 암석은 새롭다. 두 번째, 세 번째. 새로운 암석 목록은 빠르게 채워질 것이다. 하지만 수천 개의 암석과 수백 가지의 다른 종의 광물을 분류한 몇 주 뒤에는 새로운 종을 찾는 일이 줄 것이고 결국 점점 더 이상하고 희귀한 것들만 이따금 발견하게 될 것이다.

가로축에 조사한 광물 표본의 수를, 세로축에 광물종의 수를 그래프로 나타내면 왼쪽으로는 가파르게 상승하고 오른쪽으로는 점차 수평을 이루는 '누적곡선'의 특성을 나타낼 것이다. 이 곡선을 멀리 오른쪽까지 외삽하면 광물종의 총수를 추정할 수 있다. 하지만 그중 얼마는 아직 발견되지 않아 설명을 기다리는 것들이다. 예상한 수치에 도달하는 데는 여러 해가 걸리겠지만 그 광물들은 언제고 예리한 광물학자들의 밝은 눈에 띄게 되리라는 점도 의심할 여지가 없다.

드문 다수 형식론은 누적곡선을 계산하는 깔끔한 수단이다. 몇 가지 수학적 기교를 써서 그레테 히스태드가 드문 다수 통계 연구에서 확립한 것이다. 알려진 광물이 약 4900종에 불과했던 2015년, 논문을 바탕으로 우리는 적어도 1500개의 광물이 더 발견될 것으로 예측했다. 대학원생, 박사후연구원 및 선임과학자로 구성된 팀의 후속 연구는 빠진 부분을 채우는 작업의 연속선상에서 진행되었다. 활용도가 높은 원소인 붕소를 포함하는 100개 이상의 광물을 더 찾아야 했다. 30개의 크롬광물이 아직 알려지지 않았고 희소 원소인 코발트 함유 광물도 15개 더 발견해야 했다. 다른 화학 원소 광물도 사정은 비슷해서, 지질학자들은 모두 광물 데이터의 통계적 분석을 바탕으로 예측을 한 뒤 현장연구에 뛰어들었다.

우리는 다양한 탄소광물과 지역 정보를 담은 거의 8만 3000건의 Mindat.org 데이터를 활용해서 400개가 넘는 탄소광물을 철저히 연구하고 자료를 저장했다.[44] 드문 다수 분포를 분석한 연구 결과를 보면 한 지역에서만 발견된 100개 이상의 탄소광물, 정확히 두 지역에서 출토된 다른 40개의 탄소광물 목록을 알 수 있다. 전체적인 누적곡선은 거의 150개의 탄소함유 광물이 지구 표면 또는 그 근처에 존재하지만 아직 발견되거나 기술되지 않았다고 예측한다. 이러한 방법을 더 발전시켜 우리는 150개의 누락된 광물의 거의 90퍼센트가량이 산소를, 거의 대부분이 수소를 포함하리라는 점도 예상한다. 아울러 칼슘이나 나트륨을 필수 구성요소로 포함하는 10여 개의 탄소광물도 발견을 기다린다.

이 정보를 손에 쥐고 있었으므로, 다음단계로 나아가 아직 알려지지는 않았지만 발견해야 할 특정 광물의 정체와 잠재적 출토 위치를 예측하는 것은 그리 어려운 일이 아니었다. 이러한 잠재적인 종 일부는 이미 합성화합물(예를 들어 나트륨 및 칼륨의 탄산염)로 잘 알려져 있다. 이러한 화학물질은 일반적으로 흰색 또는 회색이며 결정화가 어렵고 물에 잘 녹기 때문에 비가 올 때마다 시나브로 사라진다. 아마추어와 전문 광물학자들이 그러한 광물종을 놓친 것도 어쩌면 당연한 일이다. 우리는 이렇게 제안한다.

> 탄자니아의 동아프리카지구대 근처 나트륨이 풍부한 나트론 호숫가의 광물이 풍부한 땅을 뒤져보세요. 호수 가장자리가 희고 딱딱한 광물로 덮여 있어서 쉽지는 않겠지만, 찾으려는 것이 무엇인지 안다면 금방 찾을 수 있을 겁니다.

알려진 탄소광물의 화학적 사촌을 염두에 두고 빠져 있는 광물을 추정하는 방법도 있다. 잘 알려진 탄산염광물종의 철, 구리 및 마그네슘 유사체 190개를 찾아 이제 막 '잃어버린' 탄소광물들의 세계 표면을 긁기 시작하고 있다. 지구상의 모든 형태의 탄소를 찾는 것을 핵심 임무로 삼는 우리 심층탄소관측단은 광물생태학을 통해 일취월장했다. 광물학 역사상 처음으로 우리는 발견되기를 기다리고 있는 수많은 광물종을 예측했다.

그래서 우리는 주장했다. 아직까지 지구에는 알려지지 않은 거의 150개 남짓한 잃어버린 탄소광물이 있고, 어디로 가서 무엇을 찾아야 하는지 확실히 예측할 수 있다고. 그리고 이제는 그 예측을 시험할 순간이었다.

탄소광물 챌린지

수세기 동안 광물학은 관찰과학이었고 새로운 광물의 발견은 행운이 따라야 하는 일이었다. 희귀한 나트륨운모인 우니사이트wonesite는 비교적 흔한 흑운모를 분석하던 중에 우연히 발견되었다. 섬유질 광물인 짐톰소나이트jimthompsonite는 오랫동안 각섬석종으로 오인되었다. 속담은 금광 근처에 금이 있다*고 한다. 맞다, 몇몇은 들어맞았다. 하지만 자연에서 발견되기 전에 미리 예견되었던 것은 5000개 이상의 광물 중에서 겨우 한 줌 정도에 지나지 않았다.

광물생태학은 그 전통을 무너뜨렸다. 이제 우리는 무엇이 발견되지 않았는지 예측할 수 있다. 우리는 그러한 희귀광물이 무엇이고 어디를 뒤져야 하는지 알고 있다. 우리는 탄자니아의 나트론 호수에 가면 새로운 탄산나트륨과 탄산칼륨 광물을 찾을 수 있음을 안다. 마찬가지로 다수의 탄산스트론튬광물이 퀘벡의 푸드렛 채석장에서 이미 발견된 반면 그와 비슷한 다른 탄산스트론튬은 합성 화학물질로만 알려져 있다.

새로운 탄산스트론튬광물을 찾기 위해 캐나다 채석장을 방문할 필요는 없다(골수 광물학자라면 다르게 생각하겠지만). 푸드렛에서 발견한 표본이 가득 찬 박물관 서랍으로 가서 이전에 인식되지 않은 종의 작은 결정 입자를 자세히 조사하는 편이 훨씬 빠르다. 그리고 석탄과 오일셰일에도 새로운 탄소광물이 있어야 한다. 결정이 풍부한 탄광 갱내 또는 오일이 풍부한 셰일층에 몰려 있는 작은 탄소함유 '유기'분자 열두어 개의 희귀한 결정이 발견된 곳이기 때문이다. 확실히 더 많은 유기광물이 발견될 것이다. 그것을 찾기 위해 이미 특이한 광물을 생산한 곳 주변의 석탄과 오일셰일을 해부하고 조사하고 분석하면 된다.

이러한 새 광물사업을 촉진하기 위해 심층탄소관측단은 2016년에 탄소광물 챌린지를 시작했다.[45] 누락된 탄소광물을 찾는 국제적 탐구과제는 재미있는 아이디어처럼 보였다. 하지만 우리에게는 전 세계적으로 열정을 불러일으킬 사명감으로 가득 찬 카리스마 있는 지도자가 필요했다. 광물 큐레이터는 물론이고 어떤 수집가와도 막힘없이 얘기할 수 있는 사람이어야 했다. 댄 허머를 만나보자.[46]

---

* 영어 속담 'gold is where you find It'이다. 금을 발견하기 가장 쉬운 곳은 이전에 금이 발견된 곳이라는 뜻에서 나왔다고 한다.

댄은 눈에 확 들어온다. 195센티미터의 키와 단단한 체격 때문만은 아니다. 그는 자연스러운 미소와 소박한 친절 및 관대함을 갖춘 열정적인 사람이다. 그리고 놀랍거나 열광할 때면 곧잘 "아, 젠장할Aw, shucks!"이라는 전염성 있는 감탄사를 터뜨린다. 아마도 아이오와 출신 이력과 깊은 호기심이 결합한 흔적일 것이다. 댄 허머가 탄소광물이 막 발견되기를 기다리고 있다고 말하면 모두 고개를 끄덕이고 일을 시작한다.

내 전 박사후연구원이자 최근에 서던일리노이 대학 조교수로 임명된 댄은 심층탄소관측단의 목표가 무엇인지 정확히 이해한다. 우리의 성공은 지구의 복잡한 탄소 순환을 이해하는 데 있는데, 탄소가 관여하는 무척이나 아름답고 다양한 형태를 모르면 그 순환을 이해할 수 없다. 아직 찾지 못한 탄소함유광물이 거의 150개에 달한다는 사실은 6번 원소의 자연적 형태에 관해 우리가 모르는 게 많다고 고백하는 것과 같다. 댄이라면 너끈히 그 틈새를 메울 수 있을 것이다.

아마추어와 전문가를 막론하고 전 세계 광물학자들이 사냥에 참여했고, 결과가 쏟아지고 있다. 도전의 첫해, IMA는 9개의 새로운 탄소함유광물을 유효한 종으로 승인했다. 최초로 발견된 아벨라이트abellaite는 옅은 녹색 바늘을 뿌려놓은 듯한, 납과 나트륨 탄산염 결정으로 스페인 카탈루냐에서 출토되었다. 2017년에 승인된 아벨라이트가 2016년에 발표한 탄소광물 예측 목록에 포함되어 있어서 모두들 기뻐했다. 두 번째로 발견된 티눈쿨라이트tinnunculite는 황조롱이*Falco tinnunculus* 배설물이 러시아 탄광의 뜨거운 기체와 상호작용할 때 형성된다.[47] (이건 예측하지 못한 것이다. 인정한다!) 독일의 파란색 마르클라이트marklite, 오스트레일리아의 녹색 미들배카이트middlebackite, 유타의 옅은 노란색 레오실라르다이트leoszilardite가 뒤를 이었다. 여섯 번째로 발견된 사랑스러운 카나리아 노란색 유잉가이트ewingite는 다양한 희귀 탄소광물로 이미 잘 알려진 체코 야히모프에서 발견된 우라늄 탄산염이다. 여덟 번째의 새로운 탄소광물인 파리사이트

parisite는 희소원소인 란탄을 함유한 탄산염으로 예측한 광물이었다.

탄소광물 챌린지는 2019년에도 계속되고 있다. 나머지 145개의 예측된 종을 모두 찾을 수 있을 것으로 기대하지는 않지만 댄 허머가 약속한 대로 즐거운 작업이 될 것이다.

자연계의 탄소함유 결정 대다수가 접근 가능한 지표면 근처 영역에서 발견된 것은 지극히 자연스러운 일이다. 그러나 우리는 지구가 눈에 보이지 않는 더 깊은 광물학적 비밀—맨틀과 핵의 극한 온도와 압력에서 담금질된 결정—을 간직하고 있다는 사실을 잘 알고 있다. 이러한 불가사의한 국면을 이해하려면 특수한 유형의 과학자가 운영하는 정교한 연구수단이 필요하다. 이제 광물물리학자 차례다.

전개부―깊은 지구 속의 탄소

지구의 단단한 표면 수백 마일 아래쪽에는 접근할 수 없는 신비의 영역이 숨어 있다. 생명체에게 적대적일 수밖에 없는 극한의 압력과 온도가 행성의 깊은 내부를 형성하는 쌍둥이 힘이다. 원자는 깨지고 충돌하여 기이하고 조밀한 결정 형태를 취한다. 우주에 대한 우리의 관점은 지구와 공기 사이, 거의 뚫을 수 없는 경계에 선 우리 위치로 인해 왜곡된다. 우리는 지구의 단단한 표면을 걸어야 하는 제약을 받는다. 장엄한 고향 행성의 얇디얇은 베니어판 이외의 곳을 탐험하려는 인류의 노력을 방해하는 바위 같은 장벽이 어디든 도사리고 있다.

우리 발아래 100마일, 1000마일 아래에서는 어떤 놀라운 발견들이 기다리고 있는 걸까?

심층탄소광물학

우리의 탄소함유광물 목록은 아무리 포괄적이라 해도 표면을 슬쩍 파헤친 결과에 지나지 않았다. 문자 그대로, 표면은 현대 기술로 접근할 수 있는, 지표에서 2마일(약 3.2킬로미터) 아래까지의 한정된 공간일 뿐이다. 알려진 거의 모든 광물종은 얇고 바위 같은 지구 껍질에서 만들어져 발견된 것이다. 풍화된 광산 매립지에서 수집하거나 뜨거운 연기 속의 매 똥에서 형성된 광물(티눈쿨라이트―옮긴이)도 얕기는 매한가지다.

심층탄소관측단 연구원들은 표면말고도 많은 곳을 궁금해한다. 우리는 엄청난 압력과 온도가 탄소와 다른 원소를 부수고 태워 새롭고 조밀한 형태로 끌어들이는 맨틀과 핵의 은밀하고 접근할 수 없는 깊은 공간을 이해하길 원한다. 하지만 그 공간은 아주 천천히 비밀을 보여줄 뿐이다. 지구 탄소 대부분이 숨겨져 있는 행성 내부 깊은 곳의 보일 듯 보이지 않는 베일을 벗겨 내야 한다. 우리에게 지구는 몇 개의 모서리 조각만 간신히 제자리를 차지한 거대한 구형 직소퍼즐과 같다. 우리는 탄소광물 퍼즐의 빠진 조각을 채우려 하지만 커다란 장애물이 앞을 가로막고 있다. 땅속으로 깊이 들어갈수록 문제는 어려워진다.

알려진 400개 남짓한 탄소광물 중 고압 상태에서 빚어진 종은 소수에 불과하다.[48] 지구 깊은 내부의 극한 온도와 압력에서 벼려진 다이아몬드는 탄소를 함유한 맨틀 광물의 가장 뚜렷한 사례. 다이아몬드와 같은 결정구조(특히 산소가 부족한 구조)에서 탄소 원자가 실리콘과 직접 결합한 '탄화물'이자 밀도가 매우 큰 모이사나이트moissanite가 또다른 그럴싸한 후보다. 이 탄화규소 결정은 다이아몬드와 매우 유사한 물리적 특성을 보인다. 그래서 표면처리 또는 광택처리된 합성 모이사나이트 원석은 비교적 저렴한 다이아몬드 대용품으로 팔리고 있다. 다이아몬드 결정에 혼입되는 원소가 드물기는 하지만 철이나 크롬 및 니켈과 결합하는 맨틀의 탄화물 광물이 없는 것은 아니다. 이들도 땅속 깊은 곳에서 발견될 수 있는 것들이다. 거기에는 또 뭐가 더 있을까?

그럴듯한 맨틀 광물을 동정하는 표준 시험법은 일반적인 지각 광물을 지표면 아래 100마일 혹은 그보다 더 깊은 가혹한 조건에 노출하는 것이다. 흔한 칼슘 탄산염인 방해석이 실험해야 할 첫 번째 후보물질이었다. 윌리엄 바셋과 그의 대학원생 리오 메릴의 선구적인 논문을 흥미롭게 읽었던 기억이 생생하다. 그들은 처음으로 고밀도 고압 조건에서 형성된 방해석의 모습을 그려냈다.[49] 당시 나는 재미있는 논문 프로젝트를 찾던 신참 대학원생이었다. 바셋은 매력적인 답을 내놓았다. 고압결정학!

윌리엄 바셋 같은 과학자에게 '심층탄소'는 '고압탄소'의 다른 말이다. 지구 내부로 깊이 들어갈수록 압력이 높아진다. 맨틀은 광물에 수십만 기압의 힘을 가하고 핵의 압력은 쉽게 100만 기압을 넘는다. 스코틀랜드의 제임스 홀이 총신 실험을 하며 지하 1마일(약 1.6킬로미터) 아래의 조건을 모방하는 작업이 얼마나 도전적인 시도였는지 기억할 것이다. 실험 조건을 지구의 맨틀 환경과 일치시키는 작업은 생각보다 훨씬 어렵다.

결정체를 연구하는 과학자가 부딪히는 또다른 어려움은 결정체 시료를 가루내지 않은 채 지구의 극한 압력을 발생시키는 일이다. 이것은 이율배반적인 두 요소의 균형을 맞추는 게임trade-off game이다. 실험자는 가능한 최대한의 압력을 기대하며 좁은 공간에 큰 힘을 가한다. 그러나 좁은 공간은 곧 부서질 가능성이 큰, 작은 결정 샘플을 뜻하기도 한다. 작은 결정을 가지고 고압에서 분석 대상을 파괴하지 않은 상태로 실험할 수 있을까? 압력을 가할 시료를 강력한 보호용기 안에 넣어야 하므로 문제는 더욱 복잡해진다. 어떻게 단단한 장벽을 뚫고 의미 있는 측정을 할 수 있을까?

이런 엄청나게 도전적인 실험에 대한 빛나는 해결책은 1950년대에, 과학자들이 다이아몬드들을 조사할 수 있는 예기치 않은 기회를 얻은 미국 국립표준국(National Bureau of Standards, NBS)에서 나왔다. 밀수업자들로부터 압수한 커다란 절단된 다이아몬드들이 눈앞에 놓이고, 과학자들이 하고 싶은 어떤 실험에 써도 좋다는 말을 들었던 것이다. 수백 캐럿에 달하는 반짝이는 보물들 한 뭉치가 불순물을 찾는다는 명목하에 순식간에 불타 사라졌다(답: 다이아몬드 보석에는 불순물이 거의 없다). 꽤 값나갔을 참으로 아름다운 8캐럿짜리를 포함한 다른 다이아몬드들도 긁히고 구멍 뚫리고 부서지는 험한 꼴을 면치 못했다.

그렇게 보석을 헛되이 망가뜨리는 동안, 국립표준국 과학자 앨빈 반 밸켄버그Alvin Van Valkenburg는 다이아몬드가 고압 게임에서 타의 추종을 불허하는 두 가지 역할을 할 수 있다는 사실을 깨달았다. 고압 상태에서 시료를 가둬두고 압착하는 튼튼한 압력용기로서, 그렇게 압력에 짓눌린 시료의 세계를 선명하게 보여주는 창으로서. 앨빈은 끝을 납작하고 뾰족하게 깎은 다이아몬드 쌍을 맞붙여 '다이아몬드-앤빌 셀(DAC)'에 압력이 집중되도록 했다.[50] 그의 단순한 바이스 장치를 단단히 죄면 두 개의 다이아몬드를 함께 눌러 높은 압력을 만들어내면서도 시료 결정은 보호할 수 있었다.

당신도 DAC의 시료 용기를 한 층 한 층 조립할 수 있다. 바닥층은 작은 원통형 구멍이 뚫린 평평한 강판이다. 첫 번째 다이아몬드 모루anvil를 구멍 중앙에 대고 모루 높이를 조정한다. 다음층은 두께가 0.05센티미터를 넘지 않는 얇은 금속판을 잘라낸 '개스킷'이다. 개스킷의 작은 구멍은 정확히 아래쪽 다이아몬드 중앙에 맞춰져 있으며 시료 용기의 원통형 벽 역할을 한다. 그 용기 안에 세 가지 재료를 채운다. 먼저 실험할 결정 시료(보통 바셀린을 살짝 묻혀 제자리에 고정한다)를, 다음으로 내부압력의 표준 역할을 할, 압력에 민감한 루비나 다른 물질 입자를, 마지막으로 물 또는 기타 압력 전달 유체를 용기에 채운다. 두 번째 다이아몬드가 개스킷에 놓이면서 용기가 밀봉된다. 개스킷 중앙에 자리한 모루면은 아래를 향하고 두 번째 강판이 두 번째 모루를 눌러 조인다. 일단 시료 용기가 조립되고 나면, 당신은 그 바이스 장치의 범위 안에서 폭넓게 압력을 가할 수 있다. 주의를 기울여 모든 원통형 구멍을 나란히 정렬하면 이제 투명한 다이아몬드 창을 통해 놀라운, 예기치 못한 고압의 세계가 펼쳐진다.

국립표준국 팀은 그들 말로 새로운 '장난감'을 가지고 고압 연구의 역사를 만들어냈다. 그들은 순수한 물이 고압 형태의 얼음으로 변하고 알코올이 칼날 같은 바늘 모양으로 결정화하는 모습을 눈으로 보고, 깜짝 놀랐다. 밸켄버그는 그 알코올 결정을 '진시클gincicle'이라고 불렀다. 한편 그들은 빛이 물질과 상호작용할 때의 극적인 변화를 측정하기 위해 분광기를 사용했다. 또 원자들이 스스로 재배열하는 방식을 엿보기 위해 결정에 X선을 쏘아, 압착했을 때 더 조밀해지는 모습을 관측했다.

밸켄버그와 국립표준국 연구진의 논문을 보고 나는 입이 떡 벌어졌다. 1970년대 초반의 일이다. 그때까지 깊이 감추어져 있었던 영역을 엿볼 수 있다는 사실에 가슴이 뛰면서, 장차 내가 이 분야로 발을 내딛게 되리란 예감이 강하게 들었다.

고압X선결정학

심층탄소관측단 과학자들이 탄소의 다양한 '형태'를 발견하는 일을 언급할 때 사실 우리는 매우 특별한 정신적 이미지를 떠올린다. 우리는 원자를 이미지화한다. 우리 주변의 모든 물질, 즉 모든 고체, 액체, 기체는 원자로 이루어져 있다. 우아하게 반복되는 대칭적 원자 유형을 갖는 결정은 특별한 매력으로 다가온다. 각 광물종마다 고유한 원자의 위상학, 다시 말해 고유한 '결정구조'가 있다.

압력은 결정구조 이야기에 추임새를 더한다. 더 높은 압력을 받으면 받을수록 광물 속 원자는 조밀한 배열로 서로 더 가까이 껴안는다. 지구 속 깊은 곳의 탄소 형태를 이해하려면 밀도가 크고 압력이 높은 상태에서 만들어진 결정의 구조를 밝혀야 하는 것이다.

X선회절법은 결정의 원자 구조를 측정하는 우아한 수단이다. 고에너지 전자기파인 X선은 가시광선 및 라디오파와 특성이 비슷하지만 훨씬 더 짧은 수십억 분의 1인치(0.01~10나노미터)의 파장을 가지며 이 길이는 결정의 원자층 사이의 규칙적인 거리와 비슷하다. X선이 결정을 통과할 때 전자기파는 산란되거나 '회절된' 간섭 패턴을 나타낸다. 회절된 X선의 방향과 강도로부터 원자 구조를 밝히는 것이다.

국립표준국의 DAC는 놀라운 발명이었지만 처음 만든 장치는 너무 커서 표준 X선 광선을 쏘기에는 적당하지 않았다. 또한 강철로 만든 판조차 들어오는 X선 대부분을 차단했다. 메릴과 바셋은 강철 지지판을 투명한 베릴륨 금속으로 바꾸고 DAC를 축소하여 X선회절법에 적합하도록 고안한 연구논문을 1974년『과학기기 리뷰』에 실었다.[51] 삼각형 틀에 세 개의 조임나사를 달아 압착력을 부여한 장치의 이름은 메릴-바셋 셀이었다.

그들의 첫 실험은 방해석에 초점을 맞추었다. 1만 5000기압과 2만 기압에서 이 결정은 '방해석-II' 및 '방해석-III'로 알려진, 밀도가 더 큰 원자 배열을 가진 결정으로 바뀌었다. 우리가 디딘 땅의 수십 마일 아래 상부 맨틀의 압력에 해당하는 값이었다. 메릴과 바셋은 이들 구조의 모든 세부사항을 해독할 수는 없었지만, 밀도는 더 높은 반면 대칭성은 다소 떨어지는 등 고압에서 전체적으로 원자 배열이 흐트러진다는 사실을 밝혀냈다.

이 새로운 기기를 직접 작동해보고 그 결과를 박사학위 논문에 싣고자 나는 바셋에게 연락해 도움을 청했다. 물론 거절당할 가능성도 있었다. 새롭고 강력한 기술이 있고 해결해야 할 문제도 뚜렷한 마당에 뭐하러 잠재적 경쟁자를 키우겠는가? 하지만 그는 최선을 다해 도와주었다. 그는 기계공장에서 새 DAC를 제작해주었고 사용법을 보여주기 위해 뉴욕 로체스터에서 매사추세츠 케임브리지까지 몸소 왕림했다.

바셋은 나뿐 아니라 다른 과학자들도 기꺼이 도왔다. 그 덕에 고압결정학 분야가 융성하게 되었다. 빌의 선구적인 노력 덕분에 방해석은 계속해서 매력적인 연구 분야로 남았다. 지금까지 약 8만 기압에 이르는 조건에서 최소 6가지 다른 형태의 탄산칼슘이 형성되는 것으로 알려졌으며 이들은 모두 탄소 원자를 맵시 있게 둘러싼 3개의 산소 원자가 전형적인 작은 탄산염 삼각형을 이루고 있다. 철, 마그네슘, 망간 및 기타 원소의 탄산염은 상부 맨틀과 같은 압력 조건에서 서로 비슷한 모양의 결정을 형성한다. 이 압력은 DAC의 내부에서도 쉽게 도달할 수 있는 범위에 속한다. 연구가 진척된 결과 이제 우리는 지구 깊은 곳에서 형성된 광물이 지표면 가까운 영역에서 만들어진 광물과 한결 다르다는 사실을 알게 되었다.

더 높은 압력

압력이 10만 기압을 초과하는 지구의 천이대와 맨틀 하부 극한조건에서 결정구조를 조사하는 일도 역시 새로운 과제다. 이 문제에 원자 결합 이론을 적용하려는 시도는 성공적으로 보였다. 양자역학이 발전하면서 결정구조를 수학적으로 다루는 정교한 모델이 탄생했다. 지각에서 발견된 천연 물질의 구조와 합성 화합물의 구조를 정확하게 재현하는 계산 기술로 자리를 잡아가면서, 이 모델은 실험실에서 합성하기 전에 구조를 예측하는 일을 가능하게 만들었다.[52]

몇 가지 수학적 기법과 강력한 컴퓨터가 필요하지만 이러한 계산법은 고온 및 고압까지 확장될 수 있다. 고밀도 맨틀 광물의 구조를 정확히 예측하면서 이 컴퓨터 모델은 성공적인 것으로 입증되었다(새로운 맨틀 광물이 출현하는 압력을 항상 정확히 예측하지는 못한다 해도). 압력을 올리는 일이 복잡성을 한층 더하는 실험과 달리 양자 계산에서는 100만 기압 이상의 압력을 입력하고 어떤 일이 벌어지는지 확인하는 작업이 사실 무척 간단하다.

일반적으로 더 깊은 곳에서 형성된 광물이 더 조밀한 구조를 채택한다. 그리 놀랄 만한 결론은 아니다. 방해석 및 백운석 같은 탄산염광물은 처음 밀도가 증가함에 따라 탄산염(CO_3) 삼각형이 다른 원자와 더 가까워지면서 단단해지지만 이런 식의 재포장 방식에는 한계가 있다. 약 50만 기압 이상에서는 다른 전략이 필요하다. 탄산염광물이 다이아몬드와 비슷한 구조를 취하는 것이다. 흑연에서 다이아몬드로 전이되는 것은 3개의 이웃 탄소를 갖는 평면 구조에서 4개의 이웃 탄소를 갖는 피라미드 구조로 바뀌면서 이루어진다. 이와 같은 방식의 계산에 따르면 탄산염의 탄소는 평면에 3개의 인접한 산소 원자를 갖는 구조에서 '사면체' 피라미드 모양의 CO_4 배열로 전이된다.

광물학자들은 CO_4 배열의 고압 탄산염이 지각에서 쉽게 발견되는 일반적인 규산염광물과 유사성이 크다는 점을 바로 인식했다. 사면체의 가운데에 박힌 규소가 네 개의 산소에 둘러싸인 수십 가지의 친숙한 규산염 구조 유형(운모, 장석, 휘석, 석류석 등)이 지구의 지각 광물학을 지배한다. 맨틀 탄산염에서 유사한 구조 유형이 발생할 수 있을까? 물론이다. 이론가들은 맨틀 하부에서 마그네슘 탄산염이 모서리와 모서리가 연결된 CO_4 사면체의 긴 사슬 모양의 우아한 휘석 구조를 취할 것이라고 예측했다.

예측은 흥미롭지만, 지구물리학자들 대부분은 실험적 증거를 내놓으라고 한다. 검증할 수 있도록 X선 결정에 필요한 결정을 만들라는 소리다. 그러한 연구에 필요한 기술적 진보는 따라잡기에 늘 벅차다. 1970년대와 1980년대에 우리가 가진 최첨단 기술은 메릴−바셋이 고안한 DAC와 모든 결정학연구실에 비치되었던 일반적인 X선 장비로, 100분의 1인치(약 0.0254밀리미터) 너비의 '커다란' 결정에나 쓸 수 있는 정도에 지나지 않았다. 운이 좋으면 시료를 가루내지 않거나 값비싼 다이아몬드 모루를 온전히 유지한 채 대기압의 10만 배에 도달할 수 있었다. 그러한 고압 X선 실험이 일상이 되었고 전 세계 수십 개의 실험실에서 반복되었다.

하지만 압력이 대기압의 수십만 배에 이르면 얘기가 달라진다. 이제 결정의 크기는 상압에서의 부피보다 1000분의 1 이하로 줄어야 한다. 그보다 더 크면 가루가 되는 신세를 면치 못한다. 훨씬 정교하게 설계된 DAC을 써서 높은 압력에서 다이아몬드가 깨지거나 부서지지 않도록 해야 한다. 기존의 X선 광선도 적당하지 않다. 먼지 티끌보다 작은 결정에서 해독 가능한 패턴을 생성하기에는 너무 약하다. 따라서 과학자들은 정부에서 운영하는 거대한 '싱크로트론'이 24시간 일주일 내내 가동되는 곳으로 가야 한다. 이 입자가속기에서는 기존의 것보다 100만 배 강한 X선 광선을 이용할 수 있다. 지구에서 가장 깊은 곳의 탄소 결정을 이해하는 유일한 실험 환경이 요구하는 이런 엄중한 장애물을 넘어설 과학자는 그리 많지 않다. 심층탄소과학에서 특기할 만한 발견을 한 이탈리아 밀라노 대학의 광물학자이자 결정학자인 마르코 메를리니가 그중 한 명이다.[53]

마르코 메를리니는 겸손한 사람이다. 대중적 인기보다는 발견의 기쁨을 스스로 즐기는 과학자다. 그는 준비된 미소와 지긋한 눈으로 사람을 맞이하며 연구실과 놀라운 최신 결과를 서슴없이 보여주고 싶어한다. 2012년 『미국국립과학원회보』에 발표된 논문에서 메를리니와 동료들은 칼슘과 마그네슘의 비율이 같고 구조가 방해석과 유사한 일반적인 지각 탄산염인 백운석의 고압 구조에 대해 보고했다.[54]

지구 맨틀에 탄산염광물이 있다면 백운석일 확률이 높다. 프랑스 그르노블에 있는 유럽 입자가속기방사선연구소에서 일하는 메를리니 팀은 작은 백운석 결정을 전례 없는 극한까지 압축했다. 이들은 17만 기압 이상에서 메릴과 바셋의 '방해석-II'와 유사한 '백운석-II' 구조를 발견했다. 하지만 35만 기압으로 결정을 압축하면 완전히 새로운 구조가 나타난다. 일부 탄소 원자 주위에 4개의 산소 원자가 있지만 이번에는 납작한 피라미드 구조가 생긴다. 메를리니는 그것을 '3+1' 구조라고 불렀다. 메를리니 팀 연구진은 60만 기압까지 올려가면서 백운석 결정을 계속 탐색했지만 탄소가 산소 원자로 둘러싸인 사면체 탄산염으로 변한다는 징후를 발견하지 못했다.

2015년 마침내 메를리니 팀이 마그네슘과 철이 같은 비율로 포함된 놀라운 고압 탄산염 형태에 대해 발표하면서 획기적인 발견이 세상에 알려졌다.[55] 이 실험에는 우리 발아래로 1000마일(약 1600킬로미터) 이상 파고 들어간, 지구에서 가장 깊은 맨틀과 맞먹는 100만 기압에 가까운 압력이 필요했는데, 이는 거의 불가능한 것처럼 보였다. 메를리니 연구진은 예상한 것처럼 평평한 CO_3 탄산염 구조가 CO_4 피라미드로 변형되는 현상을 확인했다. 그들은 모서리를 공유하는 연속적인 사면체 사슬인 휘석 구조가 아니라 완전히 새롭고 예상치 못한 원자 배열을 하는 결정을 발견한 것이었다. 그들이 만든 초고압 탄산염은 네 개의 사면체 분절segment이 철로 채워진 작은 틈에 의해 분리된 고리 구조였다. 지금까지 한 번도 볼 수 없었던 놀랍도록 기이하고 조밀한 구조였던 것이다.

메를리니의 발견은 의미심장하다. 오랫동안 고압 광물은 단순한 구조를 갖는다는 것이 일반적인 통념이었다. 메를리니와 몇몇 초고압 선구자들이 발견한 것은 그것이 사실과 다르다는 점을 보여준다. 고압 구조는 복잡하고 참신한 데다 가끔은 전혀 예상치 못한 경우도 많다. 그리고 그것은 자연의 놀라운 복잡성에 전율을 느끼는 우리에게는 무척이나 좋은 소식이다.

깊고 깊은 곳의 다이아몬드[56]

알려졌지만 아직 발견되지 않은 결정 형태를 포함하여 고압에서 형성되는 다양한 탄소함유광물 중에서 다이아몬드는 독보적이다. 다이아몬드는 양이 적은 희소성과 드물고 귀한 희귀성 모두에서 이상적인 틈새시장을 차지한다. 작은 다이아몬드는 거의 모든 사람이 소유할 수 있을 만큼 많지만 뉴스에 등장하는 큰 보석은 수백만 달러에 이를 정도로 희귀하다. 반지나 목걸이에 사용할 수억 개의 보석이 채굴되었지만 수억 명의 소비자가 하나 이상의 보석을 원한다. 다이아몬드는 과학적 매력도 있다. 지구 깊숙한 곳에서 나온 이 거의 순수한 탄소 조각을 연구하면 할수록 지구의 역사와 역학dynamics에 대해 더 많이 알게 된다. 그렇다고 심층탄소관측단 과학자들이 다른 광물종에 전혀 매력을 느끼지 않았다는 것은 아니다.

에너지가 풍부한 별의 표면 뜨거운 기체로부터 탄소 원자가 응축되는 보편적인 과정을 거쳐 우주 역사 최초로 (미시적 크기의) 다이아몬드가 형성되었다. 거의 진공 상태의 우주에서 진행되는 그러한 과정은 우리가 소중히 여기는 그 다이아몬드가 형성되는 방식과는 다르다. 보석 다이아몬드를 보려면 우리는 별의 표면이 아니라 지구와 같은 행성의 깊은 내부로 시선을 돌려야 한다.

지각에는 많은 양의 흑연이 묻혀 있다. 풍부한 탄소 원자가 행성 표면 아무 곳이나 몰리게 되면 다이아몬드가 아니라 흑연이 만들어지기 때문이다. 조밀하고 단단한 다이아몬드의 큰 결정을 만들려면 탄소 원자를 더 가깝게 묶기 위한 엄청난 압력(대기압의 최소 수만 배)이 필요하다. 흔들거리는 탄소 원자를 새롭고 안정적인 피라미드 구성으로 잡아두기 위해 매우 강한 열을 가하는 것도 해볼 만한 일이다. 하지만 100마일(약 160킬로미터)이 넘는, 인류가 접근할 수 없는 지구 맨틀 깊은 곳으로 초점을 옮기는 편이 낫다. 화학 조건이 적절하고 압력과 온도가 아주 높아 많은 탄소 원자가 농축되며 구심점 주변으로 귀중한 보석이 자랄 수 있는 그런 곳이기 때문이다.

인간은 거친 탄화물 모루와 강력한 전기히터를 갖춘 거대한 유압프레스를 만들어 발아래 수백 마일 들어간 지하의 조건을 흉내냄으로써 이 과정을 모방하는 방법을 배웠다. 매년 수백만 캐럿의 합성 다이아몬드가 이러한 방식으로 제조된다. 이 준보석은 연마재나 전자부품에 들어가기도 하고 광학기기의 렌즈와 합성 보석으로 쓰임새를 넓히고 있다. 고인을 화장하고 얻은 뼈에서 탄소 원자를 모아 압력을 가해 주조한 '메모리얼 다이아몬드'를 주문할 수도 있다. 사람은 간 데 없지만 다이아몬드는 의구하다.

가장 큰 다이아몬드는 다르다[57]

우리 행성의 복잡하고 깊은 내부와 그 역동적인 과거의 숨겨진 비밀을 밝힐 수 있는 단서를 쥐고 있다는 사실이 알려지면서, 과학계는 다이아몬드가 다른 보석보다 훨씬 가치가 큰 또다른 이유를 갖게 되었다. 다이아몬드를 찾는 이 새로운 세대 사람들은 고급 약혼반지나 테니스팔찌 같은 완벽한 보석을 갈망하지 않는다. 대신 그들은 보기 흉한 검은색, 빨간색, 녹색, 갈색의 광물 반점과 액체와 기체의 미세한 주머니 같은 함유물을 포함한 광물의 불완전성을 더 높이 평가한다. 귀중한 원석을 가공하고 연마할 때 잘려 버려지는 이런 불순물들은 흔히 지구의 깊은 내부를 거의 고스란히 간직한, 오염되지 않은 깨끗한 조각이다. 아주 오래전 햇빛이 비치는 우리 행성 표면 아래 깊은 곳에서 생성되었다가, 자라나는 다이아몬드에게 집어삼켜진 뒤

완전히 봉인되어 갇혀버린 것이다.

이제 그들이 전하는 이야기를 들어보자! 다이아몬드 파편에 갇힌 내포물inclusion에는 다이아몬드가 얼마나 깊은 곳에서 얼마나 먼 과거에 어떤 환경에서 성장했는지 밝혀줄 단서가 있다.[58] 지금까지 확인된 세계에서 가장 큰 보석들 안에 담긴 비밀을 살펴보자. 무척이나 많이 회자되는 거대한 보석들이 있다. 2006년에 발굴된 603캐럿짜리 '레소토 프라미스Lesotho Promise'는 새로운 세기의 가장 위대한 발견이라 일컬어진다. 수세기 전 인도에서 발견된 전설적인 793캐럿 '코이누르Koh-i-Noor' 다이아몬드는 현재 영국 여왕의 왕관에 박혀 있다. 813캐럿짜리 '별자리Constellation' 다이아몬드는 2016년의 경매에서 6300만 달러에 팔렸다. 그리고 가장 큰 3106캐럿의 '컬리넌Cullinan' 다이아몬드는 1905년 남아프리카 프리미어 광산에서 훨씬 더 큰 원석의 조각 형태로 발견되었다. 그런데 이 거대한 보석들 모두 전혀 예상하지 못했던 공통의 놀라운 기원을 비밀처럼 간직하고 있다는 사실이 밝혀졌다.

수세기 동안 이렇게 거대한 보석은 더 일반적이고 작은 돌의 큰 버전일 뿐이라고 생각했다. 그러나 아니었다. 크고 작은 다이아몬드가 서로 다른 기원을 가졌다는 사실은 광학 연구에서 비롯되었다. 대부분의 다이아몬드는 가시광선에 놀랍도록 투명하지만, 불순물 원자들이 미량 존재하기 때문에 적외선 및 자외선 파장을 흡수한다. 질소 원자가 가장 흔한 침입자다. '유형 I' 다이아몬드에서 질소는 일반적으로 탄소 원자 1000개당 약 1개를 대체한다. 이런 질소 원자가 작은 집단으로 모이면 다이아몬드가 노란색 또는 갈색을 띤다. 한때 보기 흉하다고 간주되었던 이 불순한 결정체 중 일부는 이제 '코냑 다이아몬드', '샴페인 다이아몬드'나 '초콜릿 다이아몬드'처럼 상업적으로 무척 매혹적인 이름으로 판매된다. 그런데, 미안하지만 그것들은 여전히 갈색 다이아몬드일 뿐이다.

채굴된 모든 보석의 2퍼센트 정도인 나머지 다이아몬드는 '유형 II'로 분류된다. 가시광선과 자외선 모두에 대한 비할 데 없는 투명도로 구별되는 이들 다이아몬드는 실질적으로 질소 불순물이 없으며 더 크고 광학적으로 거의 완벽하다. 이러한 특성을 들어 일부 과학자들은 이 다이아몬드가 더 깊은 곳에서 느리게 결정화되었으리라고 가정했다. 그렇지만 유형 II 다이아몬드의 정확한 기원은 여전히 미스터리로 남아 있었다.

2016년 비영리단체 미국보석연구소(Gemological Institute of America, GIA)[59]의 에반 스미스가 이끄는 심층탄소과학자로 구성된 국제연구팀은 지구에서 가장 큰 유형 II 다이아몬드가 은빛이 도는 철-니켈 금속처럼 독특하고 흥미로운 내포물을 간직하고 있다는 논문을 발표했다. 유형 II 다이아몬드는 산화물이나 규산염광물 불순물을 포함하는 더 작은 사촌들과는 판이하다는 것이었고, 이 논문은 언론에도 대서특필되었다.

이 연구는 과학적으로뿐만 아니라 사회학적으로도 승리를 거두었다. 광산주, 보석세공사 및 수집가는 그들의 보물을 철통같이 지킨다. 다이아몬드가 클수록 과학적 연구가 접근하기는 더 어렵다. 하나 또는 두 개의 커다란 다이아몬드에 포함된 내포물을 대충 눈으로 살펴볼 수 있는 기회를 얻는 것조차 대부분의 과학자들에게는 기대하기 어려운 일이었다. 과거에 그런 기회를 가졌던 과학자들은 큰 보석에 든 은빛 내포물을 일반 흑연 불순물로 오해했다. 딱히 언급할 것도 없는 그저 그런 결과였다.

그러나 미국보석연구소 동료들과 스미스는 미국, 유럽, 아프리카의 다이아몬드 전문가들과 협력하여 훨씬 더 큰 규모의 연구를 위한 토대를 마련했다. 뉴욕 소재 미국보석연구소는 모든 종류의 다이아몬드를 인증하는 임무를 맡고 있다. 무게를 달고 등급을 매기며 원산지를 확인하는 것은 물론, 차세대 가짜 합성품 또는 불법적인 '분쟁 다이아몬드'를 걸러낼 새로운 시험법을 지속적으로 고안해낸다. 미국보석연구소 인증은 우수한 다이아몬드라는 표식이 된다. 광산과 박물관에 수도 없이 연락해가며 스미스 팀은 53개의 큰 유형 II 다이아몬드에서 보석 및 잘린 파편 조각을 수집하고 자세히 분석했다. 첨단 분석 장비로 이들 은빛 내포물을 조사하기 위해 그들은 개중 5개의 조각을 다시 자르고 연마하기까지 했다.

광물의 불순물 조성 연구 결과는 놀라웠다. 금속이 풍부한 내포물에는 맨틀에서 가장 많은 원소 산소는 포함되어 있지 않았지만 탄소와 황이 풍부해서 다이아몬드가 형성될 때 주변에 그 원소들이 녹아 있었음이 분명해 보였다. 놀랍게도 금속 내포물이 가리키는 곳은, 훨씬 더 고밀도의 철과 니켈 합금 결정질로 이루어진 지름 1520마일(약 2446킬로미터)의 안쪽 깊은 핵을 띠처럼 둘러싸고 있는 고밀도의 용융 철과 니켈의 바다와 화학적 조성이 비슷한 곳이었다.

우리는 이렇게 추론했다. 커다란 다이아몬드는 지표면 아래 수백 마일 지점에 고립되어 존재하는 맨틀 주머니pocket에서 성장한다. 그 주머니에는 용융 철과 니켈 금속이 풍부하게 존재한다. 철은 많은 탄소 원자를 흡수하는 특이한 능력을 가지고 있기 때문에 다이아몬드는 그러한 맨틀 주머니 환경에서 쉽게 자란다. 압력과 온도가 충분히 높으면 다이아몬드는 핵을 중심으로 성장을 거듭하고 녹아 있는 금속 사이를 쉽사리 통과하는 이동성 탄소 원자가 결정 층의 크기를 계속 키워나간다. 다이아몬드의 성장을 금속이 매개한다는 것은 과학자들에게는 전혀 놀라운 일이 아니다. 1950년대 초부터 다이아몬드를 합성할 때 금속 용매를 사용했던 것이다. 하지만 수십억 년 전에 자연계가 우리와 똑같은 방법으로 다이아몬드를 합성했으리라고는 그 누구도 짐작하지 못했다.

커다란 다이아몬드에는 특별한 출처가 있다는 이 발견은 그저 멋진 보석을 탐구했다는 의미를 훌쩍 넘어선다. 유형 II 다이아몬드의 이 독특함은 맨틀이 무척 이질적이라는 사실을 암시한다. 이전에는 알려지지 않았던 사실이다. 고온일 뿐만 아니라 대류에 의해 수십억 년 동안 섞이는 바람에 맨틀이 스무디처럼 균등하게 잘 혼합되었으리라고 생각하기 쉽다. 하지만 커다란 다이아몬드와 내포물 덕분에 과학자들은 오히려 맨틀이 과일케이크에 가까워서 상대적으로 균일한 영역이 있는 한편 진기하기 짝이 없는 다양한 과일과 견과류(금속과 다이아몬드라고 읽는다)가 박혀 있다는 증거가 쏟아지고 있다.

게다가 맨틀 암석과 광물의 이러한 국지적 편차는 저 아래 깊은 곳의 화학적 환경이 무척 역동적이라는 사실을 의미한다. 오랫동안 우리는 규산염과 산화물, 산소가 풍부한 다른 몇 가지 광물이 맨틀을 거의 독차지하고 있다고 무심코 가정해왔다. 원석을 표면으로 운반하여 세계에서 가장 풍부한 다이아몬드 광산을 보유한 킴벌라이트kimberlite 화산암 지역에서 우리가 흔히 보았던 광물들이 그런 것들이었던 까닭이다. 그러나 금속 내포물은 산소가 없는 맨틀의 다른 구역을 가리킨다. 다시 말해, 그곳에서는 정말 커다란 다이아몬드가 생기는 전혀 다른 화학적 반응이 진행된다.

지구 진화의 줄거리가 늘 그렇듯 가까이 들여다보고 많은 데이터를 수집할수록 이야기는 더 복잡하고 매혹적으로 흘러간다.

다이아몬드에 새겨진 지구 역사의 비밀

다이아몬드 결정의 극히 일부에서만 관찰되는 금속 내포물은 예외로 취급해야 할 것 같다. 커다란 유형 II 다이아몬드가 드물면서도 귀한 것과 같은 의미다. 훨씬 더 흔하고 흠잡을 데 없이 잘리고 광택이 나는 보석을 찾아 헤매는 보석상들의 골칫거리는 유형 I 다이아몬드에서 더 흔히 발견되는 맨틀 광물들이다. 인간이 티끌 하나 없는 완벽한 보석을 소중히 여기는 한 광물 내포물은 실망스러운 존재일 수밖에 없다. 하지만 과학자들은 다르다. 광물에 포함된 내포물 자체가 지구 안쪽 깊은 곳에 대한 데이터의 보석인 까닭에 이들을 달리 보기 때문이다.

이러한 내포물 중 일부는 다이아몬드가 생성된 시기를 알려준다. 몇 가지 고대 원석은 시계를 30억 년 전으로 돌린다. 다이아몬드의 생년월일을 결정하는 열쇠는 금속과 황 원자가 결합한 황화물 광물, 머리카락 너비에도 못 미칠 정도로 작고 반짝이는 결정이다. 이러한 황화물 내포물에는 항상 소량의 레늄이 포함되어 있다. 이 희귀원소가 바로 광물의 나이를 알려 주는 것이다.

천연 레늄 원자는 두 종류가 있다. 안정한 동위원소 레늄-185는 지구 레늄 매장량의 약 37퍼센트를 차지한다. 나머지 63퍼센트는 방사성 레늄-187이다. 이 불안정한 동위원소는 자발적으로 안정한 오스뮴-187로 변형될 수 있는데, 반감기는 416억 년이다. 시간이 지남에 따라 방사성 레늄-187 대 오스뮴-187의 비율은 똑딱거리는 시계처럼 정확하게 줄어든다. 세심하게 시료를 준비해야 하고 초정밀 분석 장비가 필요하지만 숙련되고 인내심 무딘한 과학자는 미세한 황화물 내포물에서 레늄과 오스뮴 동위원소의 비율을 측정하여 다이아몬드의 나이를 알아낸다.

이렇게 극단적인 연대측정법이 다른 광물 알갱이 연구와 결합되면 엄청난 증폭 효과가 나타난다. 여기서 다른 광물이란 일반적으로 지구 맨틀 대부분을 차지하는 산화물과 규산염 광물을 가리킨다. 불순물 금속과 맨틀 광물의 특징적 조합을 분석하면 다이아몬드가 만들어진 곳의 깊이를 짐작할 수 있다. 산화물과 규산염광물이 비정상적으로 조밀한 내포물은 대개 지표 아래로 600마일(약 966킬로미터) 이상 내려간 깊은 곳에서 생성되는 것으로 알려졌다. 하부 맨틀의 신비하고 접근할 수 없는 영역이다. 다이아몬드가 어떻게 그토록 깊은 곳에서 지표면으로 솟구칠 수 있었을까? 또 그런 여정에서 어떻게 살아남았을까? 부서지거나 달라붙거나 다른 광물로 분해되지 않은 채, 겉보기에 단단한 암석처럼 보이는 수백 마일의 먼 길을 안전하게 통과하는 방법은 여전히 풀리지 않은 미스터리로 남아 있다.

맨틀 깊은 곳에서 어떤 고초를 치렀는지 모르지만 어쨌든 다이아몬드는 땅 위에 모습을 드러냈다. 이 다이아몬드의 여정을 추적하면 수십억 년에 걸친 지구적 변화에 대한 이야기를 듣게 될 것이다.[60] 다이아몬드 전문가인 카네기 연구소의 스티븐 쉬레이와 남아프리카 케이프타운 대학의 스티븐 리처드슨은 대략 30억 년 전 지구에서 벌어진 중대한 전환을 목격하고 그 선구적 연구 결과를 2011년에 발표했다.

브라질과 러시아, 남아프리카 및 캐나다의 채산성 좋은 광산에서 나온 보석을 포함하여 전 세계 다이아몬드 내포물을 체계적으로 연구한 결과, 더 젊은 다이아몬드는 흔히 녹회색 휘석과 붉은 석류석을 함유하고 있다는 사실이 밝혀졌다. 화려한 색상의 이 두 광물은 에클로자이트eclogite라는 암석에서 비롯된 것이다. 에클로자이트의 기원은 많은 것을 말해주기 때문에 중요하다. 이 아름다운 적록색 암석은, 세계 곳곳의 수천 마일에 이르는 심해 화산 능선에서 뿜어져나오는 마그마가 결정화된 어두운 빛깔의 현무암이 높은 압력하에서 변형된 것이다. 이러한 화산활동의 결과 현무암은 대부분의 해저를 덮고 있다. 지구 표면의 거의 70퍼센트가 넘는 거대한 공간이다. 화산 능선에서 새 현무암 지각이 계속해서 만들어지는 동안 오래된 현무암은 '섭입대'에서 아래로 가라앉아 되돌아오기 어려운 지구 깊은 곳으로 몸을 숨긴다. 화산 능선에서 멀리 떨어진, 오래되고 차갑고 밀도가 높은 현무암 지각층이 아래쪽으로 구부러져 지구 내부 깊숙이 가라앉는 것이다. 이렇게 해서 섭입은 판구조운동을 통한 지구 표면의 핵심 재활용 과정을 마무리짓는다.

섭입하는 동안 현무암은 점점 더 큰 압력과 온도에 노출된다. 지표면 아래 30마일(약 48킬로미터) 또는 그보다 더 깊은 곳에서 현무암은 일부 다이아몬드에서 발견되는 붉은 석류석과 녹회색 휘석을 포함하여 밀도가 더 높은 여러 광물로 변한다. 에클로자이트 내포물이 이러한 특징적인 조합을 보이기 때문에 과학자들은 활화산 능선과 역동적인 섭입대가 있는 현대식 판구조운동이 지난 30억 년 동안 강력하게 진행되었다는 결론을 내렸다.

30억 살이 넘는 것을 포함한 무척 오래된 다이아몬드들은 매우 판이한 맨틀 광물을 보유하는 경향이 있다. 노란색 또는 갈색 감람석olivine(페리도트peridot로 알려진 준보석)과 보라색 석류석, 검은색 크로마이트chromite,

에메랄드빛 휘석pyroxene 같은 내포물이 그런 것들이다. 이 독특한 광물 내포물들은 더 깊은 맨틀에 있는 감람암peridotite에서 비롯했다. 감람암은 우리가 지구 맨틀을 지배한다고 생각하는 암석이다. 이렇게 밀도가 큰 광물 조각들은 지표면에 노출된 적도 없고 섭입의 영향을 받지도 않았다. 그것은 곧 초기 지구가 판구조운동을 하지 않았다는 심오한 의미를 지닌다. 적어도, 초기 지구는 오늘날 우리가 지켜보듯 대륙이 찢겨나가 서로 부딪히거나 거대한 현무암 지각이 섭입하는 모습은 아니었다는 뜻이다.

강의의 의미는 분명하다. 다이아몬드와 거기에 들어간 내포물은 과학의 진정한 보물이며, 지구에서 벌어진 가장 위대한 혁신 중 하나에 대한 강력한 증거를 보여준다. 지구 나이가 약 15억 년에 이르렀을 때 출현한 판구조론이 바로 그 혁신이다. 다이아몬드 연구자들은 그러지 않았지만, 한때 보기 흉하다고 내침을 당했던 보석 조각들이 지금은 수집가들 사이에서 고가에 거래되고 있다는 사실은 역설적이다. 대중은 이 소식에 폭발적인 관심을 보여주었다. 그리고 이런 내포물이 듬뿍 든 광물에는 이제는 실험과학자들이 감히 넘보지 못할 엄청난 가격이 매겨졌다.

지구 핵 속의 탄소

맨틀에서 탄소광물학을 맛보기란 어려운 일이지만, 지각 아래로 거의 1800마일(약 2897킬로미터) 내려간 깊은 곳인 핵-맨틀 경계지역을 탐사하는 작업에 비하면 누워서 떡 먹기다. 그곳에서 압력은 100만 기압 이상으로 치솟고 온도도 섭씨 3000도를 넘어간다. 핵 안에 든 탄소의 범위와 특성은 지구의 총 탄소 함량을 추정하는 데에 딱 하나의 커다란 미스터리로 남아 있다.

용융 상태인 외핵의 광물학은 다루기 쉬운 편이다. 결정체가 없으므로 탄소광물도 없다. 그러나 철-니켈 금속이 녹아 있는 이 구역에 얼마나 많은 탄소가 녹아들어 있을지는 아직 확실하지 않다. 하지만 적어도 두 계통에서, 탄소의 양이 많다는, 아마도 지구 행성의 나머지 모든 부분을 합친 양보다 훨씬 많을 수 있음을 암시하는 증거들이 나오고 있다.

심층탄소에 관한 첫 단서는 조용하고 겸손한 하버드 대학 지구물리학자 프랜시스 버치[61]의 연구에서 나왔다. '리틀 보이'로 알려진 원자폭탄의 개발과 배치에서 중심적인 역할을 맡은 탓에 그의 지질학적 발견은 뒷전으로 밀려나 상대적으로 관심을 덜 받았다. 제2차 세계대전 때 해군 중령 버치는 서태평양 티니안섬에서 폭탄 조립을 주도했고, '이놀라 게이'로 알려진 보잉 B-29 슈퍼포트리스 폭격기에 무기를 싣는 일을 감독했다.

1971년 가을 내가 지구물리학 수업을 들었을 때 68세의 버치는 온화하고 열정적인 선생님이었다. 그는 지층의 구조에서 열의 흐름과 가변 자기장에 이르는 기초 지구물리학의 모든 분야를 가르쳤다. 그가 그렇게 유명하지 않았다면, 그래서 학부 시절에 '버치의 법칙', '버치-머너건 상태 방정식'을 배우지 않았다면, 우리는 그가 자신이 발견한 사실을 바탕으로 수업을 진행했다는 사실조차 몰랐을 것이다.

1952년에 출판된 가장 영향력이 컸고 오늘날까지 지구물리학적 사고의 근간을 이루는 책에서 버치는 지진학(지구를 통과하는 음파 연구) 데이터를 재료과학과 결합했다.[62] 그는 지진파의 속도가 그것이 통과하는 암석의 밀도와 직접적인 관련이 있다는 사실을 알아차렸다. 자신의 모델을 이용해서 그는 지구의 내부를 차원이 다를 만큼 상세하고 정교하게 그려냈다. 지구에는 얇은 지각 아래로 250마일(약 402킬로미터)과 410마일(약 660킬로미터) 깊이에서 상당한 밀도 불연속성이 관측되는 세 층의 맨틀이 자리한다. 상부 맨틀, 전이대, 하부 맨틀이 그것이다. 버치는 층의 이러한 특성이 마그네슘, 규소 및 산소가 풍부한 규산염광물의 밀도가 증가하는 현상과 관련된 것이리라고 짐작했다. 수백 명의 과학자가 수십 년에 걸쳐 연구를 거듭한 결과 세부 사항과 뉘앙스가 추가되었지만, 큰그림은 지금도 그때와 달라진 게 없다.

극단적으로 큰 밀도 차이를 보이는 핵-맨틀 불연속 경계는 표면 아래

약 1800마일(약 2897킬로미터) 들어간 곳에서 나타난다. 다른 과학자들은 지표면 아래 3200마일(약 5150킬로미터)까지 확장된 액체 외핵과 그보다 작은 반지름 760마일(약 1223킬로미터)의 조밀하고 금속이 풍부한 결정질 내핵, 두 개로 핵을 나누어 설명했다. 이 견해를 증명하기 위해 버치는 고압 및 고온에서 액체 철 및 합금의 밀도에 대한 새로운 데이터를 사용했다. 그러고 난 뒤 버치는 지진파의 속도를 측정하여 핵의 밀도가 순수한 철–니켈 금속보다 훨씬 낮다고 지적했다. 그는, 따라서 용융된 층에 적어도 하나 이상의 가벼운 원소가 있어야 한다고 주장했다. 외핵에는 철과 니켈말고도 다른 원소가 12퍼센트쯤 섞여 있다. 우리가 잃어버린 탄소가 혹시 여기에 숨어 있지는 않을까?

버치는 자신의 대담한 심층지구 모델에 불확실한 측면이 있다는 사실을 곧바로 인식했다. 그의 지구물리학적 발견만큼 유명해진 유머러스한 각주에서 그는 이렇게 경고했다.[63]

부주의한 독자들을 위해, 일반 언어가 지구 내부에 적용되면 고압 형태로 변형된다는 점을 경고해둔다. 몇 가지 예를 들어보면 다음과 같다.

고압 형태	일반 언어
확실한	미심쩍은
의심할 바 없이	아마도
긍정적인 증거	모호한 제안
반박할 수 없는 주장	사소한 이의
순수한 철	모든 원소가 섞인 불명확한 혼합물

그의 경고야 어찌되었든, 액체 외핵에 가벼운 원소가 있다는 버치의 예측은 결국 모든 시험을 견뎌냈다. 하지만 그 원소는 무엇일까? 불굴의 의지를 가진 실험과학자와 이론가들이 이 질문에 도전했다.

답을 찾으려면 우리는 세 가지 기본 원리를 고려해야 한다. 첫째, 그 원소는 철이나 니켈보다 훨씬 가벼워야 하므로 우라늄, 납, 금을 배제한다. 둘째, 원소는 우주에서 풍부하게 생겨나야 한다. 예컨대 가벼운 리튬, 베릴륨 및 붕소는 제외된다. 마지막으로, 원소는 외핵의 극한 온도와 압력에서 금속 용해물에 녹을 수 있어야 한다. 사실 이 세 가지 요건을 모두 충족시키는 원소는 그리 많지 않다. 수소, 탄소, 산소, 규소 및 황이 살아남은 후보자들이다. 원소마다 장단점이 있다. 후원자도 있고 배척자도 있다. 물론 이것은 양자택일의 명제가 아니다. 금속 용매melt는 하나 이상의 가벼운 불순물 원소를 쉽게 녹일 것이지만 다섯 가지 모두를 녹일 수도 있다. (자연이 복잡성을 조장하는 경향이 있으므로 나도 사해동포적인 해결책이 좋다.) 하지만 어쨌든 탄소가 혼합되어 있다는 강력한 증거가 있다.

탄소 동위원소는 믿을 만한 단서를 제공한다.[64] 탄소 원자는 두 가지 안정한 동위원소 형태로 존재한다. 모든 탄소 원자핵에는 6개의 양성자가 들어 있다. 이것이 곧 탄소의 정의다. 그러나 원자핵의 또다른 구성원인 중성자의 수는 여럿일 수 있다. 거의 99퍼센트에 이르는 탄소 원자에는 6개의 중성자가 있고(즉 '탄소-12') 나머지 1퍼센트는 7개의 중성자를 가진 '탄소-13'이다. 붉은 행성인 화성 및 큰 소행성 베스타를 포함하여 근처의 암석행성에는 동위원소 비율이 서로 비슷하다. 이 비율은 우리 태양계 내행성 영역의 천체 대부분의 특성인 듯하다. 그러나 지구의 탄소(적어도 지표면 근처의 접근 가능한 탄소)는 이웃 행성보다 탄소-13 비율이 더 높아 상대적으로 너무 '무거운' 것으로 보인다. 왜 그럴까?

이런 변칙성에 대한 가장 쉬운 설명은 지구의 동위원소의 구성이 다른 행성과 같지만 '잃어버린' 탄소가 우리 눈에 보이지 않는 지구의 저 깊은 핵 안에 숨겨져 있다고 간주하는 것이다. 액체 외핵의 아주 적은 부분일지라도 탄소가 녹아 있다면 거기에는 지각에 존재하는 것보다 100배나 많은 양이 들어 있을 것이다. 지구는 얼마나 많은 양의 탄소를 보유하고 있을까? 여태껏 이런 단순하면서도 심오한 질문에 대한 답을 내놓지 않았다는 건 다소 뜻밖이다.

가장 깊은 미스터리들

지구의 단단한 내핵에는 우편번호가 없다. 뚫을 수도 갈 수도 없다. 발아래로 3200마일(약 5150킬로미터) 이상 떨어져 있는 내핵의 원소는 300만 기압 이상의 압력과 섭씨 5000도까지 치솟는 온도를 견딘다. 지난 수십 년 동안 철 결정과 약간의 니켈 덩어리가 내핵을 구성한다고 여겨왔다. 액상의 외핵처럼 하나 이상의 가벼운 원소가 미미한 역할을 할 수 있겠지만 철은 부동의 주인공이다.

하지만 측정 결과 음파의 본성과 관련된 문제가 발견되었다. 지진파는 두 가지 형태로 나타난다. 더 강하고 더 빠른 1차(primary, 또는 'P') 파동은 원자와 분자가 도미노처럼 연속적으로 서로 부딪칠 때 발생한다. 원자의 운동은 P파의 운동과 같은 방향이다. 철과 그 니켈 함유 합금은 내핵에서 관찰된 P파의 속도와 정확히 일치한다.

이와 달리 2차(secondary, 또는 'S') 파동은 원자가 옆으로 이동할 때 발생하며 그것이 연쇄적으로 이웃하는 원자의 좌우운동을 부추긴다. (축구경기장에서 '파도타기'를 하는 상황을 떠올려보자. 사람들은 단지 앉고 설 뿐이지만 파도는 경기장을 한 바퀴 돈다). 원자는 파동과 수직 방향으로 움직인다. 놀랍게도 내핵의 S파는 철 결정에서 이동하는 속도의 약 절반에 불과하다.

무슨 일이 벌어진 걸까? 한 가지 간단한 설명은 내핵이 부분적으로 녹아 있다고 가정하는 것이다. 이는 언제나 S파를 느리게 하는 조건이다. 하지만 내핵이 그러리라고 예측되는 조건에서 철-니켈은 녹으면 안 된다. 미시간 대학 지질학 교수 제 재키 리(Jie 'Jackie' Li, 리제李潔)는 이 불일치를 해소할 아주 현명한 실험 방안을 내놓았다.[65]

총명하고 적극적인 재키 리는 흥미로운 아이디어를 칭찬하거나 어떤 주장의 흠을 지적하는 데 망설임이라곤 찾아볼 수 없다. 간혹 농담을 주고받다 순발력 있게 말길을 돌리며 웃음 짓는 리는 DAC의 대가다. 본토에서 온 중국 동료들과 마찬가지로 그녀는 우등생에게 주어지는 혜택을 받아 과학의 길에 들어섰다. 리는 중국의 명문 과학기술대학에서 학사학위를 취득한 다음 하버드에서 지구 내부 깊은 곳의 물리학과 화학을 공부하여 박사학위를 받았다.

재키 리의 가장 창의적인 연구 중 하나는 지구 내핵의 탄소에 초점을 둔 것이다.[66] 대학원생인 천빈(陳斌, 현 하와이 대학 교수) 및 심층탄소관측단 동료들과 함께 리는 철과 탄소가 7:3 비율인 초고밀도 화합물을 연구했다. 이전 논문에서 과학자들은 지구 내핵을 구성하는 후보물질로 철 탄화물이 유력하다는 결과를 얻었기 때문에 미시간 팀은 다양한 물리적 특성을 바꾸어가면서 DAC 안의 시료를 거의 200만 기압으로 압착하는 실험을 이어갔다. 성공적이었다. 연구팀이 얻은 결과를 외삽하여 지진파의 거동과 완벽하게 일치함을 확인한 것이다. P파는 철과 비슷했지만 S파는 순수한 철보다 훨씬 느렸다. 이 결과는 철 탄화물이 지구 내핵을 구성하는 바로 그 화합물이라는 직접적인 증거는 아니겠지만, 머잖아 게임에서 이길 수도 있을 것 같다.

몇 달 후 발표된 보완 연구에서 독일의 바이에른 지질학연구소 (Bayerisches Geoinstitut, BGI) 박사과정 학생 클레멘스 프레셔가 이끄는 연구팀이 동일한 화합물에 고압과 고온을 동시에 가했다. 이들은 화합물이 '고무'로 묘사할 만한 특이한 탄성을 가지고 있음을 발견했다.[67] 이 단어는 광물의 행동에 대한 일반적인 용어는 아니지만 지구 깊숙한 곳에 있는 탄소에 대해 배워야 할 사실이 많음을 강조하는 좋은 사례다.

❖

지구 핵의 신비를 탐구하는 일은 곧 과학의 근본적인 진실을 드러낼 것이다. 수백 개의 알려진 지각 광물과 수십 개의 알려지지 않은 종들, 지구의 맨틀에 있는 조밀한 탄산염, 핵에 있는 탄화물의 이어질 듯 이어지지 않는 단서들 등 지구에 있는 모든 결정형 탄소의 목록을 작성하는 작업은 이미 장도에 올랐다. 카탈로그가 아무리 완벽하더라도 그 자체로는 끝이 아니다. 지구의 탄소 형태에 대한 우리의 지식은 계속 증가한다. 그 지식은 우리의 역동적인 고향 행성에 대한 더욱 생생한 그림, 다시 말하면 그것이 어떻게 출현했는지, 어떻게 작동하는지, 궁극적인 운명은 어떠할지, 그리고 그것이 우주에서 왜 유일한지에 대한 생동감 넘치는 이미지 속으로 우리를 이끈다.

재현부–탄소 세계

지구의 광물학은 독특하다[68]

탄소광물학은 우리 고향 행성에 대해 무어라 말할까? 지구는 특별한가? 지구는 확실히 우리 태양계의 다른 암석행성 및 위성과 다르다. 한때 따뜻하고 습한 세계였던 화성은 탄산염으로 추정되는 넓게 흩어진 소규모의 층상만을 드러냈다. 운석도 마찬가지로 탄소함유광물이 부족하다. 면밀하게 조사했지만 달은 흑연과 철 탄화물 작은 입자를 가질 뿐 탄산염광물은 전혀 만들지 않았다. 그렇다면 다른 별을 도는 더 먼 행성들 사정은 어떨까?

그레테 히스태드가 수학적으로 탐구한 광물의 희소성 연구 중 하나는 지구에서 발생할 확률에 따라 광물종의 순위를 매기는 일이었다. 그래서 우리는 다른 행성을 염두에 두고 모든 면에서 지구와 판박이라면, 예를 들어 같은 크기와 질량, 같은 구성과 구조, 바다와 대기, 판구조론을 갖고 45억 년의 역사를 재생할 수 있는지 물었다. 우리가 그 먼 행성에서 5000가지 광물종을 발견할 만큼 운이 좋다면 오늘날 지구에서 볼 수 있는 5000가지 광물과 같을 가능성은 얼마나 될까?

그런 질문을 받았을 때 광물학자들 대부분은 나처럼 대답할 것이다. "행성의 광물학은 기본적으로 같을 것입니다." 석영, 장석, 휘석, 운모 등 암석을 형성하는 모든 광물은 확실히 풍부할 것이다. 다이아몬드, 금, 황옥 topaz, 터키옥turquoise을 비롯한 수백 가지 다른 광물은 비록 상대적으로 희소하더라도 불가피하게 나타날 것이다. 그리고 더 나아가 거의 모든 희귀 광물이 지구 유사 행성에 나타날 거라고 대답했을 것이다. 그것들은 여전히 드물겠지만 결국에는 발견될 게 확실하다.

히스태드의 계산에 따르면, 내 답변은 틀렸다. 테이프를 다시 돌려보면

종의 약 절반(2500개 이상의 광물)은 정확히 같고, 지구의 화학적, 물리적 특성을 가진 거의 모든 행성에서 공통적으로 발견된다. 또다른 1500개 광물은 흔하지는 않지만 가상의 쌍둥이 지구에 나타날 가능성이 25~50퍼센트 정도다. 그러나 두 행성을 비교하면 가장 희귀한 광물 1000개 이상은 차이가 날 것이고, 많은 광물들이 지구와 비슷한 행성들의 10퍼센트 미만에서만 생길 것이다.

이런 어림짐작에서 두 행성이 같은 광물을 가질 확률을 계산하는 일은 그리 어렵지 않았다. 5000개 광물종의 모든 개별 확률을 곱하면 되니까. 우리는 결과에 놀랐다. 우연히 일치할 확률은 무려 10^{320}분의 1 이하! 문자 그대로 천문학적이다.

그 이해할 수 없는 수치와 우주에 있는 가능한 행성의 수를 비교해보자. 우주의 한 가지 모델(각각 평균 1000억 개의 별을 갖는 100조 개의 은하계, 그리고 모든 별이 지구와 같은 행성을 가진다는 있을 법하지 않은 가정)에 따르면 우리 지구와 같은 행성은 최대 10^{25}개다. 이 숫자들을 터무니없이 확장하면, 지구 광물을 밀접하게 복제한 하나의 행성을 찾기 위해 우리는 거의 10^{300}개의 우주를 조사해야 할 것이다.

히스태드가 얻은 흥미로운 결과는 『지구·행성과학 회보』 2015년호에 실렸다. "지구의 광물 다양성 대부분을 제어하는 결정론적인 물리적, 화학적, 생물학적 요인에도 불구하고, 지구의 광물학은 우주에서 유일하다."[69]

우리는 히스태드의 발견에서 깊은 철학적 의미도 찾을 수 있다. 그것은 우연과 필연의 상대적 역할에 대한 오랜 논쟁과 관련된 것이다. 광물이든 생물이든 복잡한 시스템은 결정론적 방식과 확률론적 방식으로 진화한다. 한편으로 자연의 많은 측면들은 물리학과 화학의 법칙에 따라 불가피하게 진행된다. 손에서 자갈을 놓으면 떨어질 것이다. 지구처럼 산소가 풍부한 대기에 있는 종이에 불을 붙이면 타야 한다. 반면 모든 복잡한 시스템은 진화 경로를 정의하는 단일 사건('동결된 우연frozen accident')을 경험한다. 대부분의 자연계에서는 어느 것이 어느 것인지 구분하기가 항상 쉽지 않기 때문에 우연과 필연 사이의 긴장이 고조된다. 왜 어떤 희귀광물은 형성되지만 다른 광물은 형성되지 않을까? 지구에는 왜 그렇게 큰 달이 있을까? 지성을 가진 생명체가 지구에 나타난 까닭은 무엇일까? 우연이었을까? 아니면 필연일까?

광물학에서 이제 우리는 이 긴장을 정량적으로 해결할 수 있다. 결론은 지구 광물학의 많은 측면이 결정론적이지만 우연도 중요한 역할을 한다는 것이다. 희귀광물은 화학적, 물리적, 생물학적 과정의 일어나지 않을 법한 경로를 거쳐 형성된다. 그 결과 지구는 우주에서 결단코, 명백히, 독특한 존재다. 아마도 좋은 일일 것이다.

'지구 같은' 행성[70]

과학뉴스에서 태양계 밖으로 몇 광년 떨어진 행성의 발견과 설명만큼 많은 관심을 받는 주제는 거의 없다. 우주에서 우리가 홀로인지 알아보고자 인류는 탐사를 계속해왔다. 천문학자들은 망원경으로 보기조차 힘든 먼 별의 미묘한 흔들림과 주기적인 흐릿함을 읽어내고 그것으로부터 간신히 어떤 행성이 궤도를 돌고 있는 것 같다고 판단한다.

가장 먼저 발견된 행성은 목성보다 질량이 더 큰 외계 거인*으로서, 가까운 별 주위를 며칠 동안 미친 듯이 공전하며 가능한 최대의 항성 섭동을 일으키고 있었다. 그러나 우리 태양계 너머에 있는 최초의 행성이 발견된 지 20주년이 되면서 초점은 거대 행성에서 지구와 닮은 행성으로 옮겨졌다.

사람마다 제각기 다른 의미로 '지구 같은Earthlike'이라는 용어를 사용

---

* 1995년 10월에 지구에서 50.1억 광년 떨어진 페가수스자리에서 발견된 이 외계 행성의 이름은 '페가수스-51b'로, 그리스신화에서 메두사의 피로 만들어진 말 페가수스를 타고 다녔던 영웅 벨로로폰의 이름을 따 '벨로로폰 행성'이라고도 불린다.

한다. 천문학자는 자신 있게 측정할 수 있는 세 가지 특성인 반지름, 질량 및 궤도에 중점을 둔다. 지구와 같은 반지름은 일식처럼 행성이 빛의 작은 부분을 가릴 때 별의 최대 밝기에서 추론하는 반면 질량은 중력효과에 의해 유도되는 별의 흔들림을 기준으로 파악한다. 또한 행성에 '지구 같은' 딱지를 붙이려면 궤도 매개변수가 '거주 가능 영역' 내에 있어야 한다. 액체 상태의 물이 행성 표면 또는 그 근처에 존재할 수 있는 평평한 도넛 모양의 영역이다. 케플러-186f, 케플러-438b, 케플러-452b(모두 케플러 우주망원경으로 발견했다)처럼 지구와 닮은 행성의 수는 점점 더 늘어나고 있지만 천문학적 제약은 엄격하기만 하다. 태양에서 불과 40광년 떨어져 있는 작은 별인 트라피스트-1을 도는 행성 일곱 개 중 적어도 셋도 지구와 유사하다. 잡지 머리기사에는 거의 매달 '가장 지구와 비슷한 행성'이 등장한다.

이런 호들갑스러운 기사들이 좀체 언급하지 않는 것은 지름이나 질량 혹은 궤도가 그 자체로 그다지 지구의 잠재적 행성 쌍둥이를 알아보는 좋은 지표가 아니라는 사실이다. 거기에는 화학이 빠져 있다. 먼 별의 가시광선 스펙트럼(보통 망원경으로 쉽게 얻을 수 있는 데이터)은 화학적 성질이 별마다 크게 다르다는 점을 보여준다. 어떤 별은 태양보다 훨씬 많거나 훨씬 적은 양의 마그네슘, 철 또는 탄소를 함유한다. 이러한 원소 구성의 차이가 별의 동반 행성 구성에도 상당한 정도로 반영되었을 가능성이 있다. 왜냐하면 태양계처럼 그 별과 행성계는 같은 원시 행성 원반의 먼지 구름에서 형성되기 때문이다.

행성의 원소 구성이 중요하다. 광물학자와 지구화학자의 최근 연구에 따르면 행성의 원소 조성이 조금만 달라지더라도 생명체가 살기에 적합하지 않게 환경이 바뀔 수 있다. 예컨대 마그네슘*이 너무 많으면 생명의 영양

---

* 2016년 『사이언스』에 발표된 한 논문에서 저자들은 암석행성 지표면에서 산화마그네슘의 양을 조사하고 지구 표면에 그 양이 적다는 사실을 발견했다. 이를 바탕으로 지각이 맨틀 속으로 들어가기 시작한 시기를 30억 년 전 즈음으로 추정한다. Tang M et al. "Archean upper

소 순환에 필수 엔진인 판구조운동이 시작될 수 없다. 철이 너무 적으면 치명적인 우주선으로부터 생명체를 보호하는 자기장이 형성될 수 없다. 물, 탄소, 질소, 인이 너무 적으면 우리가 알고 있는 생명이 태어나지 못한다.

그렇다면 또다른 지구를 찾을 가능성은 얼마나 될까? 어떤 행성이 한 다스가 넘는 주요한 화학 원소와 수십 개의 미량 원소를 두루 갖추어 지구의 중요한 원소 모두를 복제할 가능성은 무척 적다. 지구와 구성이 비슷한 '지구 같은' 행성이 나올 확률은 아마도 100분의 1, 어쩌면 1000분의 1에 불과할 것이다. 그럼에도 불구하고 반지름, 질량, 궤도 면에서 지구와 유사한 행성의 보수적인 추정치가 10^{20}개라는 사실을 고려하면, 오히려 셀 수 없이 많은 세계가 우리와 비슷할지도 모른다.

하지만 이제 우리는 지구와 유사한 행성을 찾는 것을 그만두어야 한다. 우리가 취향, 정치적, 종교적 신념을 공유하는 친구와 연인을 찾듯이 우리에게 지구를 떠올려주는 행성 파트너를 찾아 헤매는 존재는 인간뿐이다. 모든 면에서 우리와 똑같은 옷을 입고, 같은 직업과 취미를 갖고 있고, 정확히 똑같은 독특한 문구와 몸짓언어를 사용하는 사람을 우연히 만난다면 조금 소름이 끼치지 않겠는가. 마찬가지로 여러 면에서 지구와 구분되지 않는 복제 행성을 발견하는 게 그리 행복한 일이 아닐 수도 있는 것이다.

사실 그리 걱정할 필요는 없다. 그런 일이 생길 턱이 없기 때문이다. 우리가 더 많은 '지구 같은' 행성을 탐색하면 할수록 우리는 진짜로 지구 같은 행성은 지구 딱 하나뿐이라는 변함없는 결론에 도달할 뿐이다.

---

crust transition from mafic to felsic marks the onset of plate tectonics", Science, 351, 372(2016). 태양계 행성 중에서 지각판이 활발히 움직이는 곳은 지구가 유일하다.

코다—아직 답하지 못한 물음들

지구의 다재다능한 원소인 탄소는 우리 세상에 대해 많은 것을 가르쳐주었다. 우리는 여러 지역에서 수백 가지 탄소함유광물의 목록을 작성했다. 우리는 이러한 광물의 수천 가지 합성 유도체를 만드는 방법을 배웠고 대부분 첨단 산업 및 기술 응용 분야에 사용된다. 그리고 우리는 지각과 훨씬 더 깊은 지구 내부 세계의 남아 있는 비밀을 예측하기 시작했다.

하지만 지구의 탄소에 대해 우리가 알고 있는 모든 것은 우리가 모르는 것에 비하면 한결 적다. 지각과 훨씬 더 깊은 영역에서 어떤 새로운 광물이 더 발견될까? 알려지지 않은 화합물의 구조와 특성은 무엇일까? 그것들은 우리 삶에 얼마나 큰 영향을 미칠 수 있을까? 얼마나 많은 탄소가 우리 행성 깊숙이 숨겨져 있는 걸까? 정말 99퍼센트의 탄소가 지구의 깊은 곳, 핵에 격리되어 있는 것일까? 우리 과학자들은 답을 향한 열정적인 탐구를 이어갈 것이다. 앞으로도 주욱, 우리는 자연 세계를 관찰하고 이론화하고 실험하는 일에 몰두할 것이다.

우리는 탄소가 한 저장소에서 다른 저장소로, 특히 깊은 곳 내부에서 지표면으로 어떻게 되돌아오는지 여전히 잘 알지 못한다. 이제 우리는 지구를 보호하는 공기담요인 하늘을, 그리고 순환의 원소인 탄소를 살펴보아야 한다.

제2악장

공기: 탄소, 순환의 원소

지구는 우리 삶의 틀이다.
농작물을 심고
집을 짓고
살다
묻힌다
탄소는
끝 간 데 없이 다양한 결정crysalline으로
광물 왕국의 번성으로
신물질의 발견으로
탄소는 지구의 틀을 빚는다
지구는 혼자가 아니다
단단한 지구를 둘러싸 안는
공기는 지구의 자식이다
화산이 피를 흘리고
기체는 하늘로 솟구친다
투명하고 푸른 망토여
공기는 무서운 무의 우주를 가로막고
지구는 온화한 미소를 짓는다
꽤나 긴 시간이 흘렀지
인간이 나타나
햇살을 놓기까지는

놀람과 근심
그리고
우리 행성의 과거, 현재, 미래

도입부―공기 이전

지구의 한 권역sphere에서 다른 권역으로 탄소는 춤추듯 끊임없이 움직인다. 대기권, 수권, 생물권, 지권geosphere. 이들은 각각 6번 원소의 지분을 가지고 지구 탄소 순환에 참여한다. 도저한 시간 속에서 탄소 순환의 특성과 범위는 달라졌지만 45억 년이 넘는 기간 내내 마찬가지였다. 하지만 탄소 운동의 많은 세부사항들이 여전히 미궁에 빠져 있다.

오늘날 우리에게 익숙한 흰색과 파란색이 섞인 구슬과도 같은 살아 있는 세계는 어린 지구의 모습과 사뭇 다르다. 폭파당한 암석으로 뒤덮인 최초의 지구를 감싸는 공기층은 없었다. 우리 행성은 도무지 암석행성을 이루리라고 여기기 어려울 만큼 보잘것없이 흩어져 있던 먼지로 만들어졌다.[1] 그러나 우주에는 엄청난 양의 먼지가 있으며 그 먼지는 뭉치는 경향이 있다(가끔 옷장 뒤나 침대 아래의 소홀했던 틈새를 청소하다 느끼듯). 그래서 원시 태양이 점화되고 태양계 내부로 맥박처럼 열이 전해지면서 원시 먼지 덩어리가 '콘드룰'이라 불리는 작은 암석 방울로 녹아내렸다. 그 끈끈한 암석 방울이 서로 뭉쳐서 1세대 우주 암석이 탄생했다. 포도 크기의 돌, 주먹 크기의 자갈, 버스와 건물 크기의 더 큰 암석이 먼지가 많은 성운 환경에서 나타났다. 수많은 암석 덩어리가 희미한 어린 태양을 돌면서 뭉치다 어마어마한 크기로 성장했다. 그렇게 최초의 세상이 나타났다.

중력이 태양계 전체를 지배했다. 큰 덩어리들은 더 작은 것들을 가차없이 끌어당겨서는 중력 우물에 넣고 통째로 삼켜가며, 거대한 도넛 모양을 이루어 우주를 휩쓸고 다녔다. 여전히 성장 중인 태양으로부터 9000만 마일(약 1억 4500만 킬로미터) 떨어진 궤도를 공전하는 원시 지구는 경쟁하는 미행성 중 가장 컸다. 막 탄생한 지구는 참으로 장관이었다! 장차 우리 집이 될, 45억 년 전의 성장하는 그 세계에 바위들이 무수히 쏟아졌다. 총알보다 더 빠르게 떨어지는 암석은 지구에 부딪혀 그 운동에너지를 타는 듯한 열과 눈을 멀게 하는 빛으로 바꾸었다. 붉게 녹은 지구 표면 위로 백열 마그마가 거대한 분수처럼 치솟았다 떨어지기를 반복했다. 불규칙한 철-니켈 금속 덩어리, 산봉우리 같은 규산염광물, 물이 풍부한 거대하고 푹신한 눈덩이, 가끔은 탄소가 풍부한 검은 암석이 자라나는 시뻘건 지구에 더해졌다.

강착과 분화, 파편화와 응축, 결정화와 대류 같은 난해한 이름의 장엄한 물리적 과정은 초기 지구를 이것저것 뒤범벅된 잡탕 스튜에서 더 합리적이고 화학적으로 질서정연한 지구로 변형시켰다. 중력은 지구를 구조화된 층으로 분화시켰다. 가장 무거운 용융 철과 니켈 금속의 혼합물이 지구 안쪽으로 몰려가 핵이 되었다. 저 깊고 접근 불가능한 세상에서 탄소는, 여전히 핵과 맨틀 사이의 극심한 밀도 차이를 조절하고 그 숨겨진 영역의 물리적 행동을 변화시키는 등의 부차적 역할을 하고 있겠지만, 우리는 그 일의 자세한 내용을 알기에는 너무 멀리 떨어져 있다. 다만 확실한 것은, 핵 속의 탄소가(만약 실제로 우리 발밑 3000마일보다 깊은 곳에 존재한다면) 우리가 숨쉬는 공기에는 별다른 중요한 역할을 하지는 않을 거라는 점이다.

복숭아의 단단한 씨를 둘러싼 과즙 많은 과육처럼 철 핵을 둘러싸고 있는 층은 두텁고 돌도 많은 맨틀이다. 비교적 가벼운 원소인 규소, 마그네슘, 산소가 풍부한 광물이 지구의 안쪽 2000마일(약 3200킬로미터)을 지배한다. 압력 100만 기압이 넘는 가장 안쪽 맨틀 암석은 표면에 가까운 곳의 암석보다 밀도가 더 높다. 조약돌이 밀도가 큰 수은에 떠 있듯, 그 암석들은 외핵의 밀도 높은 액체 금속에 의해 부력을 받아 떠 있다.

단단한 암석을 통과하는 고속 음파나 '지진파'의 진행이 가로막히거나 부분적으로 반사된다면 이는 숨겨진 층의 존재를 나타낸다. 핵에서 바깥쪽으로 나가면서 맨틀에는 세 개의 널찍하고 둥그런 영역이 자리 잡는다. 거의 접근 불가능한 하부 맨틀은 지하 약 400마일에서 맨틀-핵 경계면인 약 2000마일 아래까지 펼쳐져 있다. 지구 부피의 거의 절반 이상을 차지하는 넓은 영역이다. 중간 밀도의 천이구역은 약 300~400마일 깊이에서 비교적 얇은 껍질을 차지하는 반면, 상부 맨틀은 거의 지표면까지 뻗어 있다.

지각, 바다, 대기 등 지구의 바깥층은 달걀껍질처럼 가장 얇은 영역이다. 모두 다 합쳐 지구 4000마일 반지름에서 100마일에 훨씬 못 미치는 지표는 지구 질량의 약 1퍼센트를 차지한다. 그럼에도 불구하고 지표면은 화학적으로 가장 활발하다. 지구 깊은 곳에서 안식처를 찾지 못한 많은 희귀광물이 이곳에 모여 있기 때문이다. 지표면의 깊이는 천차만별이다. 해양지각은 5~6마일, 가장 높은 산맥에서는 최대 50마일까지 아래로 파내려가면 맨틀층과 만난다.

땅 아래로 몇 마일이 넘는 깊이를 직접 탐사하는 작업은 현대의 어떤 기술로도 불가능하다. 하지만 과학자들은 지구를 이해하기 위한 다른 수단을 찾아냈다. 우리는 적도에서 극지방에 이르기까지 모든 대륙 현장에서 암석을 모으고 물을 퍼내고 공기를 수집한다. 지구 구석구석에서 벌어지는 이야기는 모두 같다. 수십억 년의 지구 역사에 걸친 암석, 물, 공기 그리고 생명체의 공진화인 것이다. 그리고 이 모든 것은 지구의 역동적이고 심오한 탄소 순환에 있어서 중요한 쉼터가 되어준다.

아리오소–지구 대기의 기원

대기는 지구를 따뜻하게 감싸준다. 태양의 가장 가혹한 방사선으로부터 우리를 보호하는 것도 대기다. 대기는 우리가 숨 쉬는 산소와 마시는 물을 제공하여 우리를 살린다. 공기는 또한 우리가 먹는 식물이 소비하는 탄소의 막대한 저장고이기도 하다. 그러나 지구가 갓 태어났을 적, 그리고 어렸을 적에는 공기가 없었다. 없음에서 공기가 뿜어져나온 것이다. 어떻게 그런 일이 벌어졌을까?

45억 년의 시간을 거슬러 올라가 행성이 아직 형성 중이고 태양계가 혼돈 상태에 있었고 지구의 탄소 순환이 막 시작되던 때를 상상해보자.

지구는 우주에서 탄소를 받았다

45억 년 전, 원시 지구가 합체되었다. 핵과 맨틀 및 지각의 다층구조가 형성되기 시작했다. 대부분 희귀한 수십 가지 원소가 돌덩어리 소나기와 함께 지구에 떨어진다.[2] 거기에는 광물을 형성하는 원소가 주류를 이룬다. 철, 규소, 마그네슘, 그리고 그중 가장 풍부한 산소 같은 몇 가지 광물 형성 원소가 전체 질량의 90퍼센트를 차지한다. 칼슘, 알루미늄, 니켈 및 나트륨은 그 나머지의 90퍼센트에 육박한다. 주기율표의 나머지 다양한 원소들은 아주 미미하게 존재한다. 질소와 인은 원자 1000개당 몇 개, 리튬과 불소는 100만 개당 몇 개, 그리고 베릴륨과 금은 10억 개당 몇 개꼴이다.

끊임없이 방출되는 태양의 열은 태양에 가까운 지구와 다른 '암석행성'들, 수성, 금성, 화성 주변의 기체를 멀찍이 날려버렸다. 따라서 태양계 안쪽 암석행성들은 고체 광물을 형성하는 원소를 선호했다. 이와 달리 우주에서 가장 풍부한 수소와 헬륨 기체는 강력한 태양풍에 밀려 휩쓸려 5억 마일이나 떨어진 공간에 거대한 '기체행성'을 이루었다. 목성, 토성, 천왕성, 해왕성이 그것이다.

우주 규모에서 수소와 헬륨은 모든 원자의 99퍼센트를 차지한다. 암석 행성을 구성하는 나머지 1퍼센트 물질 중에서는 탄소 원자가 핵심적인 역할을 맡는다. 수소와 헬륨을 뺀 나머지 원소 네 개 중 하나 정도가 탄소다. 행성을 구성하는 나머지 원소 중에는 철과 산소가 탄소 뒤를 잇는다. 하지만 우주 역사 초기에 탄소는 철 및 산소와 달리 이산화탄소, 일산화탄소, 메탄 같은 작은 휘발성 분자에 갇혀 있었다. 결과적으로 지구의 탄소 재고는 변변치 않았고 제한적이었다. 잘해봐야 100개 원자 중 하나에 불과했을 뿐이다.

지구의 모든 탄소는 우주에서 왔다. 주요한 출처는 세 곳이다. 탄소함유 기체가 풍부한 태양풍에서 소량의 탄소가 지구에 도달했다. 더 많은 양의 탄소는 검은 운석에 든 채로 지구에 떨어졌다. 지금도 가끔 그런 일이 벌어진다.[3] 이 매혹적인 돌 안에는 언제든 화학적 변형을 치를 수 있는 유기화합물로 가득 차 있다. 연료로 쓸 수 있는 탄화수소와 알코올, DNA와 RNA를 조립할 때 중요한 역할을 하는 당, 퓨린, 피리미딘 골격은 물론 아미노산도 풍부하게 들어 있다. 지구의 탄소재고량을 늘리는 데 가장 크게 기여한 혜성은 특히 일산화탄소, 이산화탄소 같은 작은 기체 분자와 대양을 채울 물을 풍부히 함유하고 있다.

지표면 아래 깊숙한 곳의 유체에서 탄소 재고의 상당 부분이 순환한다. 그곳은 충분히 뜨거워서 대량의 원자 덩어리를 질소와 물 및 이산화탄소로 분해할 수 있다. 그렇게 지구의 탄소 순환이 시작되었다. 암석은 뜨겁고 가압된 이동성 유체를 오랫동안 유지할 수 없기 때문이다. 그들은 가능한 탈출경로를 찾아 표면으로 떠오른다. 뜨겁게 달궈진 용융 암석 마그마에 녹은 이 기체들은 마그마를 따라 지표면 가까이 올라 균열된 틈을 노린다. 압력이 임계값 아래로 떨어지는 지표면 가까이(아마도 땅속 1마일 전후)에서 뜨거운 유체는 폭발적으로 팽창하는 기체로 변한다. 코르크 마개를 바로 딴 병에서 나온 샴페인 기포처럼, 가루로 된 암석과 기체가 바깥쪽으로 뿜어져 나와 재와 공기의 백열 분수를 만든다. 더 차가운 곳에서도, 부력을 지닌 이동성 분자들이 도망칠 곳을 찾아 지각을 뚫고 상승한다. 광활한 땅으로 방출된 물은 최초의 바다가 되었고 공기는 더 높이 올라 대기권을 이루었다.

초기 지구의 대기 조성은 아무도 모른다.[4] 오늘날 공기의 대부분을 차지하는 비활성기체(주로 질소와 약간의 아르곤)는 분명 처음부터 존재했다. 생명체가 나타나 현재의 대기 조성과 비슷한 양의 산소를 만들 때까지 20억 년이 넘게 걸렸다. 황화수소(H_2S) 및 이산화황(SO_2)처럼 고약한 냄새가 나는 화산의 황 함유 가스도 원시 대기에 섞여 있었음에 틀림없다. 탄소가 풍부한 기체도 초기 대기의 상당한 부분을 차지했다.

대기권의 탄소는 세 가지 단순한 분자종에 집중되어 있다. 이산화탄소는 요즘 언론의 주목을 (대부분은 나쁜 쪽으로) 크게 받고 있다. 가운데 탄소 원자 옆에 산소 원자 두 개가 나란히 배열된 단순한 분자다. 추운 우주 공간에서 이산화탄소는 '드라이아이스'로 알려진 무색투명한 결정으로 얼어붙어 있다. 지구에서 이산화탄소는 대기의 지배적인 탄소함유종으로 최근 400피피엠을 넘어 해마다 증가하고 있다.

별이나 행성 훨씬 너머에, 고립된 원자가 또다른 원자를 만날 일조차 드문 황량한 우주에서 산소 원자 하나가 탄소를 만나 우주에서 가장 흔한 분자 중 하나인 일산화탄소가 되었다. 일산화탄소는 늘 지구 대기의 미량 성분이었다. 오늘날 우리가 숨 쉬는 공기 분자 100만 개 중 하나 정도도. 일상생활에서 일산화탄소는 탄소 연료가 불완전하게 연소될 때 쉽게 생성되기 때문에 실제적인 위험이 될 수 있다. 탄소 연료는 항상 산소와 결합하지만 화로나 벽난로의 공기 흐름이 차단되고 이산화탄소를 생성할 만큼 산소가 충분하지 않으면 일산화탄소가 대량으로 만들어진다. 결과는 썩 좋지 않다.

우리 몸은 무색무취인 일산화탄소를 산소처럼 취급한다. 호흡 중에 빠르게 소비되는 산소와 달리 일산화탄소는 인간의 호흡을 차단한다. 그렇게 산소가 부족해지면 우리는 서서히 의식을 잃게 된다. 뇌가 죽고, 따라서 우리도 죽는다.

지구 대기의 세 번째 단순 탄소 분자는 메탄(CH_4)이다. 음식을 요리하거나 난방을 할 때 쓰는 '천연가스'의 실체다. 메탄은 중심 탄소 원자가 네 개의 수소 원자와 피라미드 구조를 이룬 작은 분자다. 현재 지구 대기에는 극미량의 메탄(2ppm)이 포함되어 있다. 뒤에서 보겠지만, 그 정도면 충분히 심각한 결과를 초래할 수 있다.

공기—다시 시작

어떤 의미에서 지구의 가장 오래된 대기 조성은 조금도 중요하지 않다. 거의 45억 년 전, 충격적인 한순간에 우리 행성의 보호막이 감쪽같이 사라졌기 때문이다.

지구 대기의 초기 역사는 드라마로 가득 차 있다. 휘발성 강한 혜성이 우주에서 쏟아져내리는 동시에 거대한 화산이 깊은 내부에서 증기와 공기를 내뿜었다. 둘러싸고 있는 공기층이 두꺼워짐에 따라 우주에서 온 거대한 돌의 충격이 대기를 강타했고 때로 바깥층 일부를 날려버렸다. 지름이 수백 마일에 달하는 엄청난 속도의 우주 암석이 지구의 바깥층을 부수고 뒤섞었을지 모르지만 암석과 물과 공기의 꾸준한 분화를 막지는 못했다.

하지만 충돌 하나는 그 어느 것과도 달랐다. 그것은 지구 역사상 그 어떤 단일 사건보다도 훨씬 크고 더 파괴적이었다. 수천만 년 동안 태양의 행성들이 형성되고 공간 궤도를 차지하기 위해 경쟁하는 동안 지구에게는 행성 크기의 묵직한 경쟁자가 있었다. 고대 달의 여신 이름을 딴 테이아Theia가 그것이었다. 화성보다는 분명 컸을 테지만 성장하는 지구보다는 훨씬 작았던 테이아는 지구와 동일한 궤도를 두고 치열한 영역싸움을 벌였다. 한동안, 아마도 수천만 년 동안 지구와 테이아는 서로를 쏘아보며 가까이서 각기 위험한 춤을 추었을 것이다. 너무 가까워진 쌍둥이 궤도에게 더이상 피할 수 없는 결투의 순간이 다가왔다.[5]

중력의 법칙이 태양계 진화를 결정한다. 두 행성이 같은 공전궤도를 공유할 수 없다는 뜻이다. 어느 시점에서 그들은 너무 가까워질 것이고, 그러면 둘은 더 넓은 세계를 걸고 내기를 벌여야 한다.

극적인 어느 날, 아직 어린(아마도 겨우 5000만 살쯤 먹은) 지구를 테이아가 강타했다. 이 사건을 설명하는 일부 모델은 스치듯 옆구리를 쳤을 뿐이라고 주장하지만, 어쨌든 그것은 테이아에게는 치명적이었다. 결과는 완전히 끝장이었다. 우주를 여행하는 관찰자가 안전한 거리에서 두 행성의 조우를 보았다면 이렇게 썼을 것이다. 테이아가 산산이 쪼개져 하얀 증기를 내뿜으며 고통스레 기화했노라고.

그러한 커다란 파국을 직접 본 탓에 이 충돌의 또다른 희생자가 지구의 엷은 대기라는 사실을 미처 알아차리지 못했다 해도 큰 흠절은 되지 않을 것 같다. 대기 중의 모든 분자는 깊은 우주로 흩어졌고, 태양계 세 번째 행성으로 자리매김한 지구로는 돌아오지 않았다. 더 눈에 띄는 것은 기화된 암석으로 구성된 거대하게 빛나는 구름이었다. 테이아와 지구의 맨틀에서 나온 백열 잔해가 혼합된 것이었다. 질량의 상당 부분이 붉고 뜨거운 용융 암석 방울로 비처럼 쏟아져 지구를 둘러싼 마그마 바다로 다시 떨어졌다. 또다른 일부는 궤도에 던져졌고 결국 지구의 동반자 달이 되었다.

새로운 국면이 펼쳐질 순간이다. 위대한 초기화 사건으로 달이 탄생했을 뿐만 아니라 지구 대기도 새로워졌다. 마침맞게 탄소의 심층 순환이 장도에 올랐다.

지구의 원시 대기에 관한 단서

40억 년 전만 해도 지구 대기는 한창 정비 중이었다. 지질학자들은 지구의 불안정한 처음 5억 년 기간을 '명왕누대Hadean Eon'라고 적절하게* 명명했다. 누군가 새롭게 탄생한 지구로 모험을 떠났다면 압도적인 첫인상은 가차 없이 폭력적이고 적대적인 장소로 기억될 것이다. 하늘에서 끊임없이 쏟아지는 암석 비와 아랫녘에서 맹렬하게 폭발하는 화산 중 어느 것이 더 두려운 것인지 말하기 어려울 정도였다. 그러나 그 두 가지 위험과 함께 탄소가 공기 중으로 배달되었고 지구의 탄소 순환을 작동시켰다. 문자 그대로 새로운 대기권은 '하늘에서 쏟아져내리고 아래쪽 깊은 곳에서 분출'했다.

40억 년 전 지구를 감싸던 대기의 일시적 특성을 어떻게 추측할 수 있을까? 초기의 귀하고 미세한 광물 입자는 거의 살아남지 못했지만, 오스트레일리아, 캐나다, 그린란드, 남아프리카공화국 외딴 지역에 35억 년 전의 암석이 일부 남아 있다. 하지만 그렇게 산재된 암석 조각은 고대 공기의 본질을 두고서는 거의 침묵으로 일관하고 있다.

그렇다고 원시 공기를 추론할 단서가 전혀 없는 것은 아니다. 천체물리학, 지구화학, 행성학 분야에서 나온 세 가지 증거가 뭔가를 증언하고 있다.

단서 #1—희미한 어린 태양[6]
명왕누대 지구의 대기가 어땠을지 말해주는 최초의 단서는 공기와는 거의 무관하게 별의 진화를 연구하는 물리학자들에게서 나왔다. 항성천체물리학자들은 태양이 수십억 년의 안정기에 접어들었다고 말한다. 핵융합 반응 재료로 수소를 꾸준히 소비하면서 헬륨을 만들어내는 대부분의 별이 만끽하는 시간이다. 밤하늘을 올려다보자. 우리가 바라보는 별 10개 중 9개는 핵

---
* 冥王累代. 그리스 신화에서 하데스Hades는 지하세계의 신이다. 지하세계 자체를 뜻하기도 한다.

융합 반응으로 수소를 '태우고' 있다. 수소 질량의 아주 적은 일부가 열과 빛으로 변환되기 때문이다. 우리는 햇볕을 쬐며 이 반응을 몸으로 느낀다.

하지만 여기에는 함정이 있다. 수소를 연소하는 별은 천천히 변화하며 시간이 지남에 따라 꾸준히 밝아진다. 그 변화는 한 세기에서 다음 세기, 또는 수백만 년에 걸친 기간에는 눈에 띄는 차이를 나타내지 않지만 실상 수십억 년이 지나는 동안 태양은 훨씬 더 밝아졌다. 40억 년 전만 해도 태양은 현재 출력량의 겨우 70퍼센트를 복사radiate하고 있었다. 30퍼센트는 커다란 차이이다. 태양 복사에너지가 그만큼 떨어진다면 현생 인류는 즉시 치명타를 입을 것이다. 북극에서 적도까지 얼음이 확장되면서 지구가 얼어붙을 것이고 화산 분출구 근처 따뜻하고 습한 지역에 달라붙어 살아가는 단순한 유기체만이 자그마한 군락을 이루며 살아갈 뿐, 대부분의 생명체는 생존할 수 없다.

희미한 태양이 비치던 40억 년 전으로 되돌아가자. 우리 지구는 어떻게 얼음으로 뒤덮이는 신세를 면할 수 있었을까? 지구의 첫 5억 년부터 지금까지 살아남은 몇 안 되는 광물과 암석 조각은 확실히 얼어붙은 세계를 가리키지 않는다.

온실가스가 가장 그럴듯한 해답으로 보인다. 정원사의 온실이 추운 겨울에도 따뜻하게 유지되듯 대기 중의 어떤 기체는 태양에너지를 흡수하고 가두어 차가운 우주 공간으로 방출되는 열의 양을 줄일 수 있다. 수증기와 구름은 언제나 온실효과의 한 축을 담당했다. 오늘날 이 두 가지는 지구가 얼어붙지 못하게 막는 중요한 현대 온실효과의 거의 절반을 차지한다. 그러나 물 분자만으로는 희미한 어린 태양을 돕기에 충분하지 않았다. 충분한 열을 가둘 다른 분자, 다시 말해 탄소를 포함하는 분자가 필요했다.

단서 #2—지구화학

40억 년 이상 전에는 온실가스 재고가 많아 지구가 얼어붙는 처지를 모면했다 치자. 그 기체들은 지금 어디에 있을까? 방대한 지구의 원소 목록을 기록하는 지구화학자들은 오늘날 모든 대륙에서 발견되는 탄산염광물 매장지에 주목한다. 40억 년 전에는 탄산염광물이 그리 많이 형성되지 않았을 것이다. 탄산염광물과 대기 중 이산화탄소는 오랫동안 균형을 이루어왔다. 지각에 탄산염 분자가 하나 생기면 공기 중 이산화탄소 분자 하나가 줄어든다. 결론은 이렇다. 탄산염광물이 지금보다 적었던 40억 년 전에는 대부분의 탄소가 기압이 현재보다 몇 배는 높았을 대기 중 이산화탄소에 갇혀 있었다.

일부 지구화학자들은 이 각본에다 매캐한 양념을 친다. 그들은 25억 년 전 산소의 양이 늘기 전까지 풍부했던 메탄이 이산화탄소의 대기 효과를 증폭시켰을 것으로 추정한다. 메탄은 이산화탄소보다 몇 배나 더 효과적인 강력한 온실가스다. 풍부한 메탄은 우주선에 둘러싸여 다양한 유기화학반응을 일으키고 분자 안개를 생성하여 오늘날 토성의 위성 타이탄에서 관찰되는 것처럼 지구의 초기 하늘을 독특한 주황색으로 물들였을 것이다.

오늘날 지구가 갑자기 이산화탄소와 메탄의 두꺼운 대기 혼합물로 둘러싸인다면 기후는 전례 없는 온실효과로 뜨겁게 변할 것이다. 문제는 균형이다. 온실효과는 분명 생명에 필수적이다. 그것이 없었다면 오늘날의 지구는 극에서 적도까지 꽁꽁 얼어붙을 것이다. 하지만 너무 많은 온실가스는 곧 너무 많은 열이 갇히게 됨을 뜻한다. 지구 온난화가 토양과 암석에서 더 많은 메탄과 이산화탄소 방출로 연결될 때 우리 대기는 변곡점에 도달할 수 있으며 이는 차례로 더 맹렬한 온난화로 이어진다. 이런 양성 되먹임은 지구를 돌이킬 수 없는 상태로 몰고 갈 것이다.

지구 지각에 있는 모든 탄산염광물이 대기 중 이산화탄소로 변환된다면 어떻게 될까? 대기 농도의 10만 배가 넘는 약 2×10^{17}톤의 탄소저장소가 갑자기 기체로 바뀌면 무슨 일이 벌어질까? 답은 분명하다. 지구는 금성처럼 변한다.[7] 여러 면에서 금성은 지구의 쌍둥이 행성이다. 크기가 같고 밀도도 같으며 기본 조성도 동일하다. 작열하는 태양에 2500만 마일(약 4023만 킬로미터) 더 가깝고 지구 표면보다 90배 더 높은 압력의 고농도 이산화탄소 대기가 결합한 결과는 폭주하는 온실효과였다. 금성의 표면온도는 평균 섭씨 480도로 납을 녹일 만큼 뜨겁다.

아마도 지구는 그저 운이 좋았을 것이다. (골디락스 행성[*]이라고도 부른다). 다 탄소 덕이다.

단서 #3─달에서 찾은 지구 운석[8]

셋째, 약간 추상적이긴 하지만 원시 지구의 운석은 지구 초기 대기의 세부 사항을 드러낼 수도 있다. 이 가설은 생각만큼 그리 엉뚱하지 않다. 현재 지구에서 발견된 100개 이상의 운석은 확실히 화성에서 온 것으로 확인되었다. 큰 혜성이나 소행성이 화성 지각과 충돌할 때 폭발한 파편이 지구에 도착한 것이다. 다소 설명이 맹하지만 이들 암석이 소행성이나 다른 천체가 아니라 화성에서 왔다는 증거는 운석의 작은 공기주머니에 보존된 기체 분자의 조합에서 나왔다. 이 혼합물의 조성은 나사(NASA) 탐사선이 측정한 화성의 대기와 정확히 일치했다.

40억 년도 더 전에 소행성이 지구와 거대한 충돌을 일으켰을 때의 여파를 상상해보자. 파헤쳐진 암석 덩어리는 우주로 내던져졌을 것이다. 그 암석에는 지구 원시 대기의 작은 거품이 포함되었을 것이다. 그 기포는 지금도 여전히 암석 안에 보존되어 있을 것이다. 따라서 이제 우리가 할 일은 달에 가서 우리 행성에서 왔음이 분명한 수천 개의 지구 운석 중 몇 개를 들고 오는 일이다. 우리가 이웃 천체를 바장이며 탐사해야 하는 가장 중요한 목

---

[*] 영국의 전래동화 『골디락스와 세 마리 곰』에서 예쁜 금발머리Goldilocks 소녀가 곰 세 마리의 집에 들어가 식탁에 있는 뜨거운 죽과 차가운 죽, 딱 적당한 죽 중에서 세 번째 딱 적당한 죽을 먹고, 거실에서 너무 크지도 작지도 않은 딱 적당한 의자에 앉고, 침실에서 너무 딱딱하지도 푹신하지도 않은 딱 적당한 침대에서 잤다는 데서 따온 말로, 여기서는 '생명체가 거주할 수 있는 영역', 즉 '골디락스 존'의 의미로 이해하면 되겠다.

표가 바로 이것임은 두말할 나위가 없다.

지구의 초기 공기를 회수하는 일, 이제 그 일이 중요하다!

간주곡—심층탄소 순환

숲과 꽃 그리고 새들이 노래하는 이탈리아 중부 칼다라 디 만치아나Caldara di Manziana의 목가적인 언덕에서 하이킹을 하다 죽음을 경고하는 해골 이미지가 그려진 섬뜩한 표지판을 마주하리라곤 누구도 기대하지 않을 것이다. [9] 해골은 무엇을 조심하라는 경고일까? 전기울타리? 사격장? 길 잃은 곰?

조금 더 걸으면 작은 계곡이 나온다. 녹음이 우거진 지대와 극명한 대조를 이루는 헐벗은 땅에는 생명의 흔적조차 없다. 무슨 일이 벌어진 것일까?

범인은 이산화탄소다. 무색무취의 기체가 땅에서 새어나온다. 일반 공기보다 무거운 이산화탄소는 지면 가까이서 낮은 곳을 채운다. 바람이 부는 날에는 별문제가 생기지 않는다. 낮은 곳을 흐르는 기체는 해를 끼치지 않고 널리 퍼진다. 하지만 바람 없는 고요한 날이면 밀도 높은 이산화탄소가 한 곳에 머물면서 공기를 밀어내고 치명적인 각본을 쓰기도 한다. 사냥꾼들이 희생되곤 했다. 땅에 더 가까이 붙어서 코를 킁킁거리던 개들이 먼저 쓰러져 죽는다. 만약 충직한 짝을 구하겠다고 사냥개에게 황급히 뛰어들어 무릎을 꿇는다면, 사냥꾼도 치명적인 위험에 처할 수 있다.

탄소는 움직인다. 햇볕을 쬐던 일부 해양지각은 섭입 과정을 거쳐 지구 내부 깊숙한 곳으로 뛰어든다. 땅속 깊은 곳, 맨틀 유체의 필수 구성요소로서 이산화탄소는 지각으로 스며들거나 폭발성 화산에서 위로 솟구친다. 바다와 공기 중에서 탄소 원자는 단단한 암석 안에 침전되거나 암석에서 씻겨나와 다시 바다와 공기로 돌아간다. 일단 방출되면 탄소 원자는 장엄한 해류를 따라 지구 위를 흐르거나 변화무쌍한 대기 속에서 지구를 가로질러 표류한다. 그러는 동안 미생물과 식물, 사람으로 이어지는 살아 있는 세포는, 무생물계의 6번 원소 순환을 훨씬 능가하는 빠른 속도로 탄소 원자를 쓰고 또 쓴다. 실제로 지구 45억 년 내내 한 곳에만 머물러 있는 탄소 원자는 거의 없다.

붉게 타는 탄소함유 마그마가 깊은 곳에서 솟아 이산화탄소가 풍부한 이탈리아 화산으로 폭발할 때 가끔 개와 그 주인이 죽는 일이 발생했다. 마그마 중 일부는 매몰된 탄산염광물과 상호작용한다. 강한 열이 지각에서 온 탄산염광물을 분해하며 생겨난 이산화탄소가 맨틀과 섞인다. 이들 모두 공기를 만들고 보충하는 지구의 거대한 탄소 순환의 일부다.

지구의 모든 화학 원소는 순환하며 탄소도 예외는 아니다. 교과서나 인기 있는 대중과학 웹사이트를 보면 탄소 순환은 다양한 저장소 사이를 움직이는 탄소 원자의 이동으로 구성된다.[10] 유튜브에서 '탄소 순환 이미지'를 검색하면 탄소가 한 저장소에서 다른 저장소로 어떻게 이동하는지 보여주는 작은 화살표와 함께 바다와 대기, 석회암과 화석연료, 동물과 식물을 찾아볼 수 있다. 이런 이미지 일부에는 연기 나는 화산이 등장하여 탄소 순환에 더 깊은 과정이 있음을 암시하지만, 대기의 궁극적인 근원인 지구 심층의 탄소는 대부분 자세히 다루지 않는다.

왜 그리 심층탄소에 무심한지, 이유는 쉬이 짐작할 수 있다. 지표면 근처의 높은 탄소회전율과 비교하면 심층탄소 순환이 아주 느리게 진행되기 때문이다. 탄소 원자가 행성 깊은 곳을 여행하고 표면으로 돌아오는 데 수백만 년이 걸린다. 그 과정의 세부사항은 대체로 숨겨져 있고 불확실하다. 아무도 저 아래쪽 맨틀과 핵에 얼마나 많은 탄소가 숨겨져 있는지, 얼마나 다양한 형태를 취하는지 확신하지 못한다.

우리가 알고 있는 것은 공기에서 지구 깊숙이 들어갔다가 다시 되돌아오는 탄소 순환을 만드는 지구 전체 차원의 거대 메커니즘이다. 대양의 바닥을 덮고 있는 검은 현무암과 여러 암석은 차가운 데다 아래쪽 뜨겁고 부드러운 맨틀보다 밀도가 더 크다. 여기서도 승자는 중력이다. 해양지각의 거대한 석판이 '섭입'되어 수백 마일 아래로 가라앉으면서 퇴적물과 탄산염광물이 풍부한 현무암 및 생명체 찌꺼기를 운반한다. 지표면에서 출발한 탄소는 이제 접근할 수 없는 지구 내부 깊숙한 곳으로 파고든다.

저장소를 재충전하지 않고 이런 식으로 표면 탄소가 계속해서 제거된다면 수억 년이 지나지 않아 지각 안의 탄소는 모조리 사라지고 말 것이다. 이런 일이 벌어지면 탄소에 의존하는 생물권은 붕괴하고 만다. 생물권에는 다행스럽게도, 내려가는 것은 올라오게 되어 있다. 탄소가 풍부한 섭입 암석이 가열되면 탄산염광물과 유기분자가 분해되어 이산화탄소와 기타 작은 분자가 생성된다. 이 분자들의 일부는 암석 무덤에서 빠져나와 위로 떠오르는 유체*로 변한 다음 방향을 바꿔 지구 표면을 향해 부상한다. 분출하는 화산은 이러한 심층 기체가 방출되는 핵심 장소다. 이들 탄소가 땅에서 터져나와 공기 중으로 광범위하게 확산하는 현상은 거대한 흐름임이 분명하지만, 정량화하기란 쉬운 일이 아니다.

눈에 보이지 않는 거대 탄소 순환을 이해하는 일은 처음부터 심층탄소 관측단의 핵심 목표 중 하나였다.[11] 수백 명의 과학자가 전 세계 수십 곳의 현장과 실험실에서 다양하고 도전적인 문제를 해결하고 있다. 역동적인 심층탄소 순환을 파헤치는 이들의 연구는 세 가지 질문으로 요약할 수 있다. 아래로 가는 것은 무엇인가? 저 아래에서 탄소의 운명은 어찌될까? 다시 솟아오르는 것은 무엇인가?

---

* 2021년 『물리화학 저널J. Phys Chem』125, 5863에 실린 논문에서 저자들은 지구 맨틀 조건에서 매우 활발히 상호작용하는 액체 이산화탄소의 구조를 연구했다.

아래로 가는 것은 무엇인가?[12]

지구의 탄소 원자 99.9퍼센트 이상이 지표면 아래에 묻혀 있고 수백만 년 넘게 지각과 맨틀에 갇혀 있다. 대부분의 탄소 원자는 석회암의 거대한 층상 퇴적물에 저장되고 나머지는 묻혀 있는 생물량인 석탄이나 석유 또는 그 밖의 탄소가 풍부한 검은색 퇴적물에 저장된다. 그리고 역동적으로 움직이며 슬쩍 모습을 숨긴 일부 탄소는 섭입대에서 지구의 맨틀 깊숙이 떨어지는 해저 현무암과 퇴적물에 갇혀 있다.

태양광 아래 변하기 쉬운 표면의 탄소 원자, 한때 공기나 바다 또는 살아 있는 세포에서 움직였던 원자가 어떻게 단단한 암석에 격리되어 땅속 깊은 곳으로 옮겨가게 되었을까? 그것은 비생물적abiotic인, 아니면 생명이 주도하는 화학반응의 결과다. 대기와 바다의 이산화탄소는 새로 노출된 화산 현무암 및 기타 암석의 칼슘 및 마그네슘 원자와 쉽게 반응하여 탄산염광물을 만든다. 이런 풍화과정은 일반적으로 깊은 바다나 토양에 묻혀 잘 보이지 않지만, 칼슘이나 마그네슘이 풍부한 표층수에서는 가끔 직접 대기에서 게걸스럽게 이산화탄소를 빨아들이며 탄산염 결정이 실시간으로 자라는 모습을 볼 수도 있다.

생명체는 수억 년 전에 탄산염광물을 만드는 비법을 터득했다. 한동안, 탄산염의 '생물 광화biomineralization'는 광물 영양소가 풍부한 해안선을 따라 얕은 물에서만 진행되었다. 산호, 연체동물 및 기타 외피를 두른 동물과 함께 사는 거대한 산호초는 수백 마일 넘어 확장되며 엄청난 양의 탄소를 가둬버렸다. 세포가 죽어 육지나 바다에 묻히면서, 생체분자를 구성하는 탄소와 그 붕괴 산물도 순장되었다.

화석과 그것이 매장된 퇴적물 안에 생명의 역사가 기록된다. 매장된 탄소의 종류와 양은 지질학적 시간을 거치며 극적인 변화를 보인다. 25억 년 전 광합성 조류가 부상하면서 해조류 띠가 햇빛이 비치는 얕은 물에서 꽃을 피우다 죽기를 반복하면서 해저로 가라앉아 퇴적물*로 남았다. 이것이 커다란 규모로 퇴적된 생물량의 첫 번째 모습이었다. 5억 년 전 발명된 탄산염 외골격은 바다에 매장된 탄소 목록을 하나 더했다.

4억 년 전에 육지로 모험을 떠난 생명체는 지하 탄소 순환에 새로운 바람을 불어넣었다. 나무와 기타 식물은 많은 양의 탄소를 격리한다. 매장되면 탄소가 풍부한 이탄泥炭과 석탄의 두꺼운 퇴적물을 형성한다. 깊숙이 숨겨진 생물권의 필수 요소로서 근계根界는 암석을 점토광물로 분해한다. 강력한 광학현미경으로도 볼 수 없는 나노 크기의 작은 절편 모양 점토 입자는 생체분자를 끌어당겨 결합하는 표면 정전기 전하를 발생시킨다. 점토 표면에 탄소가 풍부하게 달라붙는 것이다. 탄소를 함유한 점토광물은 토양에서 침식되어 개울과 강을 따라 흐르다 결국 바다에 도착하여 두꺼운 퇴적 삼각주를 형성한다. 지구의 생물권은 탄소를 묻는 다양한 방법을 찾아냈다.

공룡이 육지를 지배하기 시작할 무렵인 약 2억 년 전, 현미경으로나 볼 수 있을 생명체가 등장하여 탄소 격리 이야기의 한 장을 장식했다.[13] 바다 한가운데 자유롭게 떠다니던 세포가 주변에서 이산화탄소와 칼슘을 끌어당겨 작은 탄산염 판을 만드는 능력을 진화시켰다. 떼 지어 살고 죽는, 이 탄산염 외피를 두른 플랑크톤**은 그야말로 세상의 판도를 뒤집어버렸다. 지구 역사상 처음으로 탄산염은 해안선을 따라 즐비한 암초뿐만 아니라 햇살 좋은 바다 가운데서도 만들어졌다. 죽은 세포가 해저로 가라앉으면서 이전에는 탄산염광물이 없었던 해양 퇴적물에 새로운 매장 탄소 공급원이 나타났다.

---

* 　사족임이 분명하지만 스트로마톨라이트stromatolite다. 4악장에서 광합성을 소개한다.

** 　260쪽의 코콜리드가 그 주인공이다.

브리스톨 대학의 지질학자 앤디 리지웰이 '중생대 중기 혁명'이라고 부르는 이 사건의 의미는 심오하다. 2억 년 전 이전에, 생명체가 얕은 대륙붕에 국한해서 탄산염을 생산했을 때 석회암 산호초의 범위는 변동폭이 큰 해수면의 높이에 따라 성쇠를 반복했다. 지구에서 얼음이 줄고 해수면이 상대적으로 높았던 따뜻한 기간에는 물에 잠긴 넓은 해안가에 광범위한 산호초가 형성될 수 있었다. 탄산염 산호와 조개가 번성하면서 바닷물의 산성도를 결정하는 핵심 요소인 칼슘 농도가 줄어들었다.

이 각본을 해수면이 비정상적으로 낮고 대륙붕이 대부분 공기에 노출된 데다 광대한 극지방이 얼음과 빙하로 덮인 시기와 비교해보자. 산호초는 거의 없다. 석회석을 만드는 생물학적 경로가 사라졌기 때문에 바닷물의 칼슘은 과포화 농도까지 올라 해양 화학반응을 크게 변화시켰다. 리지웰은 해수면이 높건 낮건 상관없이 탄산염을 형성하는 플랑크톤이 번성하면서 지난 2억 년 동안 지구 해양화학을 조절해왔다고 결론 내렸다.

엄청난 양의 탄소가 공기와 물에서 추출되어 점점 지각에 묻힌다. 화산암은 이산화탄소와 반응하여 탄산염광물을 형성한다. 생명체가 조직하는 탄산염은 대륙 가장자리에서 산호초를 형성하고 바다 가운데서 해저로 떨어져내린다. 생물량은 육지와 바다에 묻히는 반면 점토광물은 쪼개진 생체분자를 흡수하여 퇴적물에 두껍게 탄소를 쌓는다. 지금껏 언급한 지구 표면 근처의 이러한 탄소 흐름은 관찰하기도 정량하기도 그리 어렵지 않다.

어려운 것은 지하로 내려가는 긴 여행 중인 탄소, 다시 말해 섭입을 통해 맨틀 깊숙이 들어가는 탄소의 움직임이다. 컬럼비아 대학 라몬트-도허티 지구관측소의 테리 플랭크는 섭입 탄소의 변화량을 정량화하는 일에 착수했다.[14]

그녀의 여유로운 스타일만 봐서는 모험을 피하지 않는 경력이나 '천재상'으로 일컬어지는 맥아더 펠로십 수상 이력을 전혀 짐작하지 못할 수도 있다. 그녀는 심층탄소 순환의 핵심이 화산에 있다고 여긴다. 화산 폭발에서 무엇이 나오는지 알아보고자 플랭크는 맨틀 속으로 섭입되는 물질인 해양지각의 탄소 및 기타 원소 목록을 작성하기로 했다. 그녀는 아래로 내려가는 지각판의 미량 원소와 분출하는 마그마를 비교함으로써, 재활용된 지각이 화산 시스템의 주요한 구성요소라는 점을 상세히 밝혀냈다.

얼마나 많은 양의 탄소가 맨틀 속으로 들어가는지는 여전히 논쟁거리다. 플랭크는 어디에서 관찰하는지에 따라 답이 달라진다고 생각한다. "일부 섭입대에는 많은 양의 탄산염이 유입되고 일부는 전혀 유입되지 않습니다. 많은 곳이 있는 반면 아예 유기 탄소가 없는 곳도 있어요." 또한 플랭크는 탄소를 깊은 곳으로 운반하는 일이 어려울 수 있다고 결론지었다. 탄산염과 생물량은 현무암보다 밀도가 낮은 데다 섭입 지각판의 상부에 집중되는 경향이 크다. "탄소가 섭입되려면 사고를 쳐야 합니다." 플랭크가 살짝 미소를 지었다.

간단히 말해, '아래로 내려가는 것'에는 생물량과 탄산염광물 형태로 지각에 묻혀 있는 많은 양의 탄소가 포함되지만 그중 상당 부분은 곧바로 다시 올라오는 것 같다. 그러나 탄소 순환의 가장 흥미롭고 신비한 점은 탄소 일부분이 지구의 맨틀 속으로 머나먼 여행을 떠난다는 사실이다.

거기에서 탄소는 어떤 운명에 처할까?

탄소가 풍부한 광물과 검은색 생물량을 운반하는 젖은 상태의 섭입 지각판이 더 깊은 곳으로 내려갈수록 온도는 점점 올라간다. 생체분자는 대부분 이산화탄소 또는 메탄 같은 더 작은 조각으로 분해된다. 탄산염광물도 분해되어 더 많은 탄소함유 분자를 뜨겁고 물이 풍부한 액체 안으로 방출한다.

심층탄소는 결코 혼자가 아니다. 그것은 늘 산소 및 수소와 뒤섞인다. 거기에 약간의 나트륨과 염소, 황 및 기타 미량 원소가 가미된다.

여기에도 장애물이 도사리고 있다. 맨틀 안 탄소에게 어떤 일이 일어나는지 이해하려면 고온과 고압에서 물의 행동을 살펴보아야 한다. 심층탄소관측 연구가 시작된 10년 전만 해도 맨틀 속의 물은 **미지의 땅**terra incognita이었다. 수백 마일 아래 극한의 온도와 압력 조건에 놓인 물의 특성을 자세히 아는 사람은 아무도 없었다.

우리가 나아갈 길을 막는, 잘 알려지지 않은 핵심 단일 매개변수는 '극성'의 척도인 물의 유전상수dielectric constant였다. 우리는 물 분자가 V자 모양이라고 가정한다. 중심 산소 원자는 미키 마우스의 귀처럼 배열된 두 개의 수소 원자와 연결된다. 수소 쪽은 양전하를 띠고 산소 쪽은 음으로 하전되어 '극성' 분자가 된다.

소금 및 기타 수많은 화학물질을 녹이는 능력, 빗방울 형성, 딱딱한 얼음, 식물 줄기의 모세관 현상 등 물의 가장 독특한 특성 중 상당 부분이 이 극성에서 비롯된다. 유전상수는 물의 거동을 결정하는 음전하와 양전하의 분리 강도를 측정한 값이다.

우리는 물의 유전상수가 온도와 압력에 따라 극적으로 변한다는 사실을 알고 있었지만, 심층탄소관측 연구를 시작할 당시만 해도 그것이 얼마나 변하는지 알지 못했다. 그 정보가 없으면 염분의 용해도, 용해된 분자의 전하 또는 용액의 산성도 같은 심층 유체의 중요한 특성을 계산할 방도가 없다. 탄소나 지구의 맨틀에 있는 용해된 다른 원소의 거동을 예측할 방법이 아예 없었던 것이다. 심층탄소관측단이 출범한 2008년 5월의 워크숍에서 존스 홉킨스 대학 지구화학 교수 디미트리 스베르젠스키는 우리 지식의 공백을 메우자고 공개적으로 호소했다.[15]

겨우 5분에 걸친 발언이었지만, 효과가 있었다. 잠시 후, 프랑스 중부의 유서 깊은 리옹 대학 지구화학 교수 이자벨 다니엘이 점심 때 스베르젠스키

옆자리에 앉았다. 역시 맨틀 속 물의 특성에 대해 생각하고 있었던 다니엘은 극한의 고온고압 조건에 놓인 물 안에서 탄산염광물의 거동을 기술하는 새로운 데이터, 즉 물의 유전상수에 관한 힌트를 담은 데이터를 공개했다. 스베르젠스키와 다니엘은 우리 연구단이 지구 깊은 곳의 물 연구에 자원을 배분해야 한다고 확신하게 만드는 지극히 흥미로운 연구계획을 내놓았다. 10년이 지난 지금, 그들이 시작한 연구는 심층탄소에 관한 우리의 이해를 혁명적으로 넓혀놓았다.

지구 깊은 곳의 물

높은 압력과 지구 맨틀의 온도에서 물의 유전상수를 결정하는 일은 이론과 실험, 두 측면 모두에서 도약이 필요한 어려운 문제였다. 캘리포니아 대학 데이비스 캠퍼스의 줄리아 갈리Giulia Galli와 대학원생 판딩潘鼎은 2012년 유전상수의 이론 작업을 완료했다.[16] 그들은 양자역학 모델을 확립하고 지각에서 안정한 탄산염광물이 맨틀에서 용해되기 시작하는 지점인 10만 기압까지 물의 유전상수가 증가한다는 계산 결과를 내놓았다. 물에 용해된 탄소가 심층탄소 순환의 주요 요인이 될 수 있다는 의미였다.

한편 리옹의 다니엘 연구진은 갈리의 예측을 검증하는 실험에 착수했다. 그들은 정교하게 가열된 DAC를 사용하여 맨틀 조건에서 탄산염광물이 어떻게 용해되는지 측정했다.[17] 실험과 이론 모두를 만족할 만큼 결과가 좋았다. 예상했던 것보다 심층탄소의 거동이 복잡하다는 사실 또한 알게 되었다.

지구심층수 모델

맨틀 조건에서 물의 유전상수를 정량화하는 작업은 비밀에 싸인 심층탄소 순환을 이해하는 시작에 불과했다. 물의 유전상수의 새로운 추정값은 고온 및 고압을 망라하는 유체의 포괄적 모델에 통합되어야 했다. 그것은 '지구

심층수Deep Earth Water' 또는 DEW 모델로, 스베르젠스키의 영감에 찬 발명품이었다.[18]

내 과학 경력에 이렇게 지대한 영향을 미친 사람은 거의 없었다. 스베르젠스키와 나는 20여 년 전 존스홉킨스 캠퍼스, 나무 우거진 틈으로 개울이 내려다보이는 고즈넉한 사무실에서 처음 만났다. 나는 광물 표면에서 상호작용하는 생체분자의 복잡성을 이해하기 위해 그의 도움을 구했다. 생명체의 기원을 이해하는 중요하고도 어려운 문제였다. 그는 재미있어하면서도 한편으론 조심스럽게, 자신이 생각한 광물 표면의 상호작용에 관한 이론이 공 모양의 개별 금속 원자에 대해서는 잘 작동하지만 3차원 모양을 가진 훨씬 더 복잡한 분자 문제를 다루는 데에는 아직 어설프다고 뒤를 다졌다.

테이프를 빨리 돌려 2006년에, 스베르젠스키가 먼저 내게 연락을 했다. 그는 분자 흡착 문제를 풀었고 안식년이 코앞인데 지구물리학 실험실에서 1년간 지내고 싶다고 말했다. 나는 기뻤다. 우리는 광물표면연구실을 운영했고, 그로부터 10년 동안 우수한 학생들을 키웠고 수십 편의 논문을 작성했으며 정부 연구자금도 꾸준히 지원받았다. 그리고 우리 둘 다 심층탄소관측 연구에 깊이 관여하고 있다.[19]

디미트리 스베르젠스키와 나는 금방 친구가 되었다. 음악을 사랑한다는 공통분모도 있었다. 그는 오스트레일리아에서 가장 존경받는 피아노 교사 '위대한 스베르젠스키'의 아들로 시드니에서 태어나고 자랐다. 그는 비범한 과학자다. 부드러운 말투의 겸손한 학자로, 창의적이고 꼼꼼하지만 엄격하고 내성적인 데다 과장을 싫어한다. 하지만 그가 확립한 지구심층수 모델이 심층탄소관측단 최고 업적 중 하나란 것은 결코 과장이 아니다.[20]

DEW에 바탕을 두고 전에 없이 빠른 속도로 쏟아지는 발견들은 지구의 심층탄소 순환에 대한 놀라운 통찰력을 보여준다. 이전 모델은 심층 유체가 물과 이산화탄소의 단순한 혼합물이라고 가정했지만, 스베르젠스키는 지하세계의 복잡한 유체 안에서 원자가 재배열되어 새로운 유형의 용융 분자가 형성된다는 것을 깨달았다. 이들 분자 대부분은 양전하 또는 음전하를 갖는 '이온'들이다. 결과적으로 탄산염광물은 소금처럼 녹아 깊은 곳에서 탄소를 이동시킨다.

게다가 스베르젠스키는 맨틀이 생명체의 기원에 핵심적 역할을 했을 탄소 기반 유기화합물의 합성 공장이라는 사실도 증명했다.[21] 일부 깊은 곳에서 초산(식초의 주성분)이 형성되지만 온도나 산도가 바뀌면 천연가스 같은 탄화수소가 주종을 이룬다. 최근 이자벨 다니엘은 경제적으로 가치 있는 석유 성분을 포함하여 훨씬 더 큰 탄소함유 분자도 맨틀에서 형성된다는 것을 밝혔다. 풍부하고 복잡한 심층유기화학의 전모가 서서히 드러나고 있다.

디미트리 스베르젠스키의 가장 놀라운 발견은 다이아몬드의 기원과 관련된다. 다이아몬드 결정이 형성되려면 탄소 원자에 극한의 압력을 가해야 한다. 일반적으로 이 과정에는 물이 전혀 중요한 역할을 하지 않는 것으로 알려져 있었다.[22] 대학원생 황팡黃方과 함께 스베르젠스키는 압력의 변화가 전혀 없어도 물기 있는 맨틀 유체에서 다이아몬드가 쉽게 만들어질 수 있음을 확인했다. 단순히 물이 풍부한 가압 용액의 산도를 높였더니 다이아몬드 결정이 생긴 것이다. 사실 심층 유체의 산도가 자연적으로 변하기만 해도 다이아몬드가 만들어지거나 녹는 일이 벌어질 수 있다. 이 과정은 이전에는 설명할 수 없었던 천연 보석의 성장 유형과 일치한다.

이러한 모든 발견은 우리 발 100마일 아래에 있는 역동적인 영역이자 수십억 년 동안 지구 심층탄소 순환에서 중요한 역할을 해온 화학적 창조의 영역을 슬며시 드러낸다. 하지만 우리는 그 사실을 확신할 수 있을까? 스베르젠스키의 대담한 주장을 뒷받침할 만한 어떤 증거가 혹시라도 지구 표면에서 발견될 수 있을까?

깊은 메탄 미스터리[23]

가장 도발적이고 광범위한 '지구심층수' 관련 발견 중 하나는 잠재적으로 엄청난 양의 메탄이 맨틀에서 올라와 지각에 거대한 저장소를 형성할 수 있다는 점을 밝힌 것이다. 세계의 다른 지역, 특히 러시아와 우크라이나 지질학자들은 천연가스 및 기타 탄화수소 대부분이 비생물적 과정을 거쳐 만들어졌다는 가설을 옹호해왔다. 하지만 미국과 여러 산유국의 석유지질학자들은 이 가설이 틀렸고 석유나 천연가스 대부분이 죽은 식물이나 동물 또는 미생물에서 비롯되었다며 격하게 맞섰다. 우리 중 일부는 냉전에 따른 적개심과 직업적 경쟁으로 악화일로에 들어선 이런 논쟁이 분명 잘못된 이분법에 근거한 것이라고 의심했다. 그렇지만 아마도 두 진영이 모두 맞을 것이다. 메탄은 여러 경로로 형성될 수 있다. 그것이 심층탄소관측단이 알아보고자 했던 연구 주제다.

생물학적 과정 대 비생물적 과정, 메탄 형성을 두고 벌어지는 이 두 상충되는 가설을 시험할 방법은 없을까? 훨씬 차가운 지표면에서 벌어지는 미생물 활동 또는 뜨거운 곳에서 진행되는 맨틀 화학, 이들 두 메탄 생성 과정이 모두 작동한다면 그 비율은 얼마나 될까? 화학적으로 메탄 분자는 같을 터인데도 둘 사이의 차이를 말할 수 있을까?

모든 메탄 분자는 실제로 CH_4지만 C와 H가 몇 종류로 나뉜다는 것이 드러났다. 동위원소의 차이가 메탄 연구를 훨씬 더 흥미진진하게 만드는 것이다. 항상 6개의 양성자를 갖지만(탄소를 다른 모든 원소와 구별하는 한 가지 특성) 탄소는 6 또는 7개의 중성자를 가짐으로써 탄소-12(^{12}C로도 표시됨) 또는 약간 더 무거운 탄소-13(^{13}C)을 만들 수 있다. 주기율표의 첫 번째 원소인 수소는 늘 1개의 양성자를 갖지만 대개 중성자는 없다. 하지만 바닷물 속 수소 원자 6420개당 1개꼴로, 중수소라는 이름의 동위원소가 1개의 중성자를 혹처럼 가진다.

메탄 분자 100개 중 약 99개는 1개의 탄소-12 원자와 4개의 일반 수소 원자로 구성된다. 그것이 메탄의 가장 일반적인 자연 형태. 분자 100개 중 약 1개는 더 무거운 탄소-13을, 1500개 중 1개는 하나의 중수소를 함유하고 있다. 두 개의 무거운 동위원소로 대체된 $^{12}CH_2D_2$ 또는 $^{13}CH_3D$가 생성되면 상황이 정말 흥미로워진다. '이중치환'된 이 희귀한 메탄 분자는 말 그대로 100만 개 중 하나다. 세어보면 그것은 다시 5가지 동위원소[*]의 조합으로 구분된다.

심층탄소관측단 과학자들에게 흥미로운 소식은 이러한 다양한 동위원소 조합의 비율로부터 메탄의 기원을 밝힐 수 있다는 점이다. 온도는 시료의 생물학적 이력은 물론 동위원소의 비율에도 영향을 끼친다. 예를 들어 이론과학자들은 더 높은 온도에서 만들어진 메탄에는 $^{12}CH_2D_2$가 더 많이 든 반면, 미생물이 합성한 메탄에는 $^{13}CH_4$가 상대적으로 적은 경향이 있다고 말한다.[24] 우리가 해야 할 일은 시료에서 5가지 종류의 메탄 비율을 측정하여 그 기원을 유추하는 것이다.

분자량은 메탄의 비밀을 푸는 열쇠다. 5가지 종류의 메탄은 각기 질량이 조금씩 다르다. 이론적으로 우리는 수백만 개의 개별 메탄 분자의 질량을 측정하여 상대적 양을 결정하고 그 기원을 정확히 찾아낼 수 있다. 하지만 실제로 그리 간단한 일은 아니다.

여러 실험실에서 질량 차이가 6퍼센트인, $^{12}CH_4$와 $^{13}CH_4$의 존재 비를 일상적으로 측정한다. 비교적 쉬운 실험이다. 그러나 2008년 우리가 심층 탄소관측단을 발족했을 때는 시료에서 소량의 $^{12}CH_2D_2$ 또는 $^{13}CH_3D$를 측정하는 기술이 없었다. 희귀한 이 두 메탄 분자의 질량 차이가 100분의 1도 채 되지 않기 때문에 이는 엄청난 기술적 도전이었다. 기존 기기는 이 둘을 구분할 수 있을 만큼 감도가 좋지 않았기 때문에 우리는 일찌감치 새 기기를 만들기로 했다.

캘리포니아 대학 로스앤젤레스 캠퍼스의 에드워드 영이 북웨일스 렉섬에 있는 누 인스트루먼츠Nu Instruments의 엔지니어들과 함께 작업을 주

---

[*] 혹시나 궁금해할 독자가 있을까 논문을 찾아보았다. 거기에는 $^{12}CH_4$, $^{13}CH_4$, $^{12}CH_3D$, $^{13}CH_3D$, $^{12}CH_2D_2$가 있다.

도했다.[25] 그들은 자석으로 다른 종의 메탄 분자를 분리하는 '질량분석법'에 바탕을 둔 기존 접근방식을 채택했다. 먼저 메탄을 이온화한다. 각 분자에 전하를 가하여 전기장에서 가속한 다음 강력한 자석으로 빠르게 움직이는 분자의 경로를 구부린다. 무거운 메탄 분자는 덜 무거운 분자보다 천천히 이동하면서도 덜 휘게 된다.

영과 동료들은 이 대량분해기술을 한계까지 밀어붙였다. 요구되는 해상도와 감도를 달성하고자 그들은 한 쌍의 큰 곡선 금속판과 3톤에 달하는 자석을 나란히 배치하여 '이온광학'의 난제를 피해나갔다. 자석, 전자기 렌즈 및 필터는 이온화된 $^{12}CH_2D_2$ 및 $^{13}CH_3D$ 분자가 진공 속을 곡선 경로로 날아가 별도의 표적에 꽂히도록 그렇게 정확히 정렬되어야 했다. '파노라마'라고 불리는 방 하나 크기의 기계가 이렇게 탄생했다. 수년에 걸친 시간과 200만 달러가 넘는 비용이 든 위험천만한 시도였다. 하지만 기계는 성공적으로 작동했다.[26]

마침내 2014년 11월 6일, 웨일스의 개발 현장에서 심층탄소관측단 과학자들은 $^{12}CH_2D_2$와 $^{13}CH_3D$ 분자를 동시에 측정한 최초의 실험을 진행했다. 파노라마는 상업용 웨일스 석탄가스 시료에 든 두 개의 작은 동위원소 피크를 깔끔하게 분리해 보여주었다. 곧 이 기기는 캘리포니아로 옮겨졌고, 천연 표본에 대한 첫 번째 연구가 2015년에 논문으로 출판되었다. 우리 중 몇몇은 투자손실이 클까 염려했지만 영은 자신에 차 있었다. "그것이 제대로 작동하리라는 걸 추호도 의심하지 않았습니다." 에드는 파노라마에 대해서도 철학적인 얘기를 했다. "사람들은 좋은 과학이 도구에 의해 주도되어서는 안 된다고 말하지만 때로 기기의 획기적인 발전이 과학 분야를 이끌어나가기도 합니다. 파노라마가 바로 그런 사례 중 하나입니다."

레이저

심층탄소관측단은 파노라마 개발을 지원하는 한편 다른 대책도 마련했다.

MIT의 신임 조교수이자 전통적인 질량분석기의 대가인 오노 슈헤이小野周平는 레이저분광법에 바탕을 둔 근본적으로 새로운 종류의 동위원소 측정 기술을 개발하고자 수년간 노력해왔다.[27]

슈헤이는 파워포인트로 작성한 몇 장의 깔끔한 슬라이드로 '양자 연쇄 반응 레이저분광법'의 원리를 간결하게 설명했다. 메탄과 같은 기체 분자는 좁은 파장대 두 곳에서 빛을 흡수한다. 정확히 조정된 전자 진동의 결과다. 바이올린의 현이 특정 주파수에서 공명하듯 원자 속 전자도 마찬가지다. 이 흡수 파장은 분자의 동위원소 구성에 극도로 민감하다. ^{12}C를 ^{13}C로, H를 D로 바꾸면 공명이 극적으로 변한다.

강력한 파장 가변 레이저를 사용하여 오노는 일반 메탄에 대한 $^{13}CH_3D$의 비율을 알아낼 수 있으리라 생각했다. 다양한 메탄유도체의 특성 파장을 분석할 수 있을 만큼 충분히 민감한 분광계로 흡수된 빛의 강도를 측정할 수 있다면 대체기술로 활용할 가치는 무척 클 것이다. 게다가 레이저 장비는 훨씬 저렴하고, 마침내는 간편하게 가지고 다닐 수 있을 만큼 소형화할 수 있다. 어쩌면 언젠가는 화성으로 가지고 갈 수도 있는 것이다.

서류상의 아이디어는 훌륭했지만 새로운 기술에는 돈이 필요했고, 기존에 연구비를 지원해온 단체는 입증되지 않은 분광학 응용 분야에 투자하길 꺼리는 것 같았다. 2012년 심층탄소관측단은 오노에게 10만 달러의 연구비를 지원했다. 새로운 기기를 만드는 데는 충분하지 않겠지만 게임에 뛰어들도록 격려하기엔 적당한 금액이었다. 1년이 지나지 않아 오노는 기기를 정비하고 첫 번째 결과를 얻었다.

분광계는 그가 상상했던 것보다 훨씬 잘 작동했다. 날카로운 흡수 피크로 메탄 유도체를 구분했고, 피크의 강도로 유도체의 상대적인 양을 측정할 수도 있었다. 이제 우리는 두 가지 보완적인 기술을 가지고 작은 기체 분자의 동위원소 연구에 뛰어들게 되었다. 산소와 이산화탄소를 다룬 새로운 결과가 이미 발표되었으며 지구와 그 탄소의 순환을 이해할 가능성이 그 어느 때보다도 높아 보였다.

점점 더 많은 데이터가 쌓여감에 따라 메탄 이야기가 복잡미묘하다는 점이 분명해지고 있다.[28] 메탄 일부는 지표면 근처 생물이 만들었다. 깊고 뜨거운 곳에서 만들어진 메탄도 있다. 그러나 유정이나 심해 미생물 또는 소똥을 포함한 다양한 출처의 메탄 시료를 조사해보니, 5가지 동위원소 유도체가 섞여 완전한 평형상태에 이른 것처럼* 보이지는 않았다. 그렇다고 우리가 당황한 것은 아니었다. 심층탄소관측 연구진은 이제 메탄과 다른 많은 소분자들의 동위원소 변화를 연구함으로써 이전에는 상상하지 못했던 심층 탄소에 대한 풍부한 통찰력을 얻을 수 있다는 사실을 깨달았다.

다시 올라오는 것은 무엇인가?

지구 맨틀로 내려간 많은 양의 탄소는 결국 다시 올라온다. 이산화탄소 분자는 열 혹은 유체가 암석 안의 탄소를 천천히 뿜어내는 깊은 지대 위쪽으로 펼쳐진 너른 땅을 가로질러 확산된다. 지구의 지각도 메탄을 내뿜는다. 북극 영구동토층에 숨어 있거나 대륙붕 퇴적물층을 이루고 있는 메탄 가득한 얼음은 따뜻해지거나 녹을 때 메탄을 방출한다. 미생물, 흰개미 및 소도 측정 가능할 정도의 메탄을 생성하기는 하지만 공기를 호흡하는 모든 동물은 신진대사의 부산물로 이산화탄소도 만들어낸다. 그러나 이들이 생성하는 기체의 양은 실제 그리 많지 않은 데다 개체들이 여기저기 흩어져 있는 탓에 전 세계적으로 수량화하고 통합하기 어렵다. 대조적으로 화산에서는 탄소가 풍부한 상당한 양의 기체가 방출된다.

시칠리아 동부 해안의 에트나 화산은 단일한 것으로는 세계에서 가장

---

* 환경에 따라 물에 든 중수소의 양이 다르다. 예를 들어, 건조하고 증발이 빠른 지역에는 일반 물(H_2O)보다 중수소로 이루어진 물(D_2O)의 비율이 상대적으로 높다. 생명체에도 분명 이런 차이점이 반영될 것이다.

많은 양의 이산화탄소를 분출한다. 하루 평균 거의 5000톤을 배출하는데 많을 때는 그 양이 하루 2만 톤에 육박한다.[29] 이 극단적인 기체 방출은 에트나 용암이 두꺼운 석회암층을 통과하면서 생성한 결과물이다.

화산 탄소

끓어오르고 김이 나는 모든 화산은 이산화탄소를 분출한다. 어떤 화산은 다른 화산보다 그 양이 많다. 도대체 얼마나 많은 이산화탄소가 하늘로 배출될까? 속도는 일정할까? 아니면 딸꾹질하듯 이산화탄소를 더 많이 방출하는 시기가 따로 있을까? 느리고 꾸준하게 일정한 양을 방출할까 아니면 간헐적인 폭발 사건을 통해 탄소를 방출하는 것일까? 이들 두 사건 사이에는 무슨 차이가 있는 것일까? 대기 중 이산화탄소에 부과된 의미, 특히 인간 활동이 대기 구성에 미치는 역할을 참작할 때 화산이 지배적인 공급원인지 아니면 그저 미미한 일시적 공급원인지 알아야 하지 않을까?

심층탄소관측단은 초기부터 화산가스 배출을 기록하기 위해 전 세계적인 공동의 노력을 조직해왔다. 심층탄소관측단 과학자들은 24시간 무선모니터링 기능이 있는 경량 휴대용 기체센서, 기체 화학물질 및 동위원소 분석을 위한 실험장비, 심지어 위험한 원격지에 접근할 수 있는 탄소 감지 드론과 같은 새로운 기기를 개발했다. 그들은 세계 각지의 전문가들로 구성된 심층지구탄소분출(Deep Earth CArbon DEgassing, DECADE)연구위원회를 결성했다.[30] DECADE는 5개 대륙에서 40개 이상의 화산을 계측한 지역조직들의 협력체 NOVAC(Network for Observation of Volcano and Atmospheric Change)과 힘을 합쳤다.[31] 5개 대륙에 걸친 여러 정부들의 목표와 관심사를 조정하는 것은 쉬운 일이 아니지만, 화산 모니터링 작업의 이해관계는 명확하고 설득력도 있다.

화산에서 방출되는 이산화탄소의 믿을 만한 측정값을 얻기는 무척 어렵다. 우선 대기에는 이미 약 400피피엠의 이산화탄소가 들어 있다. 초깃값이 이미 높기 때문에 화산에서 분출된 이산화탄소의 기여도는 크지 않고 기껏해야 완만한 정도의 증가세를 보인다. 게다가 화산가스는 무척 다양하다. 그 기체는 아래쪽 화산에서 맥박 뛰듯 방출된다. 바람과 함께 회돌고 진동한다. 이런 상황에서 활화산의 총이산화탄소량을 직접 측정하기는 거의 불가능하다.

이산화탄소에 이어 두 번째로 양이 많은 이산화황과의 비율을 측정함으로써 우리는 방출된 전체 이산화탄소량을 훨씬 더 정확하게 추정할 수 있다.[32] 지구 대기에는 고약한 냄새를 풍기는 이산화황이 거의 없으므로 초깃값을 무시할 수 있다. 또한 이산화황은 강력한 흡수 신호를 나타내므로 총 방출량을 측정하는 일이 훨씬 쉽고 심지어 위성에서도 분석이 가능하다. 따라서 총이산화황량과 함께 화산 주변의 이산화탄소 대 이산화황의 분자 비율을 결정할 수 있다면 해당 화산에서 분출하는 이산화탄소의 양을 계산하는 일은 비교적 쉽다.

활화산에 기체 모니터링 장비를 장착하는 것은 힘들고 위험한 작업이다. 뜨거운 기체가 폭발하며 유독성 가스를 내놓고 타는 듯 용암이 흐르는데다 끓는 연못, 산발적으로 날아오는 용암 폭탄 모두 일상적 위험이다. 화산학자들은 보호용 헬멧과 방독면을 착용하고 이런 장비를 배치한다. 그들은 무거운 장비를 짊어지고 활화산의 위험한 원뿔 모양 정상의 분화구 가장자리까지 하이킹한다. 과학자들과 그들의 장비는 바람과 날씨, 부식성 화산가스의 공격을 무시로 받는다. 2015년에 칠레의 빌라리카 화산이 터졌을 때 거기에 있던 심층탄소관측단 실험실도 전소되었다. 1년 후 코스타리카의 포아스 화산 가장자리에 설치된 장비도 파괴되었지만 폭발하기 불과 며칠 전에 이산화탄소 배출량이 100배나 증가했다는 데이터를 보내왔다.

화산은 예측할 수 없다. 몇 년, 몇십 년, 오랜 기간 잠잠하다가 갑자기 분통을 터뜨릴 수 있다. 화산학자들은 특히 활동이 강화된 폭발 시기만 골라 위험지역으로 몰려든다. 그러므로 과학에서 화산학이 가장 치명적인 분야 중 하나라는 점은 전혀 놀랍지 않다. 1980년에서 2000년 사이에 불과 몇백 명의 연구원으로 구성된 작은 학회에서 20명이 넘는 사망자가 나왔다.

화산학자에게 물어보면 잃어버린 친구들 이야기를 들려줄 것이다. 미국지질조사국의 데이비드 존스턴은 1980년 5월 18일 아침 거대한 화산 폭발에 휩싸인 세인트헬렌스 화산 분화구로부터 6마일 떨어진 관측지점에서 30세의 나이로 사망했다.[33] 그는 무선기에 마지막 목소리를 남겼다. "밴쿠버! 밴쿠버! 그래, 이거야!" 그 운명적인 날에 존스턴은 동료인 해리 글리켄과 막 교대한 참이었다. 11년 후 글리켄은 일본의 운젠산雲仙岳 화산 폭발로 사망했다. 백열 기체와 화산재 폭발로 프랑스 화산학자 카티아와 모리스 크라프트 부부도 함께 죽었다.[34] 1993년 1월 14일 콜롬비아 안데스산맥의 갈레라스 화산 폭발은 훨씬 더 치명적이었다.[35] 화산학대회의 하이라이트로 준비된 탐사여행에서 붉게 달아오른 바위, 용암, 화산재가 갑작스럽게 폭발해 빗발치는 바람에 6명의 과학자와 그들의 동료들이 목숨을 잃었다. 이 탐사를 이끌었던 애리조나 주립대학의 스탠리 윌리엄스도 마흔 살 나이로 거의 죽을 뻔했다. 날아다니는 바위 하나에 두 다리가 부러지고 오른발이 거의 잘려나갈 지경이었는데, 다시 야구공만 한 돌이 날아와 그의 두개골을 부수고 뼛조각을 뇌 깊숙이 박아버렸던 것이다.

화산학자들이 활화산 분화의 모든 단계마다 자신의 마지막 발걸음이 될 수 있음을 알면서도 위험을 무릅쓰고 모험을 떠나는 이유는 무엇일까? 그들은 주저 없이, 위험을 감수할 가치가 있는 일이라고 말할 것이다. 화산은 자연에서 가장 경이로운 광경 중 하나로 지구의 깊고 역동적인 내부를 적나라하게 드러낸다. 화산학자들은 지구상에서 가장 외딴곳의 가장 아름다운 장소를 방문한다. 그 숨막히는 풍경은 곧 영적 경험으로 이어지며 삶을 바꾸는 일종의 기폭제 역할을 한다. 가장 중요한 것은 불안정한 화산의 행동을 이해하고 특히 분화 시기를 예측하는 방법을 배우는 일이다. 문자 그대로 활화산의 타격 범위 안에서 살아가는 5억 명 넘는 사람들에게는 절체절

명의 일이다. 여기서도 역시 핵심은 탄소다.

지각 대 맨틀

화산학자 마리 에드먼즈는 활화산을 연구하는 데 수년을 보냈다. 이런 열정
은 1980년 BBC TV에서 세인트헬렌스 화산을 특집으로 다룬 분화 현장을
보면서 시작되었다.[36] 그녀는 이렇게 회상한다. "그때 저는 겨우 다섯 살이었
죠. 측면 폭발로 땅에 무너진 거대한 나무를 지금도 생생히 기억합니다." 가
족과 선생님들의 격려를 받으면서 과학과 음악(콘서트 피아니스트로서)을 함
께 공부했다. 과학이 이겼지만, 지구과학과 천문학(우주비행사가 되고 싶었
다) 사이에서 오락가락하다가 4학년 졸업반이 되어서야 지질학자가 되기로
마음을 굳혔다.

지금은 교수로 재직하는 케임브리지 대학교에서 학사학위와 박사학위
를 취득한 에드먼즈는 모험으로 가득한 삶을 살았다. 카리브해와 하와이의
화산관측소에서 박사후연구원으로 일했으며 2004~2005년에는 다시 화산
활동이 시작된 세인트헬렌스 화산을 탐사했고 2006년에 폭발한 알래스카
의 어거스틴 화산, 그리고 위험하기 짝이 없는 카리브해 몬트세랫섬 수프리
에르힐스 화산을 현장조사했다. 이런 작업은 무척 위험했다. 수프리에르힐
스에서 예측하지 못한 폭발적 분출에 놀란 가슴을 채 쓸어내리기도 전에 더
큰 위험이 닥치기도 했다. 제대로 관리되지 않은 헬리콥터에서 발생한 일이
었다. "바로 옆에 있는 헬리콥터 문짝이 떨어지고 꼬리 로터가 몇 인치 날아
갔습니다. 엔진 하나가 고장난 적도 있었지요. 저를 의지하는 아이들이 있
어서 지금이라면 절대 하지 않을 일들을 그땐 거리낌없이 했답니다."

에드먼즈는 되돌아오는 탄소에 연구의 초점을 맞추었다. 2017년 『사이
언스』에 발표한 한 영향력 있는 연구에서 에즈먼드는 케임브리지 대학 학부
생 에밀리 메이슨(현재는 박사과정 학생)과 함께 두 개의 지각판이 충돌하는
곳 가까이에 형성된 연속적 활화산 사슬인 '호화산arc volcano'에서 분출되

는 탄소를 파고들었다.[37] 섭입대에서 한 판이 다른 판 밑으로 들어감에 따라, 판 아래로 묻힌 젖은 암석이 가열되고 부분적으로 녹으면서, 상승해서 알래스카 알류샨열도처럼 일렬로 늘어선 화산을 형성하는 마그마를 만들어낸다. 1100마일(약 1770킬로미터)에 걸친 알류샨열도의 긴 사슬에는 수십 개의 화산이 있으며, 그중 몇 개는 특정 연도에 활성화되었다. 이 모든 장엄한 화산 봉우리는 이산화탄소를 방출한다. 에드먼드와 메이슨은 그 출처를 알고자 했다.

그들은 동위원소에 초점을 맞추었다. 탄소 동위원소가 일부 이야기를 들려준다. 평균보다 높은 농도의 탄소-13을 포함하는 '무거운 탄소'는 탄산염광물이 열에 의해 이산화탄소로 분해되었음을 의미한다. 더 가벼운 탄소는 한때 살았던 세포가 분해되는 과정에서 비롯했을 가능성이 더 크다. 그러나 탄소 동위원소만으로는 완전한 그림을 그릴 수 없다. 무거운 탄소가 어디에서 왔는지 알기 어렵기 때문이다. 섭입되어 맨틀 깊은 곳에서 재처리된 탄산염에서 온 것인지, 아니면 얕은 지각에 있다가 우연히 뜨거운 마그마에 휩쓸린 탄산염에서 온 것인지, 이산화탄소는 아무런 말이 없다.

에드먼즈와 메이슨은 헬륨 동위원소를 조사하여 탄산염의 깊이 문제를 해결했다. 가벼운 헬륨-3은 지구의 맨틀에서 나오는 반면, 헬륨-4는 지각에 더 농축되어 있다. 이탈리아, 인도네시아, 뉴기니를 포함한 많은 화산지대에서 그들은 무거운 헬륨 신호를 발견했다. 섭입된 탄산염이 아니라 지각의 석회암이 이산화탄소 공급원이라는 증거였다.

그 의미는 무척 크다. 화산에서 배출되는 이산화탄소의 많은 부분이 지각에서 비롯되었다면 섭입된 탄소 대부분은 화산을 통해 재활용되지 않는다는 뜻이기 때문이다. 어쩌면 일부 섭입대는 이전에 생각했던 것보다 훨씬 더 많은 양의 탄소를 깊이 묻어 저장할 수 있는지도 모른다. 에드먼즈는 이렇게 설명했다. "우리는 원래 방정식에 없었던 약간의 탄소를 활용하고 있는 셈이지요. 그러니까 이전에 생각했던 것보다 더 많은 탄소가 맨틀로 되돌아갈 수 있음을 의미합니다."

탄소로 화산 분화 예측하기[38]

오늘날 지구에는 2000개가 넘는 화산이 있지만 대부분은 '휴면' 상태다. 지난 수천 년 동안 언젠가 한때 용암과 화산재를 생성했지만 조만간 다시 폭발할 가능성은 거의 없는 화산이라는 뜻이다. 훨씬 더 염려스러운 존재는 정기적으로 폭발하는 500개 정도의 '활화산'이다. 매일 화산재와 증기를 뿜어대는 화산도 있지만 한 세기 또는 두 세기마다 무시무시한 폭발 사건을 일으키는 것들도 존재한다. 위험은 늘 현실이지만, 인간의 기억은 짧다. 2000년 전 치명적인 화산재로 폼페이를 묻었던 나폴리 근처의 베수비오산 중턱에 수만 명의 사람이 집을 짓고 사는 까닭은 무엇일까? 2018년 봄과 여름, 거침없는 용암이 규칙적으로 흘러 멋진 주택들을 삼켰던 하와이의 큰 섬 킬라우에아 경사면에 주택 개발을 서두르는 이유는 무엇일까?

더 무서운 것은 백열 가스와 화산재의 폭발적인 분출로 초음속에 가까운 속도로 화산 경사면을 내려올 수 있는 '화쇄류*'다. 카리브해 섬에서 필리핀, 워싱턴주 시애틀—터코마에 이르는 주요 인구 밀집지역은 문서기록으로도 남아 있듯이, 화쇄류가 흐르는 길목이다. 전 세계적으로 수억 명의 사람들이 활화산 살상지대에 살고 있다. 거기에다 공기 질에 영향을 미치고 주기적으로 항공여행을 방해하는 화산가스와 화산재의 원거리 위험까지 더하면, 수억 명의 삶이 추가로 위험받고 있다.

이러한 임박한 재앙을 감안하면, 폭발 가능성이 가장 큰 화산에 주의를 게을리하지 않는 방책이 현명할 것이다. 대부분의 화산은 폭발이 임박했다는 암시를 던지기 때문에 정부와 연구소에서는 지구에서 가장 위험한 여러 화산을 지속적으로 추적, 관찰하고 있다. 일반적인 측정장치에는 분출에 앞

---

* 화산가스와 재, 연기, 암석 등이 뒤섞인 구름이 빠른 속도로 분출되는 현상을 말한다. 최대 속도 시속 700킬로미터, 온도는 1000도에 육박한다.

서 지하 마그마의 움직임을 감지하는 지진 관측 장비, 지표면 근처에 채워진 마그마굄의 팽창을 감지하는 수평센서(tilt meter, 경사계), 깊은 곳에서 용암이 상승할 때 열흐름의 증가를 기록하는 열센서가 포함된다.

화산은 또한 다른 방식으로 환경을 변화시켜 분출을 미리 알 수 있는 신호를 제공한다. 여기서는 화산가스가 핵심이다. DECADE 프로젝트 과학자들은 화산 폭발이 일어나기 전, 황에 비해 이산화탄소의 비율이 급격히 증가한다는 사실을 발견했다. 이 발견은 과학에서 반복되는 주제와 연관이 있다. 과학자들은 지구 탄소 순환의 본질을 이해하고자 화산에서 배출되는 이산화탄소를 추적하길 원했다. 화산가스 분출 과정은 지구의 원시 대기를 형성했고, 오늘날에도 계속 대기를 형성하고 있다. 연구 과정에서 그들은 화산 폭발을 예측하는 잠재력이 크면서도 간단한 접근방법을 개발했다.

다이아몬드 힌트[39]

조그맣고 희귀한 다이아몬드는 화산 폭발을 통해 지하 깊은 곳에서 올라오는 탄소의 가장 작은 일부를 대표한다. 손상되지 않은 채 본모습을 거의 그대로 유지하기 때문에, 그리고 지구의 숨겨진 맨틀에서 자라온 자신의 성장 환경에 관한 단서를 지표면에 그대로 전하기 때문에, 다이아몬드는 심층탄소 순환 이야기에서 독특한 위치를 차지한다.

다이아몬드는 6번 원소 순환의 강력한 두 단서인 유체 내포물과 동위원소를 간직하고 있다. 앞에서 우리는 이미 다이아몬드의 작은 녹색, 빨간색, 검은색 광물 내포물을 만났지만, 모든 내포물이 결정질인 것은 아니다. 물과 탄소가 풍부한 작은 액체 방울은 지구 표면에서 출발해 맨틀 깊은 곳에서 복잡한 반응을 겪었던 액체의 특성을 보여준다. 최근 다이아몬드에서 발견된 내포물은 실험과학자와 이론과학자 들의 놀라운 발견이 틀리지 않았음을 입증한다. 맨틀 깊이에서 탄소가 풍부한 새로운 유형의 유체가 형성된다. 게다가 기름과 물처럼 성질이 무척 다른 두 유체가 내포물 안에서 공존할 수도 있다. 굳이 생명체에서 유래하지 않았더라도 석유와 같은 탄화수소가 지하 수백 마일 아래에서 형성될 수 있다는 증거를 다이아몬드가 보여주는 것이다.

다이아몬드를 구성하는 탄소 동위원소 또한 탄소 원자의 원시 기원을 가리키는 단서다. 분석된 원석의 90퍼센트가 넘는 대부분의 다이아몬드는 맨틀 탄소 동위원소의 전형적인 특징을 보인다. 상대적으로 '젊은'(몇억 년을 넘지 않은) 다이아몬드에는 '가벼운' 탄소가 풍부한 반면 무거운 탄소는 거의 없다는 것은 참으로 놀라운 사실이다.[40] 지표면 근처에서 수집된 시료가 가벼운 탄소 신호를 나타내면 우리는 해당 탄소 원자가 적어도 한 번은 살아 있는 세포를 순환했다는 명백한 증거로 간주한다. 다이아몬드도 그렇다고 해석할 수 있을까? 그것도 같은 이야기를 하는 것일까? 한때 세포 구성물로 살다가 죽어서 묻힌 다음 지구의 깊숙한 내부로 흘러온 탄소가 귀중한 보석으로 변형될 수 있을까? 배심원단의 평결은 아직 나오지 않았지만, 지구의 놀라운 심층탄소 순환을 엿보기 시작하고 있는 우리에게는 다이아몬드에 든 탄소가 한때 생명체의 구성원이었다는 사실도 경악할 일은 아니다.

탄소 균형

생명체는 어떤 방식으로 지구 탄소 순환을 바꾸는 것일까? 수십억 년 동안 지구는 내부 깊숙이 섭입된 탄소와 화산에서 방출되는 탄소 사이의 균형점을 찾은 것 같다. 이는 기후와 환경을 안정시키는 데 필수적인 과정이다. 그러나 그 끊임없는 순환은 얼마나 안정할까? 암석에 격리되고 퇴적물에 묻혀 맨틀로 편입되는 탄소의 양과 화산이나 그 밖의 덜 폭력적인 경로를 따라 표면으로 되돌아오는 탄소의 양이 정확히 같아야 한다고 요구하는 자연 법칙 같은 것은 없다. 하지만 심층탄소관측단에게 아래로 내려가는 것과 다시 올라오는 것 사이의 균형보다 중요한 질문은 없다.

❖

지구의 탄소 순환은 균형을 이루고 있을까? 마리 에드먼즈의 연구는 많은 섭입대들이 탄소의 상당 부분을 깊은 내부에 묻고 있음을 시사한다. 대조적으로 테리 플랭크는 섭입을 통해 탄소를 격리하는 것이 극히 어렵다고 결론지었다. 설사 그런 일이 벌어지더라도 그건 규칙이 아니라 예외라는 것이다. 누구 말이 옳을까?

2015년 우리 연구단의 가장 사려 깊은 두 지도자, 컬럼비아 대학의 피터 켈러멘과 캘리포니아 대학 로스앤젤레스 캠퍼스의 크레이그 매닝은 심층탄소 순환을 한눈에 볼 수 있는 세련된 도표로 만들기로 작정했다.[41] 교과서에 나오는 탄소 순환의 이미지처럼 말이다. 이 매끈한 도표에는 지표면과 땅아래 깊은 곳 사이의 중요한 탄소 흐름을 나타내는 여섯 개의 빨간색 화살표가 있다. 지금까지 수백 차례 심층탄소관측단 세미나와 강의에 사용된 이 도표는 지구상의 탄소에 대해 우리가 아직 배워야 할 것이 얼마나 많은지를 보여주는 상징이 되었다.

도표에 등장하는 화살표나 상자 그 어느 것도 확정적이지는 않다. 켈러멘과 매닝은 해령과 화산섬에서 방출되는 총탄소량이 연간 8~42메가톤 사이, 호화산에서 방출되는 양은 18~43메가톤 사이일 것으로 추정했다. 지각과 공기로 빠르게 되돌아가는 섭입된 탄소의 양을 낮잡아 추정하면 연간 14메가톤 정도다. 높게 추정하면 그 양은 거의 5배로 훌쩍 뛴다. 하지만 그 무엇보다 화들짝 놀라게 하는 것은 지표면에서 깊은 내부로 들어가는 순탄소유입량이 연간 최대 52메가톤에서 최저 0톤 사이라는 추정이다. 전혀 없을 수도 있다!

이는 지구의 탄소 균형이 바뀔 수 있음을 보여주는 단서다. 지구 행성은 40억 년 넘도록 냉각되었으므로, 과거 한때 지하의 열 속에서 분해되었던 탄산염광물이 이제 섭입될 운명을 벗어나 시원한 지각 어딘가에서 칩거하고 있을지도 모른다. 생명체들도 탄소 방정식을 바꿀 변수다. 인류는 검은 혈암, 조개껍데기가 퇴적된 석회암, 석탄 및 플랑크톤 퇴적물이 탄소를 격리하는 방식을 계속 발견하고 있다. 기후도 변하고 해양화학도 변한다. 그에 따라 탄소 이동의 속도와 메커니즘도 달라진다.

지구 역사 대부분의 시간에, 섭입 과정을 거쳐 맨틀로 내려간 탄소의 총량이 화산 및 기타 다른 경로로 분출된 탄소의 양과 어느 정도 균형을 맞출 수 있었던 것은 운이 따른 우연의 일치였다. 결과적으로 두꺼운 조류 띠와 울창한 열대우림을 조성할 충분한 탄소를 찾는 데 생명의 세계는 그다지 어려움을 겪지 않았다.

배심원단의 결론은 아직 나오지 않았고 더 많은 작업들이 기다리지만, 몇몇 과학자들은 이제 이러한 균형이 바뀌었을지도 모른다는 엄중한 결론에 다가가고 있다. 탄산염을 형성하는 플랑크톤 덕분에 현재는 이전 어느 누대eon보다 다량의 탄소가 해양 퇴적물에 묻혀 있다. 그 탄소 중 일부는 이미 깊은 맨틀로의 머나먼 여정을 시작했을 수 있다. 지난 40억 년 넘게 지구가 냉각되었기 때문에 섭입된 탄산염이 그리 쉽사리 분해되지는 않을 것이다. 이산화탄소로 변한 뒤 화산을 통해 지표로 되돌아오는 일이 더 어려워지는 것이다. 내려갔다고 반드시 올라오는 것은 아니다. 수치는 명확하지 않지만, 대부분의 과학자들이 계산한 바에 따르면 표면 탄소가 점점 더 빠른 속도로 묻히고 있어서 불과 몇억 년이 지나지 않아 생명체 영역에서 탄소가 고갈될 수 있다고 예측된다. 그렇다고 잠을 설칠 것까지는 없다. 지질학적 시간대에 걸쳐 벌어질 일이기 때문이다. 하지만 교훈은 분명하다. 지구의 탄소 순환은 계속해서 놀랄 만큼 빠르게 변하고 있다.

그 어느 때라도 탄소 문제를 무시할 수는 없다. 변화하는 탄소 순환 탓에 걱정이 된다면 지구말고 우리 자신을 바라보자.

아리오소, 다카포─대기의 변화

알렉산드리아 도서관이나 캘리포니아 관목 혹은 드레스덴의 집, 오래된 신문이나 스트라디바리우스 바이올린 등, 그 무엇을 태우든 불가피한 부산물이 이산화탄소다. 구석기시대 인류가 불을 다루는 법을 배운 뒤 수천 년 동안 우리 종족은 연료를 태워 집을 데우고 음식을 요리하며 밤의 어둠 속에서 길을 밝혀왔다. 오랫동안 인간의 탄소'발자국'(대기 중 탄소의 증감량)은 중립적이었다. 우리는 나무를 태우고 이산화탄소를 발생시켰다. 이산화탄소는 어린나무를 키워 거목으로 우뚝 세웠다.

땅속에 묻힌 탄소가 연료로 차출되면서 방정식이 바뀌기 시작했다. 수천 년 동안 소량의 이탄, 역청탄 및 석유가 사용되었지만 대기 균형을 바꾸기에는 역부족이었다. 산업혁명에 이은 전기 생산과 기계화된 운송혁명이 일순간 판도를 바꿔버렸다. 석유 및 무연탄의 발견과 함께 에너지 수요가 급증하고 번영과 물질적 안락함의 물결이 쇄도하면서 격렬히 진화하는 기술사회에 동력을 제공했다.

지난 200년 동안 인류는 탄소가 풍부한 석탄과 석유를 수천억 톤 채굴했다.[42] 그렇게 석탄과 석유를 태워 연간 약 400억 톤의 이산화탄소를 대기 중으로 방출한다. 이는 전 세계 모든 화산에서 방출되는 양의 1000배에 해당한다. 인간은 탄소 방정식을 근본적으로 변화시켰다.

진실

이제 우리는 기후 변화에서 탄소가 하는 역할에 대해 솔직해야 한다. 다음 네 가지 사실은 의심의 여지가 없다.[43]

사실 1: 이산화탄소와 메탄은 강력한 온실가스다. 이들 분자는 태양의 복사에너지를 가두어 우주로 복사되는 에너지량을 줄인다. 대기 중 이산화탄소와 메탄 농도가 높을수록 더 많은 태양에너지가 갇힌다.

사실 2: 지구 대기의 이산화탄소와 메탄의 양이 급격히 증가하고 있다. 설득력 있는 증거들이 여기저기서 나오는데, 극지방 얼음(시추공에서 확보한 마일 단위의 긴 얼음. 매년 쌓이는 얼음층이 100만 개 넘게 쌓여 있다)에 갇힌 기체 방울은 최근의 대기 변화에 대한 직접적이고 반박할 수 없는 증거다. 지난 100만 년 동안 이산화탄소 농도는 일시적 빙하기에 해당하는 낮은 값인 200~280피피엠 사이를 오락가락했다. 20세기 중반, 그 값은 아마도 수천만 년 만에 처음으로 300피피엠을 넘어섰다. 2015년에는 그 값이 400피피엠을 넘었다. 모든 분석 결과는 이 중요한 값이 수백만 년 만에 그 어느 때보다도 더 빠르게 상승했음을 보여준다.

대기 중 메탄의 증가폭은 훨씬 더 극적이다. 지난 100만 년 동안 메탄 농도는 약 400~700피피비(ppb: 10억[billion] 분의 1) 사이를 오갔다. 이는 빙하가 전진하고 후퇴하는 기간과 깊이 관련되어 있었다. 지난 200년 동안 그 값은 3배가 되어 거의 2000피피비로 치솟았다. 이산화탄소와 마찬가지로 메탄 농도는 수백만 년 중 어느 때보다 더 높고 빠르게 증가하고 있다.

사실 3: 연간 수십억 톤의 연료를 태우는 인간 활동이 대기 구성의 거의 모든 변화를 주도한다.

사실 4: 100년이 넘도록 지구는 점점 따뜻해지고 있다. 1880년에 시작된 미국기상청 문서기록에 따르면 가장 더웠던 해 1위부터 12위까지가 모두 지난 20년 안에 들어 있다. 2014년은 과거 어느 해보다 더웠고, 2015년은 2014년보다 0.5도 더 올랐고, 2016년은 또다시 기록을 세웠고, 2017년은 2016년과 거의 비슷하게 더웠다. 21세기 첫 10년간의 평균기온은 1세기 전보다 섭씨 1.1도 이상 올랐다.

설득력 있고 반박할 수 없는 이러한 사실을 조사한 거의 모든 과학자는 예외 없이 같은 결론에 이른다. 인간 활동으로 인해 지구가 뜨거워지고 있다. 이 결론은 의견도 추론도 아니다. 정치나 경제가 이 사실을 바꿀 수 없다. 연구자들이 더 많은 자금을 끌어들인다거나 환경운동가들이 뉴스의 머리기사에 실으려는 얄팍한 술책도 아니다.

지구에 관한 몇 가지 진실이 있는데, 이것도 그중 하나다.

결과

공기 중 탄소량이 두 배로 늘고 그로 인해 빠르게 지구가 따뜻해지는 현상은 전례 없는 일이다. 인류는 안전망도 없이 감히 그 어떤 존재도 하려 들지 않았던 지구공학실험을 진척시키고 있다. 그 의도하지 않은 결과가 이미 나타나기 시작했다.

대기 중 이산화탄소의 양이 증가하고 그에 상응하여 바닷물에 녹는 이산화탄소의 양도 늘면 해양의 산성도가 높아지리란 사실은 충분히 예상할 수 있었다. 하지만 그 효과는 파국적이어서 탄산염 껍질이 약해지고 산호가 대규모로 죽어갔다. 일부 해양생물학자들은 전 세계의 얕은 바다 생태계가 무너지지 않을까 노심초사한다.

공기와 바다가 따뜻해지면서 중위도 산봉우리와 극지방 모두에서 전례 없는 속도로 빙하가 사라지고 있다. 여러 해안에서 이미 눈에 띄게 해수면이 상승했다. 아마도 몇 피트, 혹은 그 이상일지도 모른다. 이런 바다 깊이의 변화가 새삼스러운 일은 아니다. 지난 100만 년 동안 적어도 열 번의 빙하기를 겪으며 해수면은 수백 피트 낮아졌다. 지구 물의 최대 5퍼센트가 만년설과 빙하로 얼어붙은 탓이었다. 반면에 해수면이 적어도 열 번이나 현재 수준에 가깝거나 더 높아진 때가 있었는데, 지구에 존재하는 물의 2퍼센트 미만이 얼어 있을 때였다.

급격하게 빙하가 사라지고 남극의 거대한 빙붕이 조각나는 현상을 목격하는 일은 두렵다. 얼음이 녹으면 녹을수록 바다는 더 깊어진다. 해수면이

100피트(약 30.5미터)나 상승하는 것도 전례 없는 일은 아니다. 현재의 추세가 계속되면 해안지역에 사는 수억 명의 사람들이 몇 세기 안에 삶의 터전을 잃게 될 것이다. 미국의 몇 개 주(특히 플로리다와 델라웨어)와 일부 국가(네덜란드, 방글라데시, 태평양의 일부 섬나라)는 거의 사라질 수도 있다.

공기와 바다가 따뜻해지면 기후도 변한다. 강우패턴이 바뀌고 태풍의 세기가 커진다. 지구 일부 지역을 따뜻하게 하고 일부 지역을 냉각시키는 해류도 바뀔 수 있다. 2017년에 발표한 논문에서 온타리오주 워털루 대학의 대니얼 스콧은 동계올림픽이 열렸던 21개 도시를 대상으로 기후 변화라는 변수가 미칠, 때로는 역설적이기도 한 영향을 2040년까지 확장해서 살펴보았다.[44] 20세기에, 이들 도시의 겨울은 줄곧 추웠으며 경기장이 영하로 유지될 확률은 90퍼센트 이상이었다. 스콧 모델은 앞으로 캐나다 밴쿠버, 노르웨이 오슬로, 오스트리아 인스브루크를 포함한 9곳이 올림픽 기간에 눈이 덮여 있을지 의심스럽다고 내다보았다. 겨울의 4분의 1이 넘는 기간에 기온이 영상이리라는 예측이었다. 2014년 동계올림픽이 열렸던 러시아의 소치는 최악의 결과를 보여서 2040년이 되면 겨울의 절반 이상이 영상의 날씨를 보일 것으로 예측되었다.

기후 변화는 대체로 지구 생태계에 파괴적 영향을 끼치겠지만 좋은 점도 없지는 않다. 천 년 동안 춥고 어두운 겨울을 얼음낚시로 버텼던 그린란드의 북극 지역은 이제 1년 내내 열린 바다를 즐긴다. 캐나다 중부의 농부들은 더 길어진 작물의 생장기를 환영한다. 대서양과 태평양 사이의 얼음 없는 북서항로는 전 세계적으로 운송속도를 높일 수 있다. 그리고 광산회사는 이전에 얼음으로 덮였었지만 이제 인류 역사상 처음으로 정체를 드러낸, 광석이 풍부한 암석 노두를 탐사하고 있다.

그러나 어떤 변화는 골칫거리일 뿐 누구에게도 도움이 되지 않는다. 사하라 사막의 급속한 팽창은 한때 안정적이었던 마을을 모래로 덮어버린다. 오랫동안 해충이 살기에는 너무 추웠던 북극의 지역공동체는 역사상 처음으로 7월과 8월에 모기와 검은 파리 떼로 괴로움을 겪었다. 생물지리구 ecozone는 매년 수 마일씩 북쪽으로 이동하는데, 그 속도는 숲과 들판, 철새가 적응할 수 있는 수준을 넘어선다.

과학자들은 지구 온난화가 가져오는 많은 점진적 변화들을 예상할 수 있고 심지어는 늦출 수도 있다. 우리가 예측할 수 없고 가장 피하고 싶은 것은 변화의 속도와 결과를 갑작스럽고도 근본적으로 뒤바꿔버릴 양의 되먹임의 시작, 즉 '급변점tipping point'이다.[45] 이산화탄소보다 훨씬 더 강력한 온실가스인 메탄이 아마 가장 큰 위험요소일 것이다. 지구의 메탄은 거의 모두가, 얼어붙은 툰드라와 거대한 대륙붕 아래에 엄청나게 거대한 메탄 얼음층으로 저장된 채 지각에 갇혀 있다. 그 양을 정확히 추산하긴 어렵지만 전문가들은 전 세계 동토에 갇힌 메탄이 다른 모든 곳의 메탄을 합친 것보다 수백 배 더 많으며 아마도 화석연료에 든 모든 탄소량을 넘어서리라고 생각한다. 수천 년 동안 메탄은 휴면 상태로 묻혀 있어서 지구 탄소 순환의 수동적 지위를 벗어나지 못했다.

일부 과학자들의 성긴 잠을 식은땀과 함께 깨우는 궁극적 재난 시나리오의 '급변점'은 전 지구적 규모의 양성 메탄 되먹임 반응이다. 온난화로 얼음이 녹고 메탄이 방출되어 기온이 더 올라가고 영구동토층이 검은 흙을 드러낸다. 대기의 메탄 농도가 치솟으면서 온도가 빠르게 올라간다. 이런 일이 정말로 일어날지는 모르지만, 그 되먹임의 불씨가 당겨지고 나면 되돌리기엔 너무 늦을 것이다.

실수는 절대 금물이다. 인류가 지구에 무엇을 하든, 어떤 변화가 앞에 놓여 있든, 생명은 지속되고 탄소도 순환할 것이다. 하지만 우리는 과연 다가올 변화에 대비를 하고 있는가?

해법은 있는가

인간은 계속해서 엄청난 양의 이산화탄소를 하늘에 버리고 있다. 눈에 보이지 않아 확인되지 않지만 이 거대한 흐름은 수백만 년 인류 역사에서 처음 겪는 전 지구적 변화에 다름 아니다. 사기가 아니다. 이산화탄소 수치가 치솟고 있는 게 현실이고, 이제 그에 상응하는 결과가 나타나고 있다. 이 사실을 부정하는 사람은 무지하거나, 탐욕스럽거나, 아니면 둘 다이다.

개인이 할 일은 없을까? 우리 시대에 탄소중립적 생활방식을 실행하기란 쉬운 일이 아니다. 탄소 배출이 만연한 사회라서 개인의 선의조차 수용하기 힘들기 때문이다. '청정'에너지를 얻고자 거대한 풍력 터빈을 설치한다고 해보자. 기초를 다지기 위해 우리는 1에이커(약 1224평, 4046제곱미터)의 숲을 제거하고 이산화탄소를 방출하는 콘크리트 몇 톤을 쏟아부어야 할 것이다. 전기차를 타는 건 어떨까? 전력은 화석연료를 사용하는 발전소에서 나온다. 대중교통, 유기농업, 재활용 알루미늄, 천기저귀 등은 모두 에너지 소비를 줄이는 의미 있는 방편이지만, 이것들을 운용하려면 여전히 어느 정도 탄소 기반 연료에 의존해야 한다. 도시든 농장이든, 아니 그 어디에 살든, 우리 모두는 온실가스의 순생산자다.

과학자들은 대체로 낙관적이다. 의도하지 않은 재앙을 초래할지도 모르는 세계적인 변화에 직면해서도 그들은 해결책을 모색하고 기회를 노린다. 피터 켈러멘도 그런 사람이다. 그는 컬럼비아 대학의 유서 깊은 라몬트−도허티 지구관측소에서 일한다. 컬럼비아 대학의 본원인 맨해튼 캠퍼스 북쪽 맞은편 해안, 그 유명한 허드슨강 팰리세이즈 현무암 절벽에 위치한 이 연구소는 지구의 암석과 바다 및 대기를 연구하는 오아시스 같은 곳이다.

장엄한 암석지형 가까이 있으면서도, 켈러멘은 수천 마일 떨어진 아라비아반도, 오만 술탄국의 장엄한 산악지형으로 눈을 돌렸다. 1년 내내 섭씨 60도까지 치솟는 햇살 뜨거운 곳에서 그는 오피올라이트ophiolite라고 불리는 지구에서 가장 이상한 암석을 연구한다. 지표면 수십 마일 아래에 묻혀 있어야 하지만 어찌된 일인지 1만 피트(약 3048미터) 산 정상에서 발견되는 거대한 지구 맨틀 덩어리다.

첫인상으로는, 피터 켈러멘은 느긋한 사람이다. 그는 부드러운 잿빛 수염을 기른다. 당신이 오랜 친구든 새로 알게 된 사람이든, 그는 자연스럽게 미소를 지으며 당신과 악수하고 차분하고 부드러운 어조로 말할 것이다. 함께 걷고 싶은 멋지고 편안한 남자 느낌이다. 그러나 첫인상은 오해를 부르기 쉽다.

오만에서 지질학을 연구한다는 건 아무나 할 수 있는 성질의 일이 아니다. 오만 문화관광은 환영받는다 쳐도 지질학 현장답사는 이방인의 침입으로 오인되기 십상이다. 외국인들이 아랍인의 땅을 파헤치고 쿡쿡 찔러대는 짓은 적개심을 불러일으킬 수도 있다. 게다가 켈러멘은 그저 길가 노두에서 망치를 두드려 캐낸 암석 몇 개를 얻으려는 게 아니다. 그는 땅에 깊은 구멍을 파서 수천 피트 아래의 암석을 끌어올리고 싶어한다. 완전히 지질학적 침탈이다. 그렇기에 그 작업은 도처에 깔린 장애물로 인해 지연될 수밖에 없다. 국토부 장관, 수산부 장관, 광산부 장관이 서명하고 승인해야 한다. 현지 오만 시추회사 직원을 고용하고 비용도 적절히 치러야 한다. 아무도 이 오피올라이트 산을 시추하려 들지 않았기 때문에 새로운 법과 규정이 필요할지도 모른다. 정부기관 한 곳이 승인했다고 해서 모든 일이 순조롭게 굴러가는 것도 아니다.

연구가 지연되면 대학원생은 일을 잃고 현지 작업은 보류되고 이동계획도 세웠다 취소했다 갈팡질팡하기 마련이다. 거기에 아랍 국가에서의 행정적 곤고함이 더해지면, 아마 대부분의 과학자는 일찌감치 포기했을 것이다. 그러나 피터 켈러멘은 추진력과 결단력이 있고 무엇보다 끝없는 인내와 침착함으로 외부세계를 대한다. 그 결과 몇 년 지연된 끝에 마침내 오만 시추 프로젝트가 개시되었고, 역사적인 결과가 나오고 있다.[46]

켈러멘의 연구는 우리가 이미 익히 알고 있는 사실 몇 가지를 재확인했다. 오만의 오피올라이트 산은 수렴하는 지각판의 힘에 의해 더 얇은 현무암 지각 위로 밀어올려진, 예상치 못한 지구의 맨틀 블록을 나타낸다. 마그네슘과 칼슘은 풍부하지만 규소는 부족한 이 맨틀 암석은 지구 대기에 노출될 때 화학적으로 불안정한 상태다. 이 암석은 특히 이산화탄소와 재빨리 반응하여 마그네슘과 칼슘의 탄산염광물로 이루어진, 우아한 하얀 십자형 띠를 형성한다.

켈러멘과 동료들이 발견한 특별한 사실은 이들 탄산염광물이 무척 빠른 속도로 형성된다는 점이다. 오피올라이트는 말 그대로 공기에서 이산화탄소를 '빨아들이며' 놀라운 속도로 새로운 탄산염광물이 된다. 마치 광물이 풍부한 지하수가 노두에서 새어나와 지표에 고인 얕은 물에 결정을 세워올리는 광경과 흡사하다. 지구 깊은 내부의 고온에서만 빠르게 진행되는 다양한 광물 형성 과정과 달리 이 일은 상온에서 진행된다(물론 오만의 평균기온은 온대 지방보다 훨씬 높다). 이 새로운 광물은 또한 기존 광물보다 부피를 더 많이 차지하고 공간을 확장해간다. 주변에 지진이 거의 발발하지 않음에도 불구하고 오만 산맥이 여전히 해마다 몇 밀리미터씩 더 높이 자라고 있는 이유가 바로 그것이다.

켈러멘의 마음속에는 아마도 다음과 같은 생각이 자리할 것이다. 암석이 실시간으로 이산화탄소를 빨아들인다. 오만에는 인간이 지난 수백 년 동안 생산한 모든 이산화탄소를 저장할 수 있을 만큼 방대한 양의 오피올라이트가 있다. 현재 오만 정부는 탄소 격리 계획과 결부된 어떤 투자도 할 의향이 없다. 탄소 격리가 아니라 석유가 이 나라 경제의 토대인 까닭이다. 하지만 오피올라이트는 거기에 있다. 지구 탄소 위기를 해결할 전망도 거기에 남아 있다.

피터 켈러멘은 인내심을 갖춘 낙관론자다.

코다―알려진 것, 알려지지 않은 것, 알 수 없는 것

탄소를 둘러싼 다양한 과학적 궁금증 중 탄소의 순환하는 원소로서의 역할만큼 인류의 미래에 절박한 것은 없다. 우리는 다른 원소와는 비교조차 할 수 없는 정밀도와 정확도로 대기 중 탄소의 양을 측정할 수 있다. 우리는 이산화탄소의 동향과 최근 걱정될 만큼 그 양이 급증하고 있다는 사실 또한 정확히 기록하고 있다. 온실가스로서 이산화탄소와 메탄의 역할과 그것들의 양적 증가에 필연적으로 수반되는 행성 규모의 온난화는 슬프게도 의심의 여지가 없는 사실이다. 절제와 변화에 대한 갈망을 담은 개인의 의지와 국제조약은 전 세계 모든 시민의 공감을 불러올 것이다. 절박감이 우리 삶에 사무치게 스며들어야 한다.

중요한 탄소 데이터 시트가 계속 확장되고 급격한 변화와 그 잠재적 결과를 짐작할 만한 증거가 쌓여감에도 불구하고 여전히 모르는 게 많다.[47] 심층탄소관측단의 시작과 도약을 주도해온 슬론 재단 임원 제시 오수벨은 과학자들이 위험을 감수하려 들지 않는다고 개탄한다. "우리는 학회나 저널 혹은 방송을 누구나 아는 뻔한 것들로 채우려는 경향이 있습니다." 그러면서 덧붙인다. "이제 우리는 모르는 것을 모른다고 인정하고 그것을 밝혀내려는 노력을 감행해야 합니다."

연구비 확보와 논문 출판에 매인 연구자들 사정을 모르는 바 아니다. 하지만 확실하고 안전한 경계를 벗어나 아직 우리가 잘 모르는 지식의 외연과 그 본질을 캐내려는 의지 또한 중요하다. 우리가 모르는 것을 분명히 하는 일, 다시 말해 지식의 지도에 그 경계를 긋고 미지의 것을 조사하기 위한 위대한 탐험을 계획하는 일은 진정한 과학자의 맥박을 뛰게 하는 격정이다.

지식의 한계란 무엇일까? 어떤 질문은 답하기 쉽고 어떤 질문은 어렵다. 왜 그럴까? 기후 변화 문제에서 한 걸음 물러나 수십억 년에 걸친 지구의 심층탄소 순환 전체를 살펴보면서, 오수벨은 알려진 것, 알려지지 않은 것, 알 수 없는 것을 구분하는 자연 지식의 세 가지 특성을 열거한다.

지식의 첫 번째 장애물인 아득히 먼 시간은 행성을 연구하는 과학자들에게 무척 친숙하다. 기록된 역사는 말 그대로 한나절 안개 같은 것이다. 전세계에서 시료를 채취해온 셀 수 없는 현장 탐험과 개별 원자 및 분자까지 샅샅이 조사할 수 있는 확장된 분석능력 덕에 우리는 지난 수천만 년에서 수억 년에 걸쳐 어떤 조건에서 지구의 표면 근처가 변할 수 있었는지 확실히 이해하게 되었다. 지질학적으로 짧은 시간이라면 광물 대부분은 쉽사리 변하지 않는다. 그들은 대기와 바다 같은 지구 바깥층의 최근 진화의 내막을 밝힐 공기와 물의 작은 내포물을 지니고 있다.

그러나 40억 년 전, 즉 지구의 형성과 생명의 기원을 이해하는 데 매우 중요한 시기인 더 먼 과거에 대한 확실한 증거는 이제 거의 사라졌다. 태곳적 명왕누대의 전체 광물 목록은 모래알갱이 몇 개 정도에 불과하다. 지구의 고대 대기 한 줌도 고대 바닷물 한 방울도 살아남지 못했다. 지구화학적 근거에 바탕을 두고 과거의 일을 수학적으로 추측하는 일이 불가능한 것은 아니다. 그럼에도 불구하고 지구의 초기 상태는 거의 알려지지 않았으며 본질적으로 알 수 없는 상태로 남아 있다.

깊이는 우리 지식의 두 번째 장애물이다. 지구에서 가장 깊은 광산도 약 2마일(약 3.2킬로미터) 아래로 파 내려가지 못한다. 최고성능 시추공의 한계는 10마일 정도에 불과하다. 하지만 맨틀 암석 덩어리나 다이아몬드 같은 광물을 분출하는 화산 덕택에 훨씬 더 깊은 지역의 상태를 엿볼 수 있다. 그중 일부는 지표면 아래 500마일 부근에서 나온 것으로 보인다. 이런 깊은 곳의 암석과 광물 표본은 맨틀과 지각과 바다와 공기 사이에서 벌어지는 탄소 순환의 특성과 범위를 암시한다. 그러나 반지름이 거의 4000마일에 이르는 지구의 광대한 깊은 곳 전 지역에서 시료를 채취할 수 있는 기술은 상상 속에서조차 불가능하다. 지구 한가운데에는 아마 영원히 도달하지 못할 것이다.

물론 우리에게는 지구 깊은 곳에 관한 단서가 있다. 지진파는 깊은 곳 암석의 밀도와 구성, 녹는 영역과 이동 영역에 대한 정보를 제공한다. 자기장 조사는 지구의 용융된 외핵의 역학을 반영한다. 합성 암석과 광물을 대상으로 실험하면 지구의 중심에까지 이르는 극한의 온도 및 압력 조건들을 재현한 결과를 얻을 수 있다.

또한 우리는 현재 본질적으로 알 수 없는 것의 답답한 한계를 조금 더 밀어붙일 수 있는 기술을 상상할 수 있다. 내가 가장 좋아하는 미래의 분석 기기는 태양에서 흘러나오는 천문학적 양의 아원자 입자 수를 세는 '중성미자 흡수분광법'이다. 대부분의 태양 중성미자는 지구를 바로 통과하지만 몇몇 이론가들은 어떤 화학 원소가 특정 에너지의 중성미자를 선택적으로 흡수하리라 생각한다. 중성미자 에너지를 측정할 수 있다면(적어도 아직은 아니지만) 지구의 깊은 내부를 컴퓨터단층촬영하듯 상세한 3차원 이미지로 볼 수도 있을 것이다.

아득히 먼 시간과 땅속 깊은 곳의 물리적 장벽에 더해 오수벨은 한 가지 장애물을 추가한다. 바로 지구 역사에서 발생한 몇 가지 극적인 사건을 이해하고 통합하는 일이다. 진화하는 시스템은 과거와 미래를 단칼에 잘라 돌이킬 수 없는 다른 세계로 나누는, 갑작스럽고 파괴적인 사건을 경험하게 마련이다. 지구의 나이가 겨우 5000만 살이었을 때 테이아와 부딪히면서 파괴적으로 형성된 달의 영향, 그 후 약 수억 년 뒤에 생명이 나타난 일, 그리고 최근의 인류에 의한 기술의 부상 모두 이런 특이점에 해당한다. 아직 인식하지 못한, 과거에도 있었을지 모르고 미래에도 올지 모르는 덜 극적인 다른 전환점들은 지구를 아직 알려지지 않은 경로 중 하나로 나아가도록 이끌지도 모른다. 본질상 이러한 분기점을 확실히 예측하기는 쉽지 않지만, 그것이 인류에게 그리 호락호락한 것이 아닐 거라는 점은 능히 짐작할 수 있다.

❖

제시 오수벨이 지구 깊은 곳을 이해하는 방해물로 제시한 여러 속성 중에서 방금 기술한 세 가지(아득히 먼 시간, 내부 깊은 곳, 드물게 발생하는 파괴적인 특이사건)은 우리 지구 행성의 물리적 특성에 내재된 것이다. 똑같이 위협적인 장애물은 과학과 인간 본성의 사회학에도 도사리고 있다. 우리 인간이 세상을 인식하는 방식의 제한성은 과학에서도 여실히 나타나 인류 지식의 한계를 규정한다.

한 가지 한계는 우리가 근시안적인 편견과 맹목으로 인해 정신을 불구로 만드는 탓에 발생한다. 독자들은 아마 지금쯤은 내가 광물학자라는 사실을 모두 눈치챘을 것이다. 화산과 지구 깊은 곳, 생명의 기원, 심지어 빅뱅과 같은 지구 역사 모든 측면을 나는 왜곡된 광물학자의 눈으로 바라본다.

그것은 과학 분야뿐만 아니라 인간의 다른 모든 행위에서도 엿볼 수 있다. 복잡성과 혼돈을 이해하고자 우리는 세상을 거짓되지만 안심할 수 있는 단순한 은유로 생각한다. 이동하는 대륙판은 실제로 '충돌'하지 않는다. 캄브리아기의 생물 다양성은 '폭발'하지 않았다. 그리고 진화하는 생물권 모두가 '적자생존'을 두고 다투지는 않는다. 은유는 시간과 공간의 단순화다. 매우 복잡한 물리적, 화학적, 생물학적 과정을, 눈에 익고 경험적으로 친숙하지만 다소 오해의 소지가 있는 문구로 축약한다.

개인의 편견보다 더 큰 어려움이 없는 것은 아니다. 그것은 바로 지식을 통합하는 문제다. 지구, 우주, 생명은 하위 과학 영역이 무엇이든 광범위하고 통합된 관점을 요구한다. 물리학, 화학, 지질학, 생물학은 모두 인류에게 중요한 거의 모든 과학 주제를 설명한다. 환경 악화, 광물자원 감소, 전염병 확산, 기후 변화, 에너지 수요 증가, 위험한 핵폐기물 처리, 목마른 인구, 굶주리는 인구, 그 어떤 것이든 이슈가 될 만한 문제를 생각해보라. 이들 모두 복잡하고 다학제적인 해법을 요구한다. 그 해법은 정치적, 경제적, 윤리적,

종교적 제약에 따라 여과된 광범위한 과학적 증거를 근간으로 세워진다.

탄소과학에는 모든 연구 분야의 개념과 원칙이 섞여 있다. 우리의 과제는 탄소 이야기의 많은 부분을 전체로 통합하는 것이다. 따라서 아마도 지식의 한계(알 수 없음의 본성)를 이해하고자 할 때 우리는 자신의 인간적 한계를 목록의 맨 위에 얹어야 한다.

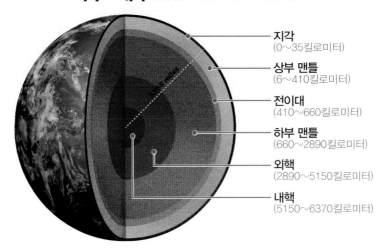

지구 해부도(괄호 안은 표면에서의 깊이)

지각
(0~35킬로미터)

상부 맨틀
(6~410킬로미터)

전이대
(410~660킬로미터)

하부 맨틀
(660~2890킬로미터)

외핵
(2890~5150킬로미터)

내핵
(5150~6370킬로미터)

그림 1 지구의 내부는 동심원 층으로 이루어져 있다. 각 층의 온도와 압력은 깊이 들어갈수록 더 커진다. 탄소는 대기부터 핵까지, 지구의 모든 층에서 찾아볼 수 있다. 출처: 심층탄소관측단의 이미지를 수정했다.

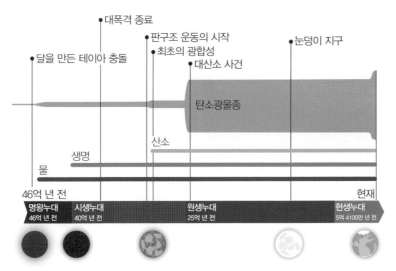

그림 2 지구의 진화적 시간대는 45억 년 이상에 걸쳐 펼쳐진다. 지구 행성의 진화와 발맞춰 우리가 아는 생명도 천천히 진화했다. 진화적 발걸음 곳곳에서 탄소는 핵심 역할을 했다. 출처: 심층탄소관측단/조시 우드.

그림 3 스코틀랜드 과학자 제임스 허턴은 시카포인트 절벽의 모든 양상을 우리 주위에서 항상 일어나고 있는 자연의 점진적 과정으로 설명할 수 있음을 깨달았다. 천천히 층을 이뤄 새로운 퇴적물이 쌓이고 점차 묻힌 다음 열에 달궈지고 눌려 바위가 되었다. 오래된 바위는 점차 뒤틀리고 위로 솟구쳐 침식되는 운명에 처했다. 암석층이 깎여나간 것이다. 시카포인트에서는 이런 층상화 과정을 쉽게 볼 수 있다. 출처: 데이브 수자/위키피디아.

그림 4 과학자들은 통계 모델을 이용해 지구에서 발견되지 않은 채 남아 있는 탄소광물의 수를 예측할 수 있다. 지구의 잃어버린 탄소광물을 찾으려는 시민과학운동인 '탄소광물 챌린지'가 벌어졌다. 그 첫 번째 성과는 2016년에 발견된 아벨라이트(왼쪽)다. 1년 뒤에는 트리아졸라이트(오른쪽)가 발견되었다. 출처: 조셉 솔데빌라(왼쪽), 마르코 버크하트(오른쪽)가 찍은 사진.

그림 5 고압에서 고밀도 방해석의 형성과정을 처음으로 파헤친 윌리엄 '빌' 바셋 교수. 비할 데 없이 귀한 나의 멘토였다. 풋내기 대학원생 시절, 나의 박사학위 논문 연구를 하는 데 결정적인 도움을 주었다. 출처: 윌리엄 바셋 제공.

그림 6 순수한 탄소로 이루어진 다이아몬드 결정은 값비싼 보석이다. 결정이 형성되는 동안 붙들려서 밀봉된 다이아몬드 내포물inclusion은 연구자들에게 지구 내부 깊은 곳의 비밀을 많이 알려준다. 출처: 케이프 타운 대학의 스티븐 리처드슨.

그림 7 다이아몬드-앤빌 셀(DAC). 미시간 대학 지질학 교수인 제 '재키' 리가 기계를 조작하고 있다. DAC를 이용하면 지구의 극한 온도와 압력을 실험실에서 재현할 수 있다. 지구 표면에서는 관측할 수 없는 물질을 만들 때 이 기계를 사용한다. 출처: 앨리슨 피스 사진.

그림 8 대기 중으로 이산화탄소와 여타 기체를 정기적으로 분출하는 화산은 지구 탄소 순환에서 중요한 역할을 한다. 심층탄소관측단의 토비아스 피셔가 코스타리카 포아스 화산에서 분출되는 기체를 조사하고 있다. 지구 탄소 순환에서 화산이 차지하는 역할을 규명하는 동시에 화산 폭발을 예측하고자 하는 연구의 일환이다. 출처: 카를로스 라미레스 우마냐.

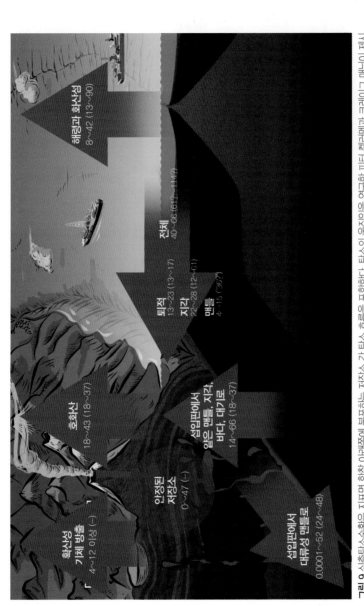

그림 9 상층탄소순환은 지표면 한참 아래쪽에 분포하는 저장소 간 탄소 흐름을 포함한다. 탄소의 움직임을 연구한 피터 켈레멘과 크레이그 매닝이 제시한 값이다. 여섯 개의 화살표로 표시한 탄소 순환량의 단위는 연간 100만 톤이다. 2013년 러지럼 다스굽타와 마크 허슈만의 연구 결과는 괄호 안에 작아있다. (−)는 '측정값 없음'이란 뜻이다. 이들 값의 편차가 큰 것은 앞으로 탄소의 위치와 흐름에 대해 더 많은 연구를 해야 한다는 뜻이다. 출처: 심층탄소관측단/조시 우드

화산성 기체 방출
4~12 이상 (−)

훔화산
18~43 (18~37)

인정된 저장소
0~47 (−)

섭입판에서 얕은 맨틀, 지각, 바다, 대기로
14~66 (18~37)

섭입판에서 대류성 맨틀로
0.0001~52 (24~48)

퇴적
13~23 (13~17)

지각
22~28 (12~61)

맨틀
4~15 (30?)

전체
40~66 (61?~114?)

해령과 화산섬
8~42 (13~90)

그림 10 지표와 해저 깊은 곳에 숨겨진 풍부한 미생물권을 연구하는 시추 프로젝트. 마가렛 하슈테트, 존 벡, 채드 브로일스, 제논 마테오, 리사 크라우더가 새로운 시추공을 뚫으려 준비 중이다. 출처: 카를로스 알바레즈 자리키안.

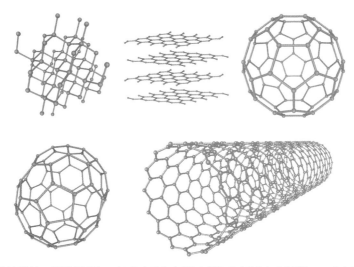

그림 11 탄소는 다양한 형태와 크기로 우리 곁에 다가온다. 왼쪽 위에서부터 시계 방향으로, 다이아몬드 망 구조, 흑연의 층 구조, 탄소 원자 60개의 축구공 모양 '버키볼', 탄소 나노튜브, 닫힌 모양의 튜브다. 마지막 세 종류와 또다른 멋들어진 형태들을 통칭하여 '풀러렌'이라 한다. 미국 건축가 버크민스터 '버키' 풀러가 설계한 반구형 건축물과 구조가 유사하여 따온 이름이다. 출처: 위키피디아에 있는 미하엘 스트뢰크의 이미지를 수정했다.

그림 12 심층탄소관측단의 젊은 연구원인 카렌 로이드와 도나토 조반넬리. 코스타리카에서 원시 미생물을 연구한다. 과학자들은 지구에서 언제, 어디에서, 어떻게 생명이 탄생했는지 끝없는 질문에 답을 해야한다. 출처: 톰 오웬스 제공.

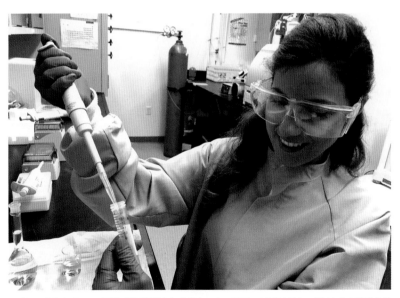

그림 13 카네기 연구소 지구물리학 실험실의 테레사 포나로. 광물 표면에서 탄소 기반 분자가 어떻게 상호작용하는지 연구한다. 생명의 기원 연구에서 가능한 몇 가지 단계를 밝혔다. 출처: 로버트 헤이즌이 찍은 사진.

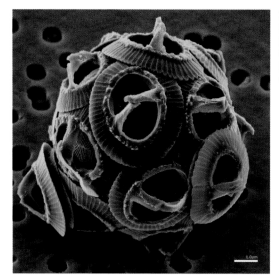

그림 14 코콜리드는 현미경적 크기의 탄산염 껍데기로, 단세포 해양 생명체인 석회비늘편모류를 감싸고 있다. 출처: NEON의 사진에 리하르트 바르츠가 색을 입혔다/위키피디아.

그림 15 러시아 상트페테르부르크 오르도비스기 지층에서 발견된 삼엽충 보에다스피스*Boedaspis*. 날카로운 탄산염 척추와 놀랍도록 아름답게 형상화된 외골격을 보여준다. 스미소니언 국립자연사박물관 헤이즌 컬렉션에 전시된 화석이다. 출처: 로버트 헤이즌의 사진.

제3악장

불: 탄소, 물질의 원소

탄소가 풍부한
공기와 흙은
고유의 역할이 있어
위와 아래에서
우리 삶을 이어준다.
도시를 건설하고
자동차를 운전하고
땅을 갈고 요리하고
모든 필수품을 만들려면
에너지가 필요하다.
모든 물질의 원자인 탄소,
그 소매에는
놀라운 기예가 숨어 있다.

불과 에너지는
산업과 상업의 통화다.
불은 우리의 트럭과 버스를 몰고
거리와 빌딩을 밝히고
집과 음식을 데우고
기계를 조립하고
게걸스레 욕심 많은 세상을 위해 수많은 제품을 만들어
낸다

탄소가 첫 불씨를 댕겼다.
대장장이의 불에 달궈진 탄소는
거의 모든 것의 질료가 되었다.

도입부―물질계

땅과 공기만으로는 성에 차지 않는다. 사회는 식품과 의류, 주택과 공장, 자동차와 비행기, 텔레비전과 스마트폰 등 다양한 물질적 재화를 한없이 요구한다. 게다가 튼튼한 스포츠 장비, 고급 와인, 편안한 의자, 탄력 있는 범퍼, 부드러운 속옷, 믿을 만한 컴퓨터, 맛있는 컵케이크, 튼튼한 배낭, 가벼운 운동화, 다채로운 풍선, 편광 선글라스, 푹신한 베개, 단단한 침대 등 별 필요가 없어 보이는 것에도 우리는 욕심을 부린다. 까다로운 소비자는 늘 새로움을 찾는다. 벨크로, 반창고, 포스트잇, 강력접착제, 액체 렌치*, 립밤, 테플론Teflon, 곰 젤리는 모두 창의적인 탄소화학 제품이다.

물건을 만들려면 많은 양의 물질, 곧 유연한 판, 섬세한 섬유 및 분기 배열 등의 다양한 3차원 형상을 이룰 원자들이 필요하다. 상상할 수 있는 모든 크기의, 원자 사슬, 원자 고리, 단단한 원자 블록, 속이 빈 실린더 원자 같은 모든 모양의 분자들도 필요하다. 우리 사회는 상상할 수 있는, 유용한 속성을 가진 모든 재료를 갈망한다. 비단처럼 부드럽고, 탄력 있고, 투명하고, 달콤한 냄새가 나고, 흡수성이 있고, 색상이 다채로우며, 절연성, 연마성, 방수성, 불투명성, 점착성, 생분해성이 있고, 자외선 차단 기능이 있고, 매콤하고, 자성, 인화성이 있고, 촘촘하고, 잘 부러지고, 열 전도성 및 전기 전도성이 있고, 달콤하고, 짭짤하고, 부드럽고 안전한 그런 물건들을.

끊임없이 확장되는 사회적 요구와 재화 목록은 다양한 원자 구조에 대한 끊임없는 수요를 창출한다. 각 물질은 원자 수준에서 전문적 역할에 맞게 세심하게 조정되어야 한다. 왜냐하면 원자가 물질의 특성을 결정한다는 것이 화학의 기본 원칙이기 때문이다. 다시 말하면 물질의 특성은 원소의

---

* 볼트의 녹을 녹여 조임을 느슨하게 하는 액상 스프레이.

종류와 이들 원소가 결합하는 방식에 달려 있다.

어떤 원소도 탄소만큼 다른 원소와 풍부하게 결합하지 못한다. 탄소화학은 비할 데 없이 광범위해서 이 원소를 연구하느라 평생을 보낸 사람들을 한데 묶어 '유기화학자'라고 부른다. 전 세계적으로 100만을 넘는 사람들이 탄소와 놀면서 평생을 보낸다. 그 어느 과학자단체보다 이들의 숫자가 더 많다.

전자 규칙

규칙, 특히 숫자에 바탕을 둔 규칙은 종종 무작위적으로 보인다. 스포츠가 그 예다. 1880년대 미식축구에서 필드골이 5점인데 터치다운은 4점에 불과했던 때가 있었다.[1] 1897년에는 터치다운이 5점으로 늘었다. 필드골은 1904년 4점으로, 1909년 친숙한 3점으로 줄었다. 터치다운은 1912년 현재의 6점으로 다시 수정되었다. 세이프티, 터치다운 후 추가득점, 2포인트 컨버전 등도 마찬가지 변화를 겪었다. 역사적 관점에서 볼 때 미식축구 득점 규칙은 꽤나 변덕스럽고 일시적인 것으로 보이며, 앞으로도 반드시 변화를 겪을 것이다.

화학은 원자가 선수로 참여하는 경기다. 전자가 점수를 결정하는 화학 결합의 고전무용인 것이다. 휙 살펴보자. 정확히 2개 또는 10개 또는 18개 또는 36개의 전자를 갖게 되면 원자 경기의 승자가 된다. 왜 그 숫자일까? 그것도 임의적일까? 우리의 평행우주 어디서도 그 숫자는 변함없을까? 물리학자들은 이 '마법의' 숫자에 대해 무척이나 정교한 설명을 쌓아올린다. 그것은 그저 경기의 규칙일 뿐이지만, 여기서 그 규칙은 우리 우주를 직조織造한다.

일부 원자는 운 좋게도 정확히 2개(헬륨), 10개(네온), 18개(아르곤) 또는 36개(크립톤) 전자와 함께 태어난다. 이 특별한 원자들은 자유롭게 떠다니는 고독한 외톨이, '비활성' 기체로 일생을 보낸다. 원하는 수의 전자를 얻기 위해 다른 원자에 의존할 필요가 하나도 없는 까닭이다. 이들을 제외한 대부분의 다른 원자는 마법의 숫자를 놓치고 있다. 11번 원소인 나트륨은 11개의 양성자와 11개의 전자로 시작하지만 쉽게 전자 하나를 버리고 양으로 하전된 마법의 나트륨 이온이 된다. 17개의 양성자 및 전자를 가진 염소는 나트륨이 버린 전자를 받아 음전하를 띤 염소 이온이 된다. 양의 나트륨 이온은 음의 염소 이온을 끌어들이고 혼합되어 정교하고 작은 정육면체 모양의 식탁용 소금 결정 염화나트륨을 구성한다.

주기율표에는 염소나 산소(8개의 전자를 가져 마법의 수에서 둘이 부족하다)처럼 비금속 원소가 많이 포함되어 있는데, 이들은 나트륨이나 마그네슘(12개의 전자가 있다)같이 과잉공급된 금속에서 전자 1개 또는 2개를 기꺼이 가져온다. 주기율표에 있는 원소 대부분은 기꺼이 이런 전략을 채택한다. 화학결합에서 이기기 위해 서슴없이 전자를 제공하거나 혹은 받아들이는 것이다. 좋은 일이다. 모든 원자가 자신에게 할당된 전자에 만족했다면 그 전자를 섞거나 공유할 이유도 없고 화학결합을 형성할 근거도 없어서, 우리 주변을 다양한 물질로 채우는 작업은 애초 시작도 해보지 못했을 것이다.

전자를 공유하거나 주고받으면서 서로에게 도움이 되는 이 세계에서 탄소는 주기율표 2와 10의 중간인 6번 원소로서 매우 독특한 위치를 차지한다. 이쪽저쪽의 거리가 같아 호수 위 한가운데 떠 있는 노곤한 수영선수처럼 탄소는 어디로 가야 할지 '방황'한다. 마법의 숫자 10에 도달하기 위해 전자 4개를 더 찾는 게 좋을까? 아니면 정확히 반대 방향으로 가서 4개의 전자를 포기하고 마법의 수 2에 도달해야 할까?

이 모호성 덕택에 탄소는 다른 원소가 미처 갖추지 못한 결합 특성을 갖게 된다. 하나의 전자를 항상 포기하는 나트륨 또는 하나의 추가 전자를 선뜻 움켜쥐는 염소와 달리, 6번 원소는 전자를 조합하여 더하기, 빼기 또는 공유하기 등 다양한 화학적 역할을 즐긴다. 그래서 탄소는 100개 이상의 다른 원소를 모두 합한 것보다 훨씬 다양한 화합물을 구성한다. 탄소는 알려진 모든 물질 중 가장 단단한 물질과 가장 부드러운 물질 모두를, 가장 생생한 색깔과 가장 검은 색깔 모두를, 가장 미끄러운 윤활제와 가장 끈끈한 접착제 모두를 만들 수 있다.

가연성 탄소[2]

우리에게는 물질이 필요하지만 그것을 만드는 데는 많은 에너지가 소모된다. 그 에너지는 대부분 탄소 연료를 태운 열에서 나온다. 운 좋게도, 지구에는 석탄, 석유, 천연가스를 포함한, 탄화수소를 잔뜩 머금은 작고 가연성 좋은 탄소함유 분자들이 풍부하게 매장되어 있다. 가장 단순한 유기화합물인 탄화수소는 지구와 우주 어디에나 있는데, 견고한 탄소 원자 골격에 수소 원자가 장식처럼 주렁주렁 매달린 모습을 하고 있다. 천연가스(메탄)는 가장 단순한 탄화수소로, 하나의 탄소 원자를 4개의 수소 원자가 피라미드 모양으로 둘러싸고 있다. 탄소가 전자 6개를 제공하고 네 개인 각각의 수소가 1개씩의 전자를 공유한 덕에 전자는 총 10개라는 '마법의 수'를 이룬다.

탄소 원자 두 개가 결합하면 새로운 세계가 열린다. 연료로 쓰이는 에탄(ethane, C_2H_6)은 6개의 수소 원자가 두 개의 탄소를 에워싼 모습을 띤다. 이 단순한 가연성 분자에서 탄소 원자는 각각 4개의 이웃과 전자들을 공유한다. 그렇게 각각의 탄소는 10개의 전자를 공유하는 한편 탄소와 짝을 이룬 수소 원자는 필요한 두 개의 전자를 확보한다. 에탄에서는 모든 원자가 만족스럽다.

계속 쌓아보자. 연속으로 3개의 탄소 원자가 이어지면 커다란 흰색 탱크에 저장되는 농촌의 연료 프로판(C_3H_8)이 된다. 프로판에서는 8개의 수소 원자가 일렬로 늘어선 3개의 탄소 원자를 둘러싸고 있다.

탄소 원자가 네 개 있으면 새로운 변이가 생긴다. 이 4개의 원자는 '이

성질체isomer'라 불리는 두 가지 다른 방식으로 배열할 수 있다. 부탄의 탄소 원자 네 개는 깔끔하게 일렬로 정렬(대부분의 일회용 담배 라이터에 사용되는 연료 부탄)되거나, T자형 분자인 이소부탄(C_4H_{10})을 구성해서 우리 일상에서 안전한 냉매로 사용된다. 5개의 탄소 원자와 12개의 수소 원자를 가진 펜탄(C_5H_{12})은 5개의 탄소 사슬, 한쪽 가지가 있는 4개의 탄소 사슬 또는 대칭 십자형을 이룰 수 있다. 휘발유의 성분으로, 8개의 탄소로 이루어진 옥탄(C_8H_{18})은 독특한 입체구조를 갖는 18개의 이성질체를 보유한다. (휘발유 '옥탄가'의 근거가 되는 특정 이성질체는 3개의 작은 측면 가지와 함께 5개의 탄소 원자 사슬을 지닌다). 이를 더 확장한 양초의 파라핀 왁스는 20~40개의 탄소 원자로 이루어진 탄화수소 사슬이다. 사슬에 탄소 원자가 많을수록 왁스의 녹는점이 올라간다.

5개 이상의 탄소 원자를 사용하면 또다른 기회가 생긴다. 탄소 원자는 우아한 고리 모양의 분자 배열로 한 바퀴 돌 수 있다.[3] 한때 산업용 세정제로 사용되었지만 지금은 위험한 발암물질로 소문 난 벤젠(C_6H_6)은 6개의 수소 원자가 바큇살 모양으로 퍼진 6개의 방사형 탄소 고리가 특징이다. 때로는 탄소 고리가 중첩된 분자들이 검은 그을음에서 발견된다. 가장 일반적인 '다환polycyclic' 탄화수소인 나프탈렌($C_{10}H_8$)은 고리 2개로 쌍을 만든다. 석탄이나 디젤을 연소할 때 나오는 그을음 속에 많은 안트라센($C_{14}H_{10}$)은 육각형 고리 3개의 깔끔한 선을 과시하지만 또다른 그을음 성분인 피렌($C_{16}H_{10}$)은 네 개의 고리가 촘촘하게 모여 있는 구조적 특징을 갖는다.

때때로 분자는 사슬, 가지, 고리의 멋진 조합과 함께 정교한 구조를 이룬다. 이는 스테로이드와 비타민부터 유전 분자인 DNA와 RNA 구성 요소에 이르는 많은 생명에 필수적인 분자가 보여주는 변주다. 이러한 탄소 기반 분자는 사슬, 고리 및 클러스터로 연결된 수십 개의 5각, 6각 고리로 점점 더 커질 수 있다. 실제 탄화수소 분자의 다양성은 말 그대로 끝이 없으며, 대부분 잘 탄다.

석탄, 석유 및 천연가스는 모두 주로 탄화수소에서 차출된다. 이들 '화석연료'는 사회를 변화시켰고 좋든 나쁘든 우리의 가장 저렴하고 풍부한 화학에너지 공급원으로 우뚝 서 있다. 탄화수소 분자가 풍부한 행성은 지구말고도 많다. 토성의 거대하고 추운 위성인 타이탄은 거대한 폭풍으로 몰려와 지표면을 강타하는 탄화수소 비rain 세례를 받는다.[4] 타이탄의 강에는 메탄과 에탄이 흐른다. 거대한 호수도 그렇다. 타이탄의 메탄 호수에서 배를 저을 수는 있겠지만, 성냥을 그어도 (불꽃을 유발할 산소가 없기에) 아무 일도 벌어지지 않는다. 대기에 화학적 산화제가 없기 때문에 탄화수소 비는 설사 불꽃이 있다손 치더라도 바로 꺼버릴 것이다.

지구가 다른 행성과 근본적으로 다른 점이 있다면, 그것은 대기 중에 광합성의 위험한 반응성 부산물인 산소가 풍부하게 들어 있다는 데 있다. 산소는 유별나게 전자에 탐욕스러운 원소다. 우리 태양계의 다른 행성이나 달이 아닌 지구 행성에서 휘발성 천연가스나 탄화수소를 옆에 두고 성냥을 켜는 일은 위험천만한 짓이다. 폭발적인 산화─환원 연소 반응에서 탄화수소 분자는 급히 전자를 방출하고 산소와 반응하여 이산화탄소와 물이라는 두 가지 친숙하고 간단한 화학물질로 변한다. 빠르게 타오르는 이런 화학반응은 엄청난 양의 열과 빛을 방출한다. 불은 역설적이지만 '좋은 하인'이자 '나쁜 주인'이다. 수천 년 동안 인류는 화염의 본질적인 이점과 그 이면의 위험을 안고 살아왔다.

열은 새로운 재료를 만드는 열쇠이며 화석연료는 제련에 필요한 열의 중요한 공급원이다. 난로의 천연가스 또는 담배 라이터의 부탄 같은 대부분의 탄화수소는 2000도에 가까운 고온에서 불탄다. (반면 추수감사절 칠면조 통구이는 200도면 충분하다.) 금속 용접 및 절단과 같은 일부 특수작업에는 산소(옥시아세틸렌) 토치에서 생성되는 훨씬 더 뜨거운 3300도 화염이 필요하다. 하지만 다양한 물질세계를 창조하기 위해 탄소를 캐낸다고 할 때, 꼭 태우는 게 능사는 아니다. 석탄, 석유, 타르 샌드 및 천연가스는 우리 삶에서 접하는 물질 대부분을 만드는 출발점으로서 더 많이 등장한다.

다양한 탄소

탄화수소는 유기화학의 광대한 왕국에서 아주 작은 영역이다. 지구는 수백만 종류의 탄소가 풍부한 분자를 제조하는데, 그렇게 할 수 있는 추진력은 어디에서 나오는 것일까? 그 답은 탄소 자신을 포함해 주기율표의 수십 가지 다양한 화학 원소와 결합하는 탄소의 독특한 능력에 있다. 우리 몸속 대부분의 탄소화합물은 산소를 포함하지만 질소, 황 및 인 원소도 폭넓게 수용한다. 탄소는 철, 티타늄, 텅스텐 등 금속 원소와 '탄화물'을 이뤄 기계 부품이나 연마재로 사용되지만 불소나 염소 같은 비금속과도 쉽게 결합한다.

이렇게 만들어진 탄소 기반 화학물질은 탄화수소를 원료로 하는 현대 산업의 토대를 이룬다. 여기서 우리는 중요한 깨달음을 얻는다. 석탄과 석유를 태우는 일을 멈춰야 한다. 확실히 화석연료를 태우는 것이 환경에 미치는 영향에 대한 우려는 절박한 현실이다. 그런 이유도 있지만 거기에는 또한, 석탄과 석유에 들어 있는 탄소-탄소 결합이, 그냥 태우기에는 궁극적으로 너무 가치가 커질 거라는 단순한 진실이 있다. 어디에나 있는 탄소 원자들 사이의 이러한 결합은 불질세계의 가장 본질적인 화학적 특성이다. 탄소화합물은 우리가 삶에서 소비하는 거의 모든 제품의 중심에 선다. 우리 행성은 풍부한 햇빛, 끊임없는 바람, 재생 가능한 바이오연료, 요동치는 파도, 무진장한 지열, 방사성 우라늄의 왕성한 핵반응 같은 대체에너지를 제공할 수 있다. 탄소 기반 '연료'는 만개하는 물질세계에서 절대 없어서는 안 될 질료다.

스케르초—유용한 물질

뜨거운

불! 불은 땅속에 묻힌 풍부한 생명체의 잔해가 구워지고 압축되어 만들어 진, 수많은 분자들의 복잡한 혼합물인 석탄과 석유를 정제하는 열쇠다.[5] 이 혼합물 속의 분자 대부분은 작고 친숙한 탄화수소 연료인 메탄, 에탄, 프로판, 옥탄이지만, 산소, 질소, 황 및 기타 원소를 결합 짝으로 하는 수십 개의 탄소 원자로 이루어진 크고 복잡한 분자들도 많다.

정제의 비법은 이 걸쭉한 검은 액체를 분할된 긴 실린더에 넣고 가열하는 것이다. 이때 위쪽보다 아래쪽을 훨씬 더 뜨겁게 유지하는 일이 중요하다. 화학공장 옆을 지나다보면 이 우뚝 솟은 독특한 금속 튜브 모양의 증류탑을 볼 수 있다. 어떤 설비에서는 화염에 싸인 꼭대기에서 소량의 메탄(천연가스지만 모아서 팔기에는 양이 적다)을 태우기도 한다. 각 증류탑에서는 여러 가지 단계의 화학적 분리 공정을 진행한다.

기다란 탑 아래에서 혼합물을 가열하면 분자 성분들은 각자 다른 높이에서 끓는점에 도달한다. 증류탑 둘레에는 복잡한 파이프들이 연속적으로 튀어나와 있는데, 각 파이프에서 끓는점이 서로 다른 물질을 선택적으로 추출하는 식으로 검은색 액체 혼합물을 단계적으로 증류한다. 더 작은 분자는 일반적으로 더 낮은 온도에서 끓기 때문에 탑의 더 높은 곳에서 나타나며(차가운 상단에서는 프로판과 부탄, 중간에서는 휘발유와 등유), 두껍고 끈적끈적한 액체 아스팔트와 왁스가 뜨거운 바닥에서 흘러나온다. 정유회사는 마치 화학의 안무를 세심하게 연출하듯이 증류탑을 서로 연결하여 각각의 탑에서 중요한 유기화학물질을 선별하고 농축하는 필수 작업을 단계별로 진행한다.

일단 이러한 다양한 탄소 기반 분자가 증류되고 정제되면 새로운 화합물을 생성하기 위한 화학적 변형이 가능해진다. 다양한 화학물질을 큰 통과 레토르트*에서 혼합하고, 저어주고, 짜내고, 적절한 반응성 성분을 더하고 아마도 약간의 촉매를 추가한 다음 딱 알맞은 온도로 요리한다. 요리책 안에는 유용한 합성제품을 만드는 다양한 방법이 적혀 있다. 그중에서 현대 생활에 가장 중요한 재료는 단연 고분자화합물이다. PETE 및 PVC** 같은 플라스틱, 나일론 및 레이온 등의 합성섬유, 페인트, 접착제, 고무 기타 수백 가지 고분자화합물이 우리 생활에서 수많은 역할을 하고 있다.

　　이 모든 물질은 끝과 끝을 연결하여 탄소 골격의 긴 사슬을 형성하는 수많은 작은 분자를 기본 단위로 한다. 작은 탄소 분자를 블록처럼 쌓아 고분자를 구성하는 방식이다(옮긴이). 생명도 피부, 머리카락, 근육, 힘줄, 인대 같은 생체 고분자를 만들 때 이런 화학적 기법을 사용했다. 잎과 줄기, 뿌리와 나무, 해조류의 섬유, 거미줄 가닥도 마찬가지다. 영리한 화학적 조작은 또한 왁스 및 수지, 지방 및 오일, 윤활제 및 접착제, 화장품 및 약물 같은 무수한 탄소 기반 화합물을 펼쳐낸다.

　　좋아하는 스낵 식품의 영양소 목록도 살펴보자. 우리가 먹는 모든 음식도 탄소화합물이 듬뿍 들어간다. 단백질 구성요소인 아미노산, 지방 및 오일의 성분인 지질, 전분 및 식이섬유의 기본 단위인 탄수화물. 예외는 없다. 소다의 탄산 거품과 증류주 알코올 성분도 모두 탄소다.

　　일상생활에 없어서는 필수적인 탄소화합물의 특성을 간단히 살펴보자.

---

* 　가열기구다. 증류에도 쓰인다.

** 　폴리에틸렌 테레프탈레이트polyethylene terephthalate(PETE)는 흔히 플라스틱병에 쓰이는 그 PET고, 폴리염화비닐polyvinyl chloride(PVC)은 파이프, 전선피복재, 필름 등에 쓰인다.

차가운

우리에게 불을 가져다준 탄소화학은 또한 가장 효율적인 휴대용 냉각 매질을 제공한다. 이산화탄소는 영하 80도에서 얼어 우리가 흔히 '드라이아이스'라 부르는 무색무취의 고체로 변한다. 이 얼음은 고체에서 기체로 직접 승화하는 독특한 특성 때문에 '드라이'하다고 말한다. 물과 달리 이산화탄소는 적어도 상온상압에서는 액체 상태로 존재하지 않는다. 따라서 차가운 이산화탄소를 한 용기에서 다른 용기로 부을 수는 없지만 편리한 냉동 덩어리로 운반할 수 있다.

드라이아이스는 식품산업에서 가장 널리 사용된다. 기계식 냉장고 도움 없이도 이산화탄소를 사용하여 음식을 얼리고 탄산음료를 제조하고 아이스크림을 만드는 것은 물론 상하기 쉬운 상품을 배송할 수 있다. 모기와 빈대가 이산화탄소에 끌리기 때문에 냉동 이산화탄소는 기발하게 해충 방제에도 써먹을 수 있다. 해충들은 드라이아이스 주위로 모여들어 얼어죽는다. 따로 차단밸브가 없으면 배관공은 휴대용 드라이아이스로 구리 파이프를 둘러 얼음마개를 만듦으로써 물이 흐르지 못하도록 막는다. 의사는 사마귀를 얼린 다음 제거하고 환경공학자는 유출된 기름을 얼려서 청소하기 쉽게 만든다. 소방관은 화재를 진압할 때 드라이아이스 조각과 이산화탄소 소화기를 써서 온도를 낮추는 동시에 산소를 차단한다.

냉동 이산화탄소는 무대장치에서 안개를 만들어내는 일도 맡는다. 드라이아이스 조각을 물에 버리면 섬뜩한 밤 장면을 연출하며 지면을 타고 일렁이는 완벽한 안개가 피어난다. 관객은 느끼지 못하지만, 그 안개는 차갑고 습하다. 차갑게 승화하는 이산화탄소가 찬 공기를 수증기로 포화시키기 때문이다. 나도 언젠가 쇼를 위해 소규모 밴드에서 연주하던 중에 지나치게 과도한 드라이아이스 효과로 안개가 무대 가장자리를 넘어 악단석 전체를 빠르게 뒤덮는 걸 본 적이 있다. 한동안 우리는 말 그대로 안개 커튼 뒤에서 연주를 펼쳤다. 축축하고 습한 공기가 모든 곳에 응결되어 바닥이며 의자며 악보대와 악기가 젖고 미끄러운 막이 생겼다.

끈끈한

물질의 특성은 원소와 그것이 결합하는 방식에 따라 달라진다. 접착제를 예로 들어보자. 좋은 접착제의 특징은 거의 모든 것에 붙는다는 데 있다. 원자 수준—물질의 특성 대부분이 거기서 나오는데—에서 보자면, '달라붙는' 것은 양전하와 음전하의 강한 인력을 뜻한다. 접착제 분자는 비정상적으로 강한 표면전하를 가져야 한다. 탄소 원자에 결합된 수산기(OH^-)의 강한 음전하 덕분에 이런 특성이 두드러진다. 밖으로 튀어나온 여러 벌의 수산기를 보유한 탄소화합물은 거의 모든 표면에서 그에 상응하는 양전하를 유도할 수 있다. 양극은 음극을 끌어당긴다. 보라. 이 분자들은 착 달라붙는다.

자연은 탄소 골격을 뼈대로 한 접착제가 득실대는 끈적임 가득한 세계다.[6] 도마뱀붙이는 수산기를 장식한 발로 벽을 오른다. 파리지옥은 수산기 범벅인 점액을 분비하여 곤충을 꼼짝달싹 못하게 가둔다. 홍합과 따개비는 거의 같은 방식으로 선박 아래에 달라붙으므로, 배는 가끔 항구에 정박해 그것들을 떼어내야만 한다. 항구에 쌓여 선적을 기다리는 값비싼 물품들이 허비하는 시간도 그렇지만, 해운회사는 청소작업에도 상당한 돈을 들여야 한다. 해마다 분자 구성을 조절하여 그것들이 달라붙기 어려운 해양용 페인트로 도색하지만 홍합과 따개비의 이런 정전기 기예를 결코 완전히 무너뜨리지는 못한다.

끈끈함은 커다란 사업 테마다. 접착제 산업은 항공기 및 자동차 제조업체, 건설회사, 온라인 소매업체 및 의료 전문가 같은 다양한 고객을 갖는, 연간 수십억 달러 규모의 시장이다. 첨단 접착제와 밀봉제sealant는 이제 금속 용접을 대체하여 건설 속도를 높이고 하중을 줄인다. 그들은 고층빌딩

유리와 자동차 앞유리를 제자리에 고정시킨다. 일회용 기저귀, 틀니, 반창고, 보청기, 우표, 봉투, 포스트잇 같은 제품은 물론 생일선물 포장부터 부서진 가구 붙이기까지 일상의 수십 가지 작업이 온통 접착제에 의존한다.

초강력 접착제는 접착제 세계에서 발견의 기이한 특성을 함축적으로 보여준다.[7] 1942년 유기화학자 해리 쿠버 주니어와 굿리치Goodrich사 연구팀은 전쟁물자를 개발하는 과정에서 '시아노아크릴레이트cyanoacrylate'라고 불리는 작은 탄소 분자를 우연히 발견했다. 초강력 접착제의 효시가 된 화합물이다. 시야가 선명한 투명 플라스틱 조준기를 개발하는 그들에게 만지자마자 여기저기 달라붙은 시아노아크릴레이트는 쓰기에 부적합한 화합물이었다.

빨리감기로, 1951년. 쿠버는 이스트맨코닥으로 자리를 옮겨 화학자 프레드 조이너와 함께 일하면서 끈끈한 시아노아크릴레이트가 귀중한 접착제로 개발될 수 있음을 깨달았다. 코닥은 이를 승인했고 1958년 최초의 초강력 접착제 '이스트맨 #910'이 출시되었다. 수많은 변종과 경쟁 브랜드가 뒤따라 등장했다. 밀봉된 용기에 보관할 때는 액체 형태로 남아 있지만 물이나 대기의 수증기에 노출될 때 강하게 결합하는 시아노아크릴레이트 분자 특성이 접착제의 모든 것을 결정했다.

여러 종류의 표면에 결합하고 다양한 환경에서 굳는 데다 독성마저 없는 이 초강력 접착제는 파손된 물체를 수리하거나 부품을 조립하는 일 외에도 수십 가지 새로운 용도를 찾았다. 해양생물학자와 수족관 애호가는 초강력 접착제를 사용하여 살아 있는 산호 조각을 암석에 붙인다. 초강력 접착제 증기는 매끄러운 표면의 유성 잔류물에 달라붙어 법의학 분석을 위한 섬세한 지문을 생성한다. 그리고 피부와 뼈에 바르는 데도 이들 접착제가 유용해졌다. 운동선수, 암벽등반가 및 현악기 연주자의 굳은살을 강하게 하거나 상처를 치유하는 데도 사용된다. 의사와 수의사는 전통적인 꿰매기 혹은 스테이플러를 쓰는 방식에서 탈피해 응급상황에서 초강력 접착제를 써서 빠르고 안전하게 뼈를 붙이고 상처를 봉합한다.

미끄러운

접착제와 달리 미끄러운 분자는 표면전하를 최소화한다. 정전기적 인력이 없기 때문에 분자는 마치 익히지 않은 쌀알처럼 따로 굴러다닌다. 왁스, 윤활유 및 오일은 (탄소 원자가 수소 원자로 둘러싸인) 탄화수소 분자로 형성되어 표면이 매끄럽다. 탄화수소 분자의 모든 원자는 마법의 전자수를 완전히 충족했다. 오일이나 윤활유 안의 원자들은 결합할 다른 원자를 찾지 않는다.

모든 사람은 실수한다. 불행하지만 되돌릴 수 없는 나쁜 일이 생기는 것이다. 음악을 하던 시절, 나도 그런 경험을 했다. 생생히 떠오른다. 매사추세츠주의 케임브리지, 샌더스 극장에서 1975년 2월에 벌어진 일이다. 하버드 대학 작곡과 교수 얼 김의 새로운 실내악 작품 **에 조**(Eh, Joe)의 세 번째인가 네 번째 예행연습 날이었다.[8] 극도로 어려운 이 작품은 세 개의 금관악기와 세 개의 현악기(이 조합으로 연주해본 사람은 알 것이다!), 사뮈엘 베케트의 시를 외워서 부르는 낭송가로 구성되었다. 20분 작품 공연을 위한 12시간의 예행연습 시간이었다. 우리는 반원형으로 앉았고, 왼쪽에는 트럼펫 연주자 켄 풀리그와 트롬본 연주자 스탠 슐츠, 내 바로 오른쪽에는 엉뚱한 학부생 첼리스트 요요마, 그리고 지휘자 얼 김과 낭송가 로이스 스미스가 앞에 앉았다. 이 작품은 까다롭고 도전적이었다. 곧 있을 공연과 녹음 때문에 예행연습은 길고 진지했다.

무대 예행연습을 한 지 한 시간이나 지났을까, 아마도 우리가 대여섯 번 되풀이해서 까다로운 앙상블 악절을 다루고 있었을 게다. 갑자기 오른쪽 귀가 먹먹해지도록 뭔가가 바닥에 세게 부딪히는 소리가 났다. 연주는 바로 멈췄다. 뭐지?

우리는 조명기술자의 기름 묻은 손에서 미끄러진 40센티미터짜리 금속

렌치를 보았다. 우리 머리 위의 좁은 철제 통로에서 조명등을 조정하느라 몸을 트는 중에 중력과 윤활유가 그를 배반했던 것이다.

커다란 렌치가 요요마 오른쪽으로 15센티미터쯤 떨어진 곳에서 굉음을 냈다. 치명적인 실수였다. 우리 모두 충격을 받았고 집중력도 크게 떨어졌다. 말 그대로 넋이 나가서 아무것도 계속할 수 없었다. 우리는 이따금 돌이킬 수 없는 불운한 순간을 맞는다. 죽음의 불가피성과 예측 불가능성을 떠올리며 우리는 그날 치 예행연습을 취소했다. 무대는 텅 비었고, 베케트의 숙명론적 시가 우리 마음속에 잔잔한 파문을 일으켰다.

요요마는 거의 혼비백산한 것 같았다. 떨리는 목소리로 그가 말했다. "첼로가 부서질 뻔했어요."

트리오–나노 물질

새로운

변화, 변형 및 끝없는 다양성이 탄소화학의 특징이다. 작은 육각형 평면이 끝없이 이어져 납작하고 튼튼한 원자층을 이루고 있는 흑연을 생각해보자. 한 층의 원자판은 얇고 단단한 플라스틱판과 다를 게 없이 거의 파괴되지 않지만 층과 층 사이의 힘은 약해서 쉽게 부서진다. 결과적으로 책상 위에 쌓인 종이가 잔잔한 바람에 흩어지듯 흑연층은 서로 쉽게 미끄러진다.

흑연은 가장 부드러운 물질 중 하나지만 각각의 탄소층은 이를 데 없이 강하고 탄력적이다. 하지만 한 개의 탄소 원자층을 어디에 쓰겠는가? 어떻게 이런 나노 크기 물질을 포착하고 연구할 수 있을까? 실험실에서 재료로 사용되기 전 수십 년 동안 과학자들은 '그래핀'이라고 불리던 불가사의한 물질의 고유한 전자적, 기계적 특성을 추측해왔다. 그래핀은 반도체가 되거나 특이한 자기 특성을 갖거나 혹은 나노 공정을 위한 초강력 재료가 될 수 있을까? 2004년에 이르러 마침내, 맨체스터 대학 연구원 안드레 가임과 콘스탄틴 노보셀로프가 그래핀의 돌파구를 찾아냈다. 그들은 단일 탄소층을 분리할 신기술을 발견한 공로로 노벨상을 받았다. 그 신기술은 놀랍게도 스카치테이프였다![9]

이제 누구나 그래핀층을 분리하고 조사할 수 있게 되었다. 흑연의 멋진 평면결정을 분리해보자. 평평한 흑연 표면에 스카치테이프를 붙인 다음 떼면 된다. 처음에는 한꺼번에 몇 개의 흑연층이 벗겨지지만 테이프를 여러 차례 반복해서 붙였다 떼면 문제가 해결된다. 결국 한 층의 원자 평면만 남는다. 이제 용제로 접착제를 녹이면 완벽하게 평평한 탄소 원자층이 고스란히 남는다.

뒤이은 발견이 쏟아지고 있다. 연간 1만 건이 넘는 논문이 출판될 정도다. 수많은 혁신적인 기술이 눈앞에 펼쳐지고 있다.[10] 그래핀층은 투명하고 강하기 때문에 나노 크기 장치의 미세한 창, 인공피부와 뼈를 설계하기 위한 합성물, 차세대 초박형 콘돔의 재료로 쓸 수 있다. 물에 녹지 않는 그래핀으로 겉을 감싸서 녹거나 쉽게 부식되지 않도록 장치의 표면을 보호할 수 있다. 놀랍게도 물은 코팅된 물체의 표면을 여전히 '젖게' 할 수 있다. 탄소 원자의 단일 층에 난 구멍을 통해 물 분자가 장치의 표면 분자와 상호작용할 수 있기 때문이다. 이를 이용하여 그래핀을 수질을 개선하거나 습도를 유지하고 생물학적 센서를 보호하는 데에도 활용할 수 있다.

그래핀의 전자 응용 가능성도 예사롭지 않다. 반도체는 한 곳에서 다른 곳으로 전자가 흐르는 속도를 바꿔 전자를 제어한다. 현대 전자시대는 다이오드, 트랜지스터, 집적회로와 같이 주로 실리콘 반도체로 만들어진 장치에 전적으로 의존하고 있다. 그래핀은 이제 실리콘의 패권에 도전장을 내민다. 전자시대의 필수 동력원인 최초의 그래핀 트랜지스터는 2004년에 시연되었으며 이후 급속한 발전이 이루어졌다. 2008년 독일 연구팀은 지금까지 가장 작고 이론적인 한계에 근접한 원자 10개 너비의 그래핀 트랜지스터를 제작했다. 실리콘 소재보다 빠른 스위칭 속도를 가진 그래핀 트랜지스터로 구성된 다양한 집적회로가 곧 뒤를 따랐다. 게다가 유연하며 수중에서도 작동할 수 있어서 그래핀은 3D프린팅 제작에 적합하다. 일부 옹호자들은 그래핀이 머잖아 다양한 응용분야에서 기존의 실리콘 반도체를 추월할 것이라고 단언한다.

새로운 아이디어는 계속 쏟아져나온다. 그래핀은 열전도율이 아주 높아 전기회로를 냉각해야 하는 다양한 응용분야에 적용할 수 있다. 그래핀의 투명도와 전도성은 유연한 터치스크린과 디스플레이에 이상적일 수 있다. 연료전지, 배터리, 최신 렌즈, 압력센서 및 정수 여과와 같은 다른 응용분야에서도 개발이 진행되고 있다. 2개 또는 3개의 탄소 시트가 적층된 그래핀의 새로운 변종이나 재질이 다른 층이 끼워진 샌드위치는 더 많은 기회를 열 수도 있는 독특한 특성을 보인다. 한 연구그룹은 한여름 더위에 머리를 시원하게 유지할 수 있는 그래핀 기반 염색약을 개발하고 있다.[11]

속이 빈

그래핀의 가장 분명한 속성은 아마도 놀라운 인장강도일 것이다. 재료의 강도는 세 가지로 나뉜다. '압축강도compressive strength'는 눌림에 대한 저항의 정도, '전단shear강도'는 비틀림에 대한 저항의 정도, 마지막으로 '인장tensile강도'는 잡아당김에 대한 저항 정도를 의미한다. 벽돌이나 목재 같은 재료는 압축에는 강하지만 비틀거나 당기는 데에 취약하다. 강철 사슬이나 나일론 밧줄 같은 재료는 인장강도는 좋지만 압축강도나 전단강도는 무시할 만한 수준이다. 강화콘크리트, 유리섬유 및 합판 같은 몇 가지 일상적 복합재료는 두 가지 이상의 재료 특성을 결합하여 세 가지 유형의 강도를 모두 올렸다.

그래핀의 평평한 층은 비틀림을 견디지 못하고 압착할 때 쉽게 접히지만 인장강도는 타의 추종을 불허한다. 강철보다 100배 크고 다이아몬드보다 2배 큰 인장강도 값을 갖는다. 잡아당김에 크게 저항하는 까닭은 탄소-탄소 결합의 특성에서 찾아볼 수 있다. 각 탄소 원자가 4개의 이웃과 전자를 공유하는 다이아몬드는 알려진 것 중 가장 강력한 3차원 결정체다. 탄소 원자가 매우 촘촘하게 모여 있어 다이아몬드는 지구 표면의 어떤 물질보다 높은 전자밀도(전자가 화학결합의 핵심이다)를 갖는다. 인접한 탄소 원자 사이의 거리는 약 60억분의 1인치[*]로 대부분의 다른 결정보다 훨씬 작다. 그래서 다이아몬드는 억세게 단단하다. 그러나 그래핀층에서 탄소 대 탄소 거리

---

[*] 자료를 보면 다이아몬드는 0.154나노미터, 그래핀은 0.142나노미터다. 숫자에 착오가 있다.

는 훨씬 더 짧아서 불과 55억 분의 1인치에 불과하다. 각 탄소 원자는 3개의 이웃과만 결합 전자를 공유하기 때문이다. 층 내의 전자는 훨씬 더 촘촘하게 채워져 있으며 그 결과 탄소-탄소 결합은 다이아몬드보다 훨씬 짧고 더 강하다.

그래핀의 우수한 인장강도는 탄소 나노공학을 펼칠 전략 지형이다. 층 구조는 밧줄이나 철사를 만들기엔 적합하지 않지만 만약 탄소층을 둥그렇게 말아 작고 속이 텅 빈 실린더를 만들면 어떨까? 그러면 엄청나게 강한 탄소 '나노튜브'가 탄생한다.[12] 다양한 변형도 가능하다. 지름을 다양하게 조정할 수 있고 하나, 둘, 혹은 서너 개의 튜브를 중첩해 여러 개의 동심원 형태로도 만들 수 있다.

적어도 1950년대부터 다양한 종류의 탄소섬유가 등장해 연구 판을 달구었지만 1991년 흑연에 강한 전류를 통과시켜 풍부한 탄소 나노튜브를 생성한 일본 물리학자 이이지마 스미오飯島澄男의 발견 이후 나노튜브 연구가 폭발적으로 증가했다. 이런 경향을 반영하듯 지금까지 10만 편 이상의 과학 논문과 1만 개 이상의 특허가 출원되었다.

속이 빈 탄소 나노튜브의 강도는 놀랍다. 지름이 20분의 1인치(약 1.3밀리미터)에 불과한 튜브가 10톤 이상의 무게를 지탱할 수 있다. 경량 교량, 건물, 항공기 및 차세대 복합재료를 설계하기 위한 공학적 잠재력은 무궁무진한 셈이다. 공상과학 작가들은 탄소 나노튜브 케이블을 연결해 지표면에서 수백 마일 올라간 정지궤도 플랫폼으로 사람과 물품을 운송하는 우주엘리베이터를 상상한다. 이러한 미래지향적인 잠재력 외에도 나노튜브의 매력은 차고 넘친다. 제조, 에너지 공급, 전자 및 의학 분야에서의 수많은 응용 가능성이 계속해서 전 세계 과학자들을 끌어들이고 있다.

영리한[13]

그래핀층과 나노튜브는 탄소의 독특한 형태를 대표한다. 나노튜브의 양쪽 끝을 막으면 원자 60개로 된 축구공 모양의 '버키볼buckyball'이나 70개 이상의 탄소 원자를 포함하는 기다란 죽부인 모양의 분자를 포함해 닫힌 형태의 다양한 배열을 만들 수 있다. 이 우아한 형태의 탄소는 미국 건축가 버크민스터 '버키' 풀러Buckminster 'Bucky' Fuller가 만든 바닥이 잘린 구형의 건축물과 모양이 비슷했기 때문에 '풀러렌fullerene'이라고 부른다.

풀러렌의 존재는 반세기 전에 예측되었지만 1985년이 되어서야 영국 서식스 대학과 텍사스 라이스 대학 과학자팀이 합성하고 분석하여 재현성 있는 경로를 찾아냈다.[14] 노벨상을 받은 발견에 이어 양초 그을음, 산불 연기, 번개 방전, 탄소가 풍부한 먼 별을 둘러싼 우주 먼지에서도 풀러렌이 발견되었다. 이러한 새장 구조 분자를 집중적으로 연구하여 과학자들은 새장 안에 새장이 든 나노 양파, 탄소 사슬로 연결된 두 개의 버키볼이 있는 나노 덤벨, 더 작은 원자 또는 분자를 담는 탄소 용기 등 수많은 새로운 형태의 화합물을 합성했다.

평평한 그래핀층, 속이 빈 나노튜브 및 밀폐된 풀러렌이 기본 형태라면, 우리는 이를 이용해서 더 이국적인 형태의 분자를 상상해볼 수 있다. 나노버드nanobud는 나노튜브나 거대한 풀러렌 위로 작고 둥근 돌기가 튀어나온 모습이다. 나노튜브를 서로 연결하여 직각이 되게 잇거나 나노 기둥의 그래핀층에서 수직으로 올릴 수도 있다. 버키볼은 꼬투리 속의 완두콩처럼 나노튜브를 채울 수 있고, 동심원으로 중첩된 여러 개의 나노튜브는 안테나처럼 늘어나거나 줄어들게 조정할 수 있다. 완벽한 도넛 모양의 분자 토러스torus를 만들기 위해 원주 위를 휘는 나노튜브를 설계할 수도 있다.

이러한 다양한 모양의 나노 물질로 무장한 과학자와 발명가는 나노 크기의 레버, 도르래, 바퀴 및 차축과 같은 차세대 분자 기계를 꿈꾼다.[15] 탄소 나노기술 덕분에 차세대 이식의료기기, 약물 전달 마이크로 용기 및 분자 규모 컴퓨터에 필요한 원자 크기의 모터, 전기회로 및 전자부품이 거의 손에 닿을 듯 가까이 와 있다.

스케르초, 다카포-고분자화합물 이야기

"플라스틱이야!"

마이크 니콜스 감독의 1967년 영화 〈졸업〉에서 목적 없이 방황하는 벤 역의 더스틴 호프만에게 마이크 맥과이어 씨가 던진 '한 단어'다. 벤이 대답한다.[16]

"정확히 무슨 뜻이죠?"

"플라스틱에는 찬란한 미래가 있단다. 생각해봐라. 알았니?"

기억에 남을 정도로 재미있고 풋풋한 그 장면에는 단순한 진실 이상의 것이 포함되어 있다. 플라스틱 또는 '고분자polymer'가 세상을 바꾸었다. 중합polymerization은 수많은 작은 분자 또는 '단량체單量體'가 사슬이나 네트워크로 연결되어 수천 개의 원자로 확장된 단일 '거대 분자'를 생성하는 화학반응이다. 천연 고분자는 나무, 머리카락, 근육, 거미줄, 피부, 잎, 힘줄 등 모든 생명체의 일부다. 생물에 고분자가 잔뜩 들어 있음을 고려하면 화학자들은 자연을 모방하고 궁극적으로 삶을 개선하는 데 다소 굼떴다.

2000년 전 중앙아메리카문화권에서 자연 형태로 처음 사용된 고무는 화학계가 정밀한 분석을 시도한 최초의 중합체였다.[17] 천연고무는 고무나무의 유액에서 유래했다. 이 놀라운 화합물은 고무판, 공 및 기타 유용한 물건으로 성형될 수 있는 유연한 방수 소재로 경화된다. 자연에서 직접 수확해 아직 경화되지 않은 상태의 천연고무는 끈적거리고 냄새가 고약하며, 너무 뜨거우면 녹아내리고 너무 차가우면 부서져 균열이 생기는 등 바람직하지 않은 특성이 있었다. 바람직한 속성과 바람직하지 않은 속성 모두 고무 중합체의 구조에서 비롯된다. 길고 강한 고무 분자의 탄소 사슬은 서로 미끄러질 수 있어 강도와 유연성 모두 좋지만, 좁은 온도 범위에서만 그렇다.

근대 산업은 1830년대에 가황加黃의 발명과 함께 시작되어 폭넓은 영역에서 성장하던 플라스틱이라는 물질을 포함한 고분자화합물 중합체에 전념했다. 가황은 미국과 영국 화학자들이 특허권을 다투었던 혁신으로, 고분자에 첨가된 황 또는 기타 화학물질이 일종의 분자 다리처럼 교차결합하는 화학공정이다. 이 공정을 거치면 훨씬 더 단단하고 내구성이 뛰어난 고무 소재가 만들어진다. 고무나무의 끈적한 유액에 유황을 첨가하고 열을 가해 혼합물을 경화시키는 과정을 거쳐 오늘날 우리가 사용하는 장갑, 덧신, 지우개, 호스, 고무줄, 파티용 풍선, 고무보트, 그리고 물론 모든 종류의 바퀴 달린 차량용 타이어가 탄생했다. 몇 가지 첨가제를 더 넣어서 미식축구 헬멧, 스케이트보드 바퀴, 볼링공 및 클라리넷에 사용되는 훨씬 더 단단한 변종 고무를 얻기도 한다.

제1차 세계대전 후 격동의 시기, 분자 구조에 주목하던 화학자들이 원자 단위의 물질을 점점 더 깊이 생각하게 되면서 화학은 놀라운 변화의 물살을 탔다. 1920년 독일 화학자 헤르만 슈타우딩거는 고분자의 견고한 골격을 형성하는 거대사슬 탄소 분자의 특성을 밝혀 1953년에 노벨화학상을 받았다.[18] 슈타우딩거는 고무, 단백질, 전분 및 셀룰로스를 포함한 다양한 천연 생체 고분자가 자연에 폭넓게 분포한다는 사실을 인식했다. 그는 또한 합성 고분자가 언젠가는 천연재료에 필적하는 특성을 가지게 될 것으로 예측했다.

슈타우딩거의 발견과 미래에 대한 정확한 비전에도 불구하고 합성화학자들은 처음에 연거푸 좌절을 겪었다. 1920년대 중반 연구자들은 수십 개 이상의 단량체를 연결하는 수준에 그쳐 길고 유용한 고분자화합물을 만들어내지는 못했다. 하지만 지지부진한 와중에도 확실히 몇 가지 참신한 업적이 나왔다. 벨기에 출신의 미국 화학자 리오 베이클랜드Leo Baekeland는 흔한 화합물인 페놀과 포름알데히드를 가열하여 셸락(shellac, 이전에는 거의 전적으로 아시아의 락깍지벌레 배설물에서 얻었던 물질이다)을 합성했다.[19]

1907년 베이클랜드는 자신의 합성법을 개선하여 '베이클라이트Bakelite'라고 명명한 최초의 플라스틱을 생산했다. 5년 후, 스위스 화학자 자크 브란덴베르거가 나무와 식물의 셀룰로스를 재구성하여 유연하고 방수가 되는 셀로판 필름을 선보였다. 휘트먼 사탕회사에서 그 유명한 휘트먼 샘플러 초콜릿을 낱개로 포장하기 위해 셀로판을 선택하면서 그는 엄청난 상업적 성공을 거두었다. 그럼에도 불구하고, 고분자화학의 근본적인 발전은 1930년대에 이루어진 새로운 물질의 획기적 발견이 세상을 바꿀 때까지 기다려야만 했다.

고분자중합(강)

부드러운

뛰어난 젊은 화학자 월리스 캐러더스의 업적은 화학적 낙관주의에 힘입은 연쇄적 발견의 분위기와 궤를 함께했다.[20] 일리노이 대학에서 박사학위를 받고 하버드에서 1년 동안 가르쳤던 캐러더스는 델라웨어주 윌밍턴에 있는 거대 화학기업 듀폰의 화학실험실로 자리를 옮겼다. 상업적 혁신이 기초연구에서 나올 것이라 확신한 듀폰은 1928년 캐러더스를 고용하여 고분자화학의 '선구적 연구'를 이끌 사업단을 발족했다. 캐러더스와 동료들은 1930년 탄성 무릎보호대와 유연한 잠수복으로 익숙한 최초의 합성고무 '네오프렌neoprene'을 만들어내어 세간의 기대에 부응했다.

캐러더스의 혁신적인 발걸음은 1935년 2월 나일론의 발명에서 정점을 찍었다. 가열하고 녹여 만든 나일론은 섬유, 필름 또는 다양한 형태로 성형될 수 있는 놀라운 중합체였다. 1938년에 배포된 기념품 칫솔의 강모도, 1939년 뉴욕 만국박람회에서 소개된 여성용 스타킹도 모두 참신한 나일론 제품이었다. 그러나 나일론은 제2차 세계대전 중 특히 낙하산용 비단을 대체하는 군사용으로 널리 보급되었다. 응용상품의 수가 급발진하면서 나일론은 듀폰에 수천억 달러의 수익을 안겼다.

월리스 캐러더스는 살아서 이 성공을 보지 못했다. 우울증에 시달리고 여동생의 죽음을 겪고 괴로웠던 사생활이 실패로 돌아간 데다 화학적 영감마저 사라진다고 느꼈던 캐러더스는 마흔한 번째 생일 이틀 후에 시안화칼륨(KCN)을 삼키고 스스로 목숨을 끊었다.

캐러더스는 세심한 화학자였다. 수년 동안 그는 시곗줄에 청산이 든 캡슐을 달아두었다. 그는 청산중독의 영향을 잘 알고 있었다. 시안(CN)기는 세포의 산소 사용을 차단한다. 시안의 두 원자(하나는 탄소, 하나는 질소)는 둘 다 생명에 필수적이다. 그러나 질소 원자에 삼중결합으로 연결된 탄소 원자는 심장과 중추신경계를 차단하고 죽음을 부른다. 독창적인 화학자였던 캐러더스는 청산가리(KCN) 캡슐을 레몬주스와 섞었다. 레몬 속의 산acid은 독의 효과를 증폭한다.

거품 같은

조지메이슨 대학 학부생의 과학적 소양을 높이려 개설한 수업에서 나는 간단한 중합 과정을 시연한다. 교육자재를 공급하는 회사에서 구매한 싸고 안전한 화학키트를 사용한다.[21] 축합중합condensation polymerization은 개별 탄소 분자 단량체의 끝과 끝을 결합하여 긴 사슬의 중합체를 형성하는 일반적인 화학반응이다. 축합중합반응이 진행되어 화학결합이 만들어질 때마다 작은 분자가 부산물로 나온다. 주로 물과 이산화탄소다.

지시사항을 준수하면 아무 일도 벌어지지 않는다. 먼저 (하나는 투명하고 다른 하나는 호박색인) 두 액체를 플라스틱 컵에 붓고 잘 섞이도록 저어준다. 2~3분 기다린다. 부드러운 노란색 거품이 나타나면서 천천히 시작된 반응은 거품이 컵의 상단과 측면 위로 부풀어오르면서 가속화된다. 거품이 테이블 위로 넘치고 그것이 닿는 모든 것(손가락 포함)에 달라붙는다. 짐작하다시피 거품은 축합반응의 결과물로 방출되는 이산화탄소 때문에 발생한다. 끈적한 반응물 전체가 점차 단단해져서 둥글고 내구성이 뛰어난 폴리우레탄 덩어리가 된다. 이 덩어리는 섬세한 전자제품을 포장하거나, 접근하기 힘든 곳의 균열이나 구멍을 막고 건물 단열재를 효율적으로 설치하는 데 이상적인 소재다.

돌이켜 생각해보면 플라스틱 물병에 그 액체를 넣고 뚜껑을 돌려서 잠근 것은 대단히 부적절한 짓이었다. 이전에 한 번도 그렇게 해본 적이 없었으니, 더 그랬다. 시작은 나쁘지 않았지만, 거품의 흐름이 느려지다가 멈추었을 때 나는 얇은 플라스틱병의 압력이 올라간 걸 알아차렸다. 말하자면 나는 그 수업시간에 작은 폭발장치를 조립한 것이었고, 압력은 빠르게 증가하고 있었다.

바보 같은 짓이었다. 집에서 절대로 따라하지 말자.

어떻게 하지? 최대한 빨리 압력을 낮추는 게 정답인 것 같아서 나는 병뚜껑을 돌려 풀기 시작했고… 빵! 병뚜껑이 똑바로 위로 날아가더니 천장에 부딪히고는 왼쪽으로 몇 피트 옆에 떨어졌다. 압력이 풀리면서 갑자기 해방된 폴리우레탄 미사일이 위로 솟구쳤다. 노란색 덩어리가 수직으로 25피트(약 7.6미터)를 치솟았고 끈적끈적한 노란색 단열재 덩어리가 천장 타일을 장식했다. (내가 엔터프라이즈 80 강당을 가장 최근에 확인했을 때, 그곳에는 여전히 사고의 잔재가 남아 있었다). 다행히도 다친 사람은 없었지만 앞줄에 앉았던 몇몇 학생들은 예기치 않게 거품 이는 끈적끈적한 작은 노란색 덩어리 세례를 받았다.

잘못된

단백질은 작은 탄소 분자인 아미노산 선형 사슬로 구성된 생체 고분자화합물이다. 단백질의 구조는 주로 생물계가 사용하는 20가지 다양한 아미노산의 정확한 서열에 의해 결정된다. 아미노산은 순서대로 끝에서 끝으로 연결되어 평평한 판(연골), 강한 섬유(모발과 힘줄) 또는 더 무작위로 꼬인 모양을 선보인다. 20종의 아미노산 수백 또는 수천 개를 연결하면 상상할 수 있는 거의 모든 크기와 형태의 단백질을 구성할 수 있다.

예를 들어 아미노산 147개로 이루어진 단백질의 6번째 위치에 있는 글루탐산이 발린으로 바뀌었다 치자.[22] 작은 오류 하나쯤은 큰 차이를 불러오지 않으리라 생각할 수 있다. 하지만 단백질은 사실 형태가 모든 것을 결정한다. 각 아미노산은 그 형태를 결정하는 빌딩블록이다. 적혈구의 베타글로빈, 위치 6번에 있는 글루탐산이 발린으로 바뀌면 단백질 조립이 부정확하게 진행된다. 구부러지고 결함이 큰 단백질중합체가 형성되는 것이다. 불행히도 그 결과는 아프리카계 미국인 500명 중 1명에게 영향을 미치는 치명적 혈액질환인 겸상적혈구빈혈증이다. 초승달 모양의 혈액세포는 정상 세포보다 산소를 덜 운반하는 데다 엎친 데 덮친 격으로 좁은 모세혈관을 쉽게 통과하지도 못한다. 따라서 겸상적혈구가 있는 환자는 빈혈, 만성 통증 및 뇌졸중을 비롯한 여러 가지 만성 증상을 경험할 수 있다.

수십 가지의 유전질환이 이런 점點돌연변이에서 시작된다. 낭포성섬유증은 두꺼운 점액 침전물을 생성하고 만성 폐감염을 초래한다. 테이삭스병은 척수와 뇌의 신경세포를 파괴한다. 색맹 및 다양한 시각장애를 유발하는 돌연변이도 있다. 단백질 안의 아미노산 서열오류 중 어떤 것은 유전되고 어떤 것은 살아가는 동안 물리적, 화학적 위협에 노출되면서 벌어진다. 그렇게 해서 다양한 암이 발발한다.

인간의 수명이 늘어날수록, 우리는 모두 그런 파괴적인 결과를 낳는 단백질 돌연변이의 영향을 경험하게 된다.

해중합(약)

분해되는

플라스틱은 물질 시대의 거인으로 우리 일상생활의 모든 면에 영향을 미치는 저렴하고 다양한 제품을 벼려냈다. 문제는 우리가 플라스틱을 많이 만들고, 그것이 너무 부주의하게 버려진다는 점이다. 멕시코만을 따라 늘어선 수 마일의 쓰레기 해안, 태평양을 떠다니는 거대한 플라스틱 섬, 모로코 사하라사막의 비닐봉지 휘날리는 덤불. 세계 곳곳에서 수백만 톤의 플라스틱이 한때 깨끗했던 자연을 뒤덮고 있다. 우리는 무엇을 해야 할 것인가?

사람들이 좋아하는 전략은 수명이 다 된 플라스틱이 자체분해되도록 설계하는 것이다.[23] 이 전략은 중합체 결합이 깨지는 일반적 유형의 화학반응인 '해중합depolymerization'을 이용한다. 고분자 사슬이나 네트워크가 연결이 끊어진 더 작은 조각으로 분해되면 가용성 분자 조각을 간단히 씻어내고 탄소 원자를 원래의 순환으로 되돌릴 수 있다. 새로운 종류의 플라스틱은 배고픈 미생물에 의해 분해될 수 있는 중합체를 염두에 두고 개발된다.

플라스틱의 생분해가 일어나서는 안 되는 경우도 있다. 누구도 배고픈 미생물이 화장실에 연결된 플라스틱 배관을 먹어 삼키는 일은 원치 않을 것이다. 그러나 식료품 가방, 음료수 컵과 빨대, 식품포장재, 기저귀 및 기타 1000개가 넘는 일회용품에 사용되는 플라스틱은 한 번 쓰이고는 버려진다. 매년 생산되는 3억 톤 이상의 플라스틱 중 재활용되는 것은 10퍼센트에 불과하다. 재활용되지 않는 플라스틱은 가능한 한 빨리 육지나 바다에서 사라지게 해야 한다. 이쪽으로는 퇴비화되면 몇 달 안에 분해되는 차세대 전분 기반 플라스틱이 각광을 받고 있다. 플라스틱 쓰레기는 여전히 너무 많지만, 사려 깊은 공학이 장차 도움이 될 것이다.

해중합의 또다른 사례는 문제가 있고 심지어 위험하기까지 하다. 나일론이 그 예다. 햇빛에 오래 노출되면 나일론은 분해된다.[24] 자외선은 나일론 중합체 사슬의 결합 일부를 드문드문 공격하기 때문에 이 분해과정은 무척 느리게 진행된다. 거의 보이지도 않는다. 그렇기에 원자 수준에서 벌어지는 나일론 밧줄의 분해과정은 그 누구도 눈치채지 못할 것이다.

하버드 대학원생이자 동료이며 친구였던 필 라파포트는 암벽 등반을 좋아했다. 그는 '행운의 밧줄'이라고 항상 똑같은 바를 사용했다. 수년 동안 등

반할 때마다 직사광선에 노출되었던 것이다. 1974년의 어느 화창한 날 웨일스에서 그것이 끊어졌을 때, 그는 고작 9미터 아래로 떨어졌다. 하지만 그것은 끔찍한 사고였고, 그는 현장에서 즉사했다.

알덴테

이탈리아에서 먹는 파스타가 대체로 더 맛있다.[25] 이탈리아에서 식사를 즐기기 때문일 수도 있지만 대부분은 이탈리아 사람들이 다른 방식으로 파스타를 조리하기 때문이다. 알덴테. 그것은 씹었을 때 쫄깃함이 느껴지도록 파스타의 단단한 질감을 유지하는 비법이다.

최고의 파스타를 결정하는 세 가지 요소가 있다. 재료는 최고급 이탈리아 파스타의 첫 번째 중요한 차이점이다. 정부는 모든 파스타에 미국에서 생산되는 양질의 거친 밀가루를 쓰도록 강제한다. 집합적으로 '글루텐'이라고 부르는 단백질의 함량이 높은 이 밀가루는 파스타 반죽에 탄력 있는 질감을 부여한다.

두 번째 요소는 반죽을 조심스럽게 준비하는 것이다. 이는 수세기에 걸친 시행착오와 과학적 통찰을 통해 배운 일련의 기술이다. 물에 푼 밀가루가 반죽이 될 때 전분 입자(포도당 분자의 복잡한 중합체)에 강하게 결합하는 단백질이 3차원 중합체 네트워크를 이룬다. 이때 충분한 시간을 두어 숙성해야 한다. 양질의 거친 밀가루와 찬물의 접촉을 최대화하려면 반죽을 빚는 데에 최소한 20분 이상이 필요하다. 다음으로 원하는 모양(콘킬리에, 파르팔레, 푸실리, 펜네, 로티니, 지터 등)의 파스타를 얻기 위해 수백 종류의 국수틀로 압출한다. 소스가 달라붙는 파스타에 금속이 더 거친 표면질감을 부여하기 때문에 구식 청동 국수틀이 테플론보다 선호된다. 마지막으로, 대량생산되는 파스타와 달리 손으로 만든 파스타는 50도, 적당한 온도에서 하루나 이틀 동안 말린다. 글루텐과 전분 사이에 강한 결합이 형성되는 동안 단백질중합체가 분해되지 않을 정도로 충분히 낮은 온도다. 이제 완제품 파스타는 포장되어 가정과 식당으로 배송된다.

조리는 훌륭한 파스타를 만드는 세 번째 열쇠다. 열을 가해 중합체를 분해한다. 질긴 고기 조각이나 생야채를 다룰 때 좋은 수단이다. 절임은 순전히 화학적인 방식으로 음식을 '연화(해중합 과정이다)'하는 방법으로 결과는 같다. 야채, 고기 또는 파스타, 그 어떤 것도 너무 질기거나 풀어지면 좋지 않다. 파스타가 삶아지는 동안 글루텐과 전분이 해중합되는 동시에 면이 물을 머금으면서 서서히 부드러워진다. 훌륭한 파스타는 단단한 알덴테 식감을 얻을 수 있을 만큼만 조리해야지, 너무 많이 해서 면이 흐물흐물해지면 안 된다.

부서지기 쉬운(작품번호 64-5번)[26]

바이올리니스트 프레드 쇼프는 워싱턴 DC의 아마추어실내악단에서 고정으로 50년 넘게 즉흥연주를 해온 베테랑이다. 프레드의 방대한 악보집은 고색창연하다. 그가 즐겨 연주한 하이든의 현악사중주 68개를 담은 악보집의 종이는 더욱 낡았다. 얼마 전에 〈종달새〉를 연주할 때, 책등을 붉은 천으로 감싼 튼튼한 회색 장정으로 재제본한 프레드의 19세기 중반판 제1바이올린 악보가 문자 그대로 결딴이 났다. 그가 연주 사이의 짧은 순간에 첫 페이지를 재빨리 넘기자, 약해져 있었던 종이가 얇은 유리판처럼 바스라졌다. 해중합 과정이 강타한 것이다.

프레드 쇼프가 종잇조각을 조심스럽게 맞추어 정렬하고 다시 스카치테이프로 붙이기 위해 연주를 잠시 세운 일은 이번이 처음이 아니며 마지막도 아닐 것이다. 영원히 잃어버린 종잇조각은 메모가 있어야 할 곳에 작은 구멍을 남겼다. 하지만 프레드는 사라진 메모를 기억으로 불러낼 만큼 그 곡을 자주 연주했다.

두꺼운 네 권의 악보(제1바이올린과 제2바이올린, 비올라, 첼로)는 프레드가 반세기 전에 독일 슈투트가르트에서 사들였을 때부터 의심할 바 없이 이미 구닥다리였다. 수십 년 동안 메모를 하면서 바이올린 현을 울렸던 세월은 이미 약해진 종이를 어찌할 수 없었다. 사서와 희귀도서 수집가라면 익숙하고 한편 애잔했을 100년 묵은 오래된 악보는 자동화 작업으로 값싼 종이가 범람하는 산업시대의 의도치 않은 애물단지가 되었다.

종이는 지구상에서 가장 풍부한 생체 고분자인 셀룰로스를 접착한, 얼기설기 얽힌 판에 불과하다. 나무의 줄기와 뿌리 및 잎의 주요 구성요소인 셀룰로스 섬유는 수백에서 수천 개의 포도당 분자로 이루어진 고분자 사슬로, 각각은 탄소 원자 수가 6개인 고리 화합물이다. 종이의 강도는 셀룰로스 분자의 길이와 결합 두께에 달려 있다. 지난 150년 동안 산업용 제지 공정은 기계적으로 분리한 짧은 셀룰로스 가닥을 가진 더 얇고 약한 종이를 생산했다. 대량생산된 종이를 씻어 묶을 때 산을 사용한 것도 셀룰로스의 분해를 가속시켜 종이의 수명을 줄였다. 19세기와 20세기의 '펄프'잡지, 신문, 만화, 값싼 소설을 보관하는 도서관 전체가 먼지로 변하는 중이다.

프레드 쇼프 악보가 노화하는 것은 그 누구도 피할 수 없는 슬픈 은유다. 우리는 모두 해중합 중이다. 노화된 피부, 머리카락, 근육 및 뼈는 탄소 함유 분자 사슬이 분해되면서 점차 약해진다.

코다─음악

탄소화학은 우리 삶을 지배한다. 우리가 보는 거의 모든 물체, 구매하는 모든 물건, 우리가 먹는 모든 음식은 6번 원소를 기반으로 한다. 모든 활동은 탄소의 영향 아래 있다. 일과 스포츠, 자는 것과 깨는 것, 낳는 것과 죽는 것, 모든 것이 말이다.

지금쯤이면 독자들은 내가 음악을 뜨겁게 사랑한다는 사실을 짐작했을 것이다. 그것도 탄소에 감사할 일이다. 모든 악장과 모든 악기를 어우르는 심포니 오케스트라가 탄소의 노래를 부른다. 바이올린과 비올라, 첼로와 베이스 같은 현악기 파트는 거의 전적으로 탄소화합물로 구성되어 있다. 나무판, 지판, 줄걸이틀, 울림기둥, 줄감개, 현, 말총 활, 턱 받침대 등등. 현악기의 줄감개에 바르는 미끄러운 윤활유와 활시위를 먹일 끈끈한 송진 역시 마찬가지다.

목관악기는? 이름이 말해준다. 나무는 오보에, 클라리넷 및 바순의 몸체를 이룬다. 대나무는 피리 몸통이다. 코르크. 우아한 연결 부위의 선. 금속 플루트조차도 놀라운 키 배열을 위해 윤활유와 밀폐된 가죽 패드가 필수적이다.

타악기 쪽은 드럼 스틱과 송아지가죽 드럼 헤드, 열대낙엽수 실로폰과 흑단 피아노 건반, 캐스터네츠와 탬버린, 목판과 건반, 마라카스와 마림바, 콩가 드럼과 봉고 드럼 모두 탄소의 난타 공연에 출연한다.

피아노는 대개 비슷하다. 나무 프레임, 펠트 안감 해머 및 고무 멈춤 장치가 있는데, 모두 탄소 기반의 페인트, 착색제 및 래커로 우아하게 마감된 미끈한 케이스에 숨겨져 있다. 옛날 옛적에 피아노의 88개 건반은 상아에서 잘라낸 견고한 얇은 판으로 덮여 있었다. 값비싼 장식을 치장하려 매년 수천 마리의 코끼리를 도살했다. 하나의 엄니로 45개 넘는 키보드 조각을 만들었다. 키 하나당 세 개의 얇은 직사각형 판을 세심하게 자른 다음 몇 주 동안 햇빛에 노출해서 맘에 끌리는 '흰색' 키 색조를 얻는다. 오늘날에는 사용 금지된 생체재료 대신 고분자화합물인 단단한 상아색 플라스틱으로 건반을 만든다.

아, 그렇지만 금관악기는 사정이 다르지 않냐고? 확실히 트럼펫과 호른, 트롬본과 튜바에는 탄소가 필요없다. 은도금된 마우스피스, 구리 리드 파이프, 강철 밸브, 황동 튜빙, U자형 튜닝 슬라이드 및 플레어링 벨은 모두 단단한 금속으로 만들어진다. 그러나 밸브나 슬라이드에 기름을 바르지 않으면 불과 일주일 안에 쓸모없는 죽은 금속 덩어리만 남게 된다.

탄소가 없다면 다만 침묵만이 있을 뿐이다.

제4악장

물: 탄소, 생명의 원소

흙 땅과 공기와 불
마땅히
장엄한 세계에 충분하고
온화한 환경에 충분하고
물질계를 구성하기에 충분하지만
핵심적 정수인 물이 빠졌다.
탄소는 또한 생명의 원소다.

주기율표가 만들어졌다.
별이 폭발했다.
행성이 만들어지고
풍부한 화학물질이 벼리어졌다.
결정, 액체, 기체
곧 지구는 창의적인 행동을 할 채비를 마쳤다.
탄소 기반 생명체가 창발했다.

진화와 핵분열은 혁신에
혁신을 거듭했다.
탄소 원자를 모으고
햇빛을 수확하고
탄소가 풍부한 단단한 껍질을 만들어
육지로 모험을 떠났다.
생명은 진화했다.
흙 땅과 공기, 불, 물의 영역이 함께 진화하며
지구 탄소 순환은
영원히 바뀌었다.

도입부―태초의 지구

45억 년 전의 지구를 떠올리자. 우주에서 온 암석에 부딪히고 용암과 분출하는 증기로 그을리고, 여과되지 않은 젊은 태양의 치명적인 자외선이 쏟아지는 황량한 세상을 상상해보라. 이런 극단적인 환경에서 탄생할 수 있는 생명체는 없다. 설사 태어났을망정 잠시도 견디기 힘들었을 것이다. 그렇지만, 불모의 황량한 초기 지구에도 생명을 위한 질료는 다 갖춰져 있었다.

물? 준비 완료. 생물권은 물에 의지한다. 무게로 따져 세포의 절반 이상이 물이다. 생명의 기원 시나리오의 배경은 언제나 물이다. 물은 생물학의 보편적 용매다. 세포가 태어나 자라고 자기복제하는 무대다.

에너지? 준비 완료. 모든 생명체는 음식의 화학에너지든 태양광 복사에너지든 믿을 수 있는 에너지원이 있어야 한다. 만약 이렇게 검증된 에너지원이 부족했다면, 어린 지구에는 그것말고도 내부 지열의 무진장한 에너지, 번개의 펄스 에너지, 핵분열 방사성 에너지가 넘쳐났다.

탄소? 준비 완료. 지구에는 탄소 기반의 생명 분자가 비처럼 쏟아졌다. 탄소를 가득 담은 운석이 계속해서 지구를 찾아왔다. 그뿐만이 아니었다. 지구의 대기, 바다, 암석에서도 생명의 빌딩블록들이 쉬지 않고 공급되었다. 이렇게 지구는 분자적 참신성의 엔진이 되었다.

마침내 무대는 열렸다. 흙, 공기, 불, 물은 스스로 조직화하여 새로운 뭔가가 되었다. 그것은 생명이었다.

제시부—생명의 기원

생명의 기원과 진화를 묘사하는 대서사시는 탄소화학 언어로 써야 제맛이다. 지구 역사상 가장 위대했던 단 한 번의 전환은 생물권의 출현이었다. 우리는 그 사건이 벌어졌다는 사실을 잘 안다. 우리는 여기 있고, 그 일이 어떻게 일어났는지 이해하려 애쓴다. 도저한 시간의 그림자에 갇혀 아직 정체를 드러내지 않는 그 이야기는 여전히 안갯속이다. 아직 누구도 모르는 것을 알고 싶다는 호기심에 내몰려, 작은 과학자 군단이 그 심연에 자신의 삶을 건다. 죽기 전에 그럴싸한 답을 얻으리라는 보장도 없다. 왜냐하면 이것은 답보다 훨씬 더 많은 질문을 발굴하는, 수세기에 걸친 발견의 여정이기 때문이다.

생명의 기원—5개의 W

모든 기자는 '다섯 개의 W'로 기사를 쓴다. 누가Who, 무엇을What, 어디서Where, 언제When, 왜Why. 여기에 '어떻게How'를 더하면 생명의 기원 연구자들이 맞닥뜨린 질문에 대한 포괄적인 답변을 얻을 수 있다. 이런 오래된 질문들에 우리는 얼마간 자신 있게 답할 수 있지만, 그 어느 것도 아직 완전하지 않다.

누가 그리고 왜?[1]

생명의 기원과 관련하여 '누가?' 그리고 '왜?'는 실험과학자보다 철학자나 신학자에게 더 어울리는 질문이다. 강력하고 심지어 독단적이기까지 한 견해들이 흘러넘치지만, 삶의 의미와 목적을 다루는 복잡하고 오래된 질문과 그 이유에 대해 과학은 중립을 지켜야 한다. 독립적으로 재현 가능한 관찰, 실험, 수학적 논리에 의존하는 과학은 인식론적으로 철학과 신학에 대립한다. 하지만 과학이 철학에 정보를 제공하는 것은 확실하다. 우주 게임의 기본 규칙을 모르는 채 그것의 의미와 목적을 이해할 수는 없을 테니까. 반면에 과학자들은 (다양한 생물과 무생물을 포함한) 우주가 존재하는 이유에 대한 물음 앞에서는 할 말이 별로 없다.

마찬가지로, 객관적이며 독립적으로 검증 가능한 결과를 요구하는 엄격히 제한된 과학적 방법은 '누가?'라는 질문에도 답할 수 없다. 지능을 겸비한 외계 생명체가 의도적으로 지구에 생명의 씨를 뿌렸다는 '정향定向 범종설directed panspermia'의 증거라도 발견하지 못하는 한, '누가?'라는 질문은 과학의 영역을 벗어나 있다.

언제?

책 버티개처럼 확고한 두 가지 제약조건을 찾아낸 덕에, 과학자들은 생명체가 언제 출현했는지에 대해서는 훨씬 더 자신 있게 답할 수 있다. 한 가지는, 달이 지구와 더 작은 행성후보 테이아의 장엄한 충돌로 생겨났다는 사실이다. 가장 오래된 달 암석에서 추출한 동위원소의 연대를 분석한 결과 이 대격변은 약 45억 년 전 지구와 달, 두 세계를 모두 혼란에 빠뜨렸음이 확인되었다.[2] 설령 달 형성 사건이라는 이 대재앙 이전에 원시 생명체가 나타났다 해도, 테이아와의 충돌로 뜨거워진 마그마 바다의 열기를 견뎌내지 못했을 것이다. 달이 만들어지는 동안 바다와 대기, 그리고 생명체는 전 지구적으로 그야말로 멸균되었다.

다른 하나는, 약 37억 년 전에는 이미 미생물 생명체가 확고하게 출현해 있었음을 보여주는 증거가 지구에서 가장 오래된 그린란드 암석층에서 화석으로 발견되었다는 사실이다. 미생물들이 퇴적된 미세한 광물층들이 흙덩어리 모양을 하고 있는 스트로마톨라이트는 이미 고도로 진화한 세포 생명체의 존재를 증언한다. 그렇기에 우리는 생명체가 가장 오래된 화석보다 먼저 등장했다고 결론을 내린다.

45억 년에서 37억 년 전 사이의 정확히 어느 시점에 생명이 태어났는지는 불확실하다. 생명체의 조기 출현을 주장하는 일부 전문가들은 바다와 대기가 형성되었던 약 44억 년 전에 이미 지구에 생명체가 살고 있었으리라고 추정한다. 다른 전문가들은 거대한 소행성과 혜성 무리의 격렬한 충돌이 잠잠해진 후인 39억 년 전에 생명이 기원했다는 가설을 더 좋아한다. 지구를 뒤흔들었던 충돌의 직접적 증거는 빠르게 회복된 지구 지각에서 완전히 지워졌지만 그 '대폭격'의 시기와 규모는 상처 입은 달 표면에 여실히 새겨져 있다. 어떤 경우든 우리는 지구의 역동적인 역사의 80퍼센트가 넘는 기간 동안 생명체가 활보하고 있었다고 자신 있게 말할 수 있다.

어디서?

생명의 기원에서 '어디?'를 추적하는 일은 무척 흥미롭다. 지구에서 오래전에 지워진 알 수 없는 장소에 대한 질문을 불러오기 때문이다. 우리 대부분이 추측하듯 머나먼 우주가 아닌 지구에서 생명이 출현했다면, 그리고 지구를 강타하고 달의 형성을 초래한 파국적 충격으로부터 수백만 년 안에 생명이 빠르게 출현했다면, 생명체는 지구, 그것도 상대적으로 온도가 낮았던 극지방에서 등장했으리라 짐작할 수 있다.

극지방은 암석이 먼저 굳었을 테고 가까운 곳에 새로 생긴 달이 주도하던 엄청난 조석력의 영향도 가장 적게 받았을 것이다. 미친듯이 공전하는 어린 달은 우리에겐 한 달로 익숙한 위상 주기를 며칠에 한 번씩 반복했다. 생긴 지 수천 년 동안 달은 현재 거리의 10분의 1도 안 되는 가까운 하늘에서 거대한 공처럼 보였을 것이다. 수백 미터에 이르는 조수가 끊임없이 혼란스러운 지구를 휩쓸었다. 44억 년 전, 조숙한 달의 상습적이고 파괴적인 영향으로부터 그나마 안전했던 곳은 상대적으로 시원한 극지방말고는 없었을 것이다.

생명의 기원에 대해 좀더 여유로운 시간틀을 설정해서, 예컨대 행성이 형성된 후 몇억 년이 지나 지구가 냉각되고 달이 안전한 거리까지 물러났다고 가정하면, 지구에서 생명이 어디에서 시작되었는지에 대한 질문은 잊혀지고 만다. 극지방, 중위도, 적도 그 어느 곳도 차이가 없고, 우리는 결코 정확한 범지구위치결정시스템(GPS) 좌표를 찾지 못할 것이다.

흥미로운 가능성은 '어디?' 문제를 더욱 복잡하게 만든다. 어떤 사람들은 지구 밖 어딘가에서 탄생한 생명체가 지구에 뿌리를 내렸다고 생각한다. 상상력이 풍부한, 그러나 검증되지는 않은 이러한 가설은 적어도 두 가지 형태를 취하고 있다. 더 '과학적'인 버전은 거의 확실하게 화성을 지목한다. 지구가 거주할 만한 곳이 될 때까지 수천만 년에서 수억 년에 이르는 동안 생명체가 좋아할 따뜻하고 습한 조건을 갖춘 가까운 행성을 염두에 둔 것이다.[3] 살 만한 곳에서 빠르게 생명이 등장하는 일이 우주적 사업이라면 화성에서 먼저 생명이 나타나야 했을 것이다. 암석의 보호막 아래 안전하게 자리 잡은 그 견고한 미생물 일부가 강력한 소행성 충돌의 여파로 분출된 화성 운석에 올라탔을 것이다. 게다가 그러한 폭력적인 사건은 화성 표면에서 규칙적으로 벌어졌음이 틀림없다.

반직관적으로 보일 수 있지만 과학자들은 큰 충격이 벌어지는 동안 안에 갇힌 미생물 집단이 거의 피해를 입지 않은 채 거대한 암석 덩어리와 함께 우주로 발사되었을 수 있음을 수학적 모델을 써서 증명한다. 비교적 짧은 시간 동안 지구에 도착한 그 미생물 히치하이커들은 오늘날 모든 생명체의 조상인 최초의 식민지개척자가 될 수 있었다. 말도 안 된다고? NASA가 화성 탐사를 계속하는 이유 중 하나는 오늘날 붉고 메마른 표면 아래의 안전한 생태계에서 지구와 같은 미생물을 찾기 위해서다. 만약 미생물이 발견되고 그것이 지구 생명체의 생화학적 특징을 보인다면 사람들은 화성이 먼저 그것을 했고 우리는 화성 생명체의 후손이라고 호들갑을 떨 것이다.

또다른 일군의 과학자들은 생명의 기원이 더 멀리에 있다고 가정한다.

별에서 탄소를 만드는 3중알파과정을 발견해 명성을 얻은 천체물리학자 프레드 호일은 바이러스를 실은 혜성이 지구에 첫 생명을 가져다주었다는 범종설ppanspermia의 노골적인 지지자였다.[4] 그는 한술 더 떠서, 새로운 바이러스가 우주에서 비처럼 쏟아지며 지구를 감염시키고 있다고 주장했다. 대부분의 과학자들은 그러한 시나리오가 말도 안 되는 소리라고 일축한다.

어떤 사람들은 다른 항성계에서 생명이 유래했다고 주장하기도 한다. 지적인 존재가 설계하고 의도적으로 생명의 씨를 보냈으리라는 '정향 범종설' 지지자들이다. 그러한 가설은 현재 과학으로는 검증할 수가 없다. 지적으로 나약한 유사과학은 생명의 기원 문제를 다른 장소와 다른 시간으로 유예할 뿐이다. 도대체 설계자는 누가 설계했을 것인가?

생명이란 무엇인가?[5]

이제 우리 앞에는 골치 아픈 '무엇?' 질문이 기다린다. 최초 생명의 기원에 대한 수수께끼를 풀려면 생명이 무엇인지 알아야 할 것 같다. 하지만 반드시 그런 것도 아니다.

눈으로 보면 우리는 그것이 생명체인지 아닌지 대개 안다. 그렇지만 어이없게도 생물학자들은 여태껏 보편적으로 수용되는 생명의 정의를 확립하는 데 실패했다. 이 어휘적 결함은 펄쩍 뛰는 개구리나 흔들리는 자작나무를 인식하는 데서 오는 어려움이 아니라 우주적 가능성에 대한 상대적 무지에서 비롯된다. 초록빛 지구가 우주에서 유일한 생명의 세계라면 우리는 생물권에 고유한 화학적 특이성과 물리적 특성에 대한 만족할 만한 목록을 어렵잖게 작성할 수 있을 것이다. 광활한 우주에 홀로 우리만 있다면 지구 기반 분류체계가 곧 생명체의 포괄적인 정의가 될 것이다. 우리는 탄소와 물과 같은 필수 화학성분, 단백질과 DNA와 같은 보편적 분자모듈, 리보솜과 미토콘드리아를 포함한 독특한 구조물, 그리고 이들 모두는 다양한 생물권의 가장 기본적 공통 단위인 세포의 구성원임을 지적할 것이다.

그와 달리 우주 역사를 연구하는 사람들이 흔히 생각하듯 우주에 수많은 종류의 생명체가 존재한다면, 편협한 지구중심적인 시각에서 생명체를 정의하는 작업은 주제넘은 일이 될 것이다. 그렇기에 과학자들은 생물 영역과 무생물 영역을 구별하려고 노력하는 동시에 생명의 일반적인 특성과 행동 목록을 찾으려 힘쓴다. 상상할 수 있는 모든 생명체는 개별적 혹은 집합적으로 번식하고 성장하며 환경 변화에 대응하는 한편 새롭고 참신한 속성을 진화시키는 능력을 선보일 것이다. 외계 생명체를 찾는 일을 장기 임무로 하는 NASA는 생명체가 원자와 분자 상호작용에 바탕을 둔 화학시스템이어야 한다는 단서를 덧붙인다. 따라서 실리콘 반도체 안에서 성장하고 진화하는 0과 1의 실체인 컴퓨터 기반 전자'생명체'는 우리와 사뭇 다른 새로운 분류체계와 별도의 조직화 규칙이 필요할지도 모른다.

'무엇?' 질문에는 삶의 본질을 엄밀히 정의하는 데서 오는 모호한 측면이 숨어 있다. 따라서 과학자들은 경솔하지 않도록 조심하며 분류학적 질문에 접근한다. 현재로서는 생명계의 사례가 오직 하나뿐이기 때문이다. 이러한 무지 상태는 우리 행성 탐사선 중 하나가 외계 생명체를 간접적으로 외계 생명체를 발견하거나 더 먼 외계 종이 직접 찾아온다면 언제든 깨질 수 있다. 공상과학 작가들의 무한한 창조적 비약에도 불구하고 오늘날 '살아 있다'고 말할 수 있는 자연현상 목록에는 더할 것도 뺄 것도 없다.

아직 입증되지 않은 생명체의 우주적 다양성이 무엇이든 생명체의 기원(또는 기원들)을 이해하려는 노력은 우리가 가장 잘 알고 접근 가능한 생물학, 즉 지구상의 탄소 기반 생명체에 중점을 둔다. 생명 없는 지질화학적 세계에서 풍요로운 생화학적 행성으로의 극적 전환을 치른 사건을 탐구하는 일은 가장 어려운 과학적 도전 중 하나다. 고대의 이런 급격한 변화를 한가지 이론틀로 설명하거나 몇 종류의 실험으로 규명하기에는 너무 심오했다. 그래서 이해할 수 있는 여러 갈래로 줄거리를 나누는 편이 더 낫다. 그러면 꼬이고 얽혀 진화하는 탄소화학의 구조와 복잡성의 실마리가 조금이나마

풀릴 것이다.

그리고 그것은 우리에게 **커다란** 질문을 던진다. '생명은 **어떻게** 태어났는가?'

생명의 기원: 화학적 기본 규칙

자연의 위대한 신비를 다룰 때는 기본 규칙을 검토하는 데서 시작하는 것이 가장 좋다. 핵심적인 세 가지 가정이 생명 기원 연구의 토대를 이룬다. 첫째, 과학자들은 행성이 바다와 대기 및 암석과 광물 같은 생명의 모든 기본 재료를 제공한다는 데 동의한다. 또한 생명의 기원에는 일련의 화학적 단계가 필요했으며 단계마다 복잡성과 기능이 더해진다고 결론을 내린다. 그리고 실상 모든 생명의 기원 연구에서 세 번째이자 가장 기본적인 가정은 탄소가 핵심적 역할을 맡는다는 것이다. 오늘날 탄소가 지구 생명체의 기본 원자이기 때문에 우리는 생명의 탄생 초기에도 마땅히 탄소가 주인공 역을 맡았으리라 결론을 내린다. 과연 정말 그랬을까?

생명 만들기: 왜 탄소인가?

탄소는 결정, 회로 및 물질의 원소다. 무수한 고체, 액체, 기체 형태로 존재하는 탄소는 우리 삶의 모든 면에 사사건건 관여하며 수많은 화학적 역할을 맡는다. 그러나 자연이나 인간이 만든 어떤 물건보다 훨씬 더 복잡한 구조와 기능을 보여주는 살아 있는 유기체에서는 어떤가? 생명의 불꽃을 피우는 원소는 무엇일까?

어떤 원소가 초기 생명의 주인공이 되려면 기본적인 몇 가지 기댓값을 충족해야 한다. 물어볼 것도 없이 그 원소는 넘치도록 많아야 한다. 또한 지각과 바다 및 대기에 널리 퍼져 있어야 한다. 그 원소는 다양한 화학반응도 할 수 있어야 한다. 아무 일도 하지 않은 채 그저 비활성이면 절대 안 된다.

그렇다고 너무 반응성이 커도 좋지 않다. 미약한 화학적 건드림에 섣불리 폭발한다거나 화염에 휩싸이면 안 된다.

한 원소가 운 좋게 죽어 있지도 않고 폭발하지도 않는 이상적인 화학반응성을 갖고 있다 하더라도 여기에 더해 한 가지 이상의 화학적 재간을 부릴 수 있어야 한다. 생명의 접착제와 빌딩블록으로 쓰일 튼튼하고 안정한 막과 섬유를 형성할 수 있어야 하는 것이다. 또한 정보를 저장하고 복사하며 해독할 줄 알아야 한다. 그리고 이 특별한 원소는 다른 흔한 건축자재 원소와 결합한 뒤 다른 화학물질 또는 태양처럼 풍부한 빛에서 에너지를 추출하는 방법을 터득해야 한다. 원자들끼리의 합리적 연합체는 배터리처럼 사용하기 편한 상태로 에너지를 저장한 다음 상황에 따라 적재적소에 나누어 쓸 수 있어야 한다. 두말할 나위 없이 이 필수적 원자는 화학적 팔방미인이어야 한다.

이런 까다로운 요건을 만족할 만한 후보 원자를 찾아보자. 우주에서 가장 흔한 원소는 주기율표의 맨 윗줄 첫 번째와 두 번째 점유자인 수소와 헬륨이다. 그러나 이들은 결코 생물권의 토대가 될 수 없다.

한 번에 하나의 다른 원자와 강하게 결합하는 수소는 다능성 시험에서 떨어졌다. 알다시피 수소가 중요하지 않다는 뜻은 아니다. 이 원자는 분자 접착제의 일종인 '수소결합'을 통해 다양한 생명 분자를 형상화하는 데 일조하고 알려진 모든 생명의 매개체인 물 분자 안에서 산소와 쌍을 이룬다. 그렇다손 쳐도 1번 원자는 도저히 생명을 쌓는 다재다능한 화학적 주춧돌이 될 수는 없다.

주기율표의 두 번째 원소인 헬륨은 별반 소용이 없다. 고집불통으로 불활성이라 자신뿐만 아니라 그 어떤 것과도 결합하길 거부하는 지순한 '비활성 기체'다.

주기율표 3~5번 원소인 리튬, 베릴륨, 붕소는 생물권을 이루기에는 너무 양이 적다. 지각에서 몇 피피엠에 불과한 이들 원소는 바다와 대기에는 더 적어서 생명을 빚는 후보 목록에서 무리 없이 제외된다.

6번 원소인 탄소는 생물학의 화학적 영웅이다. 뒤에서 자세히 살펴볼 것이다.

그다음 7번 원소인 질소는 흥미롭다. 지표 근처 환경에 풍부한 질소는 대기의 약 80퍼센트를 차지한다. 짝을 이룬 비반응성 질소 분자(N_2)는 우리가 호흡하는 기체 대부분을 이룬다. 질소는 수소, 산소 및 탄소 같은 다른 원소와 결합하여 생화학반응에 적극적으로 참여한다.

단백질은, 적어도 하나의 질소 원자를 보유하는 아미노산 분자의 긴 사슬이다. 필수적 유전자 분자인 DNA와 RNA 또한 구조 단위에 질소를 포함한다. 유전자 알파벳 A, T, G, C(아데닌, 티민, 구아닌, 시토신) '염기'가 그것이다. 그렇지만 마법의 숫자 10보다 전자가 3개 적은 질소는 전자 욕심이 너무 크다. 질소가 참여하는 화학반응에 에너지가 너무 많이 드는 탓에 이 원소가 주연배우로 활동하기에는 유연성이 크게 떨어지는 것으로 판명되었다. 이렇게 질소는 후보 순위에서 멀어진다.

산소는 어떨까? 원소 중의 원소인 산소는 지각과 맨틀의 절반 이상을 차지하는 월등하게 많은 물질이다. 대륙과 해양 지각의 60퍼센트 이상인 장석광물에서 산소는 다른 원소를 다 합한 것보다 1.6배나 더 많다. 휘석에는 산소와 마그네슘, 철 및 칼슘 등 일반 금속이 3:2 비율로 섞여 있다. 그리고 모래사장에서 가장 흔한 광물인 석영은 이산화규소(SiO_2)다. 해변에 누워 햇빛을 쐴 때 우리 몸을 받치고 있는 물질의 3분의 2는 산소 원자다. 이렇게 원소 중의 원소인 산소의 양은 지각 안에 탄소보다 약 1000배 더 많다.

이렇게 압도적인 양에도 불구하고, 산소는 화학적으로 단조롭다. 최외곽에 8개의 전자를 갖고 낱개로 존재하는 산소 원자는 2개의 전자를 간절히 원한다. 이 부족함을 채워줄 원자라면 어떤 것이라도 기꺼이 결합하려 든다. 탄수화물, 염기, 아미노산은 물론 물에 이르기까지 생물학적으로 중요한 모든 물질에 산소가 들어 있다는 것도 엄정한 사실이다. 그러나 산소는 생명체의 복잡미묘한 구조에서 기하학적으로 핵심적인 필수 사슬, 고리 및 가지를 형성할 수 없다. 따라서 풍부하기 짝이 없는 산소도 후보군에서 제외된다.

주기율표의 9번째 위치를 차지하는 불소는 상황이 더 나쁘다. 마법의 수 10을 채우려면 딱 하나의 전자가 필요할 뿐이다. 불소는 거의 모든 다른 원소에서 전자 하나를 탐욕스럽게 빨아들인다. 반응성 불소는 금속을 부식시키고 유리에 흠집을 내며 물과 접촉하면 폭발한다. 불소 기체가 폐에 차면 화학적 화상으로 물집이 생기는 고통 속에서 끔찍하게 죽을 것이다.

더 가보자. 10번과 18번 원소인 네온과 아르곤은 비활성 기체이므로 고려 대상이 아니다. 나트륨, 마그네슘, 알루미늄(원자번호 11~13)은 전자를 쉽게 내놓는다. 반면 인, 황, 염소(원자번호 15~17)는 열성적으로 전자를 받아들인다. 주기율표 더 아래로 내려갈수록 원소의 양은 그다지 풍부하지 않고 생명의 핵심 물질로서의 가능성은 현저히 줄어든다.

예외가 있다면 그것은 주기율표의 세 번째 줄 중간쯤에 있는 규소일 것이다. 탄소 바로 아래 있는 규소의 원자번호는 14다. 주기율표의 한 열을 공유하는 원소들은 비슷한 성질을 가지고 있으므로, 어쩌면 규소가 생물학적으로 다양하게 탄소를 대체할 수도 있지 않을까? 공상과학소설 작가들이 이 가설에 매혹된 적도 한두 번이 아니다. 나는 텔레비전쇼 〈스타트렉〉 오리지널 시리즈를 생생하게 기억한다. 윌리엄 샤트너가 제임스 T. 커크 선장으로, 레너드 니모이가 스팍으로 열연한 이 작품에서 엔터프라이즈호 승무원들은 바위처럼 생기고 지능적인 데다 꽤 위험한 규소 기반 생명체를 발견한다. 재미있는 작품이었다. 특히 바위 생명체와 인간의 평화로운 화해를 다루는 장면이 그랬다. 하지만 규소 생명체의 광물학적 전제는 잘못되었다. 생물학적으로도 규소는 막다른 골목이다. 지각 속 규소에는 오직 하나의 결합 선택지가 있을 뿐이기 때문이다. 그것은 네 개의 산소 원자를 찾아 결정을 만드는 일이다. 한번 형성되면 규소-산소 결합은 너무 강할 뿐 아니라 유연하지도 않아서 뭔가 흥미를 끄는 화학반응을 전개하지 못한다. 일편단심인 규소로는 다채로운 생물권을 아예 구성할 수 없다.

좀더 가보아도 유망한 원소 후보를 찾는 일은 쉽지 않다. 철에 눈길이 갈지도 모르겠다. 26번 원소이자 산소, 규소, 마그네슘에 이어 지각에서 네 번째로 풍부한 철에는 무슨 문제가 있을까? 반응성이 좋은 철은 쉽게 결합을 이루고 선택의 폭도 넓다. 산소와 결합? 그렇다. 이온결합으로 붉은 녹을 만든다. 유황과 결합? 물론이다. 공유결합하여 '바보의 금'이라 불리는 황금빛 황철광을 만든다. 철은 비소와 안티몬, 염소와 불소, 질소와 인, 심지어 탄소와도 결합하여 탄화철광물로도 발견된다. 반응할 원자가 없으면 자신과 결합하여 금속을 만든다. 이렇게 결합 짝이 많은 특성은 생명의 원소로서 만족할 만하지만, 철이라고 단점이 없는 것은 아니다. 광물을 형성하여 커다란 결정을 만드는 철은 작은 분자를 이루는 법이 좀체 없다. 생명체는 사슬과 고리, 가지와 틈새가 있는 매우 작고 다양한 분자를 필요로 한다. 철은 그런 기예를 부릴 능력이 거의 없다.

이제 탄소로 다시 돌아가자. 서둘러 결론을 말하자면, 탄소는 다재다능하고 가장 적응력이 뛰어난 유용한 원소다. 탄소는 생명의 원소다.

생명 만들기: 탄소는 무엇을 하는가?

짧은 대답: 탄소는 거의 모든 일을 한다. 탄소가 마주한 도전은 다면적인 생명 기능을 수행하는 엄청난 영역의 분자를 처리하는 일이다. 형상은 생명의 중요한 속성이다. 생명의 분자가 성공적으로 기능하려면 화합물의 3차원 구성이 적합해야 한다. 단순한 기능적 형태가 필요할 때도 있다. 인대와 힘줄, 덩굴과 덩굴손, 거미줄과 사람의 머리카락 같은 구조물은 밧줄 비슷한 섬유 형태를 짜기 위한 일차원 형태의 강력한 결합이 필수적이다. 길이 방향의 강한 사슬 모양 고분자를 만드는 기예쯤은 탄소에게는 일도 아니다.

이와 달리 탄소 기반 분자의 평평한 층은 세포를 둘러싸는 얇고 유연한

막, 다양한 관절을 감싸는 내구성 연골, 부드럽고 탄력 좋은 피부를 구성한다. 더 복잡한 분자 배열을 한 구조물은 세포 안팎을 드나드는 터널 같은 분자통로, 세포 내에서 영양분을 이동시키는 작은 컨베이어벨트, 유체가 흐르는 배관시스템, 심지어 정자에 추진력을 부여하여 곧 수정될 난자와의 운명적 만남을 성사시킬 초미세 분자모터까지 다양하다.

게다가 생명체에게는 다양한 화학작업을 수행할 갖가지 화학적 도구상자가 필요하다. 일부 실용적인 분자는 가위나 절단기처럼 커다란 음식물 입자를 잘게 잘라내는 일을 한다. 우리 위에는 단백질, 지방 또는 복합 탄수화물을 소화하는 분자로 가득 차 있어 부피가 큰 음식 덩어리를 세포가 이용 가능한 분자 조각으로 분해한다. 정교하게 형태가 진화한 어떤 분자도구는 두 개의 작은 목표 분자를 그러모아 새로운 완성품을 만들고 비슷한 분자끼리 분류하거나 접어서 새로운 형상을 빚는 일도 서슴지 않는다. 이러한 분자도구 중 일부는 수천 개의 원자를 말도 안 되게 복잡한 3차원 형태로 통합할 수 있다. 이렇게 놀라운 분자의 구조와 기능을 밝힌 과학자들이 몇 차례 노벨상을 받기도 했다.

이처럼 탄소는 다양한 생체 고분자 배열의 뼈대 역할을 할 수 있는 유일한 원소다. 그 비밀은 화학적 유연성에 있다. 마법의 수 2와 10 사이의 딱 중간에 있는 여섯 번째 원소 탄소는 전자를 주고받거나 혹은 다양한 방식으로 전자를 공유하면서 둘, 셋, 넷의 이웃 원자와 안정적으로 결합할 수 있다.

전자를 제어하는 일은 곧 생명의 화학적 숙명이다. 생명은 고도로 조절된 화학반응의 결과에 의존한다. 그것은 에너지를 받아들이거나 저장하고 그것을 이용하여 역동하는 조직을 만드는 복잡한 과정이다. 생명의 모든 필수 화학반응에는 원자와 전자의 재배열이 포함된다. 따라서 원자와 전자의 움직임을 제어하는 일은 곧 생명의 필수적인 과정을 조율하는 일이다.

탄소는, 자신을 포함한 수십 가지 다른 원자와 직접 결합하여 광범위한 국지적 화학환경을 조성함으로써 이 목표를 달성한다. 대부분의 탄소 원자들이 자신을 둘러싼 네 개의 원자들과 마법의 수 10을 채우기 위해 각각 하나씩의 전자를 공유하고 있지만, 탄소는 또한 다른 원자(주로 산소나 탄소)와 두 개의 전자를 공유하는 이중결합을 형성하기도 한다. 이렇게 이중결합은 네 개의 원자가 아니라 둘 혹은 세 개의 원자와 이웃하는 모양을 취한다. 더 나아가 탄소는 질소 또는 이웃한 탄소 원자와 세 개의 전자를 공유하면서 '삼중결합'을 형성하기도 한다. 삼중으로 결합한 탄소 원자는 이제 이웃 원자가 제공하는 단 하나의 전자를 필요로 할 뿐이다. 이렇듯 다양한 결합 형태소를 갖춘 덕분에 탄소 기반 분자의 기하학적 다양성은 무한정 커진다.

예컨대 많은 수소 원자로 탄소 원자의 긴 사슬을 빼곡하게 장식하면 분자 안 모든 원자와 전자가 안정하고 반응성이 적은 상태의 탄화수소 골격이 완성된다. 반응성 좋은 산소가 있는 상태에서 불을 붙여 화학적으로 격렬하게 파괴되는 경우가 아니라면 탄화수소 분자 안의 원자와 전자는 변함없이 유지된다. 그 덕에 긴 사슬 탄화수소 분자는 보호 기능을 하는 세포막의 구성요소가 될 뿐 아니라 장기간 에너지를 저장하는 지방과 기름의 형태소 역할을 한다.

이와 달리 세포 기능을 조절하는 단백질은 정교하게 전자의 움직임을 제어하면서 작동하는 커다란 탄소 고분자다. 단백질 안의 탄소는 일시적으로 전자를 붙들고 있는 철, 니켈 또는 구리 같은 금속 원자들과 짝을 이루며 주변에 전자를 전달하기 좋은 형태로 배열된다. 이제 분자 환경이 조금만 달라져도 반응이 시작된다. 하나의 화학반응이 연쇄반응을 일으킬 수 있는 것이다. 탄소 기반 단백질의 기하학적 구조에 따라 세밀하게 제어되는 전자의 빠른 움직임이 이런 방식으로 진행된다. 이 연쇄반응은 세포가 성장하고 번식할 때 필요한 새로운 분자를 충당하는 필수적 과정이다.

다양한 역할을 맡는 탄소는 타의 추종을 불허하는 분자적 유연성을 뽐낸다. 탄소는 전자를 주고받거나 그것을 공유함으로써 단일로, 혹은 이

중, 삼중으로 결합하고 분자 사슬과 고리 및 가지를 형성한다. 일산화탄소(CO), 이산화탄소(CO_2) 및 메탄(CH_4)만큼 작은 분자를 만들기도 하지만 문자 그대로 수십억 개의 원자를 가진 거대 분자 구조에도 참여한다.

이처럼 변화무쌍한 재주와 능력을 감안하면 화학자들이 실험실에서 하는 작업의 90퍼센트가 탄소를 다룬다는 게 딱히 놀랄 일은 아니다. 대학의 화학과 또는 생물학과에서 가르치는 과목들, 가령 유기화학, 고분자화학, 의약화학, 생화학, 분자유전학, 농업화학, 식품화학 및 환경화학 모두 결국 탄소의 중요성에 방점이 찍힌다. 컴퓨터 지원 약물설계, 단백질의 접힘구조, 탄소 기반 나노물질, 토양의 미시적 구성, 와인의 천연물화학 같은 구체적 주제들도 모두 탄소의 화학적 풍부함에서 자양분을 얻는다.

전략: 생명으로 가는 비상계단

생명의 기원 연구에서 인기 있는 게임은 '기원 시나리오'를 상상하는 일이다. 그 각본은 무생물의 지구화학적 환경에서 생명체가 출현할 수 있었던 화학적, 물리적 조건을 따져보는 정교하고 포괄적인 가설이지만, 실험적으로 검증이 어렵다. 이러한 상상 속의 각본은 이전에 무시되었던 물리적, 화학적 가능성에 의존한다. 그래서 종종 운모나 황철석 같은 독특한 광물 주형이 무대장치로 등장하고, 대기 높은 곳에서 바람에 날리는 에어로졸 같은 놀라운 물리적 환경 또는 해저 깊은 화산 분출구 근처의 황화물 '거품'이 등장하기도 한다.

소재의 참신함이 점수를 많이 따고 대중성도 높다. 창의적인 과학자이자 재미있는 연설가, 매력적인 작가인 영국의 광물학자 그레이엄 케언스 스미스는 '점토 세계' 가설로 많은 주목을 받았다.[6] 그는 점토 속 광물 결정이 유기분자 조각을 자기복제하고 정보를 전달하며 진화하기 시작했다고 추론했다. 그것이 현대 생물학 생체분자의 주형이 되었다는 것이다. 결정화학적 측면에서 도무지 말이 안 된다거나 과정의 메커니즘이 모호하다는 점은 그다지 큰 문제가 되지 않는다. 이 각본은 사람들의 상상력을 사로잡았고 진흙에서 태어난 고대 유태 신화의 주인공, 골렘golem을 되살려냈다.

생명의 기원 학회와 출간물에는 잊을 만하면 '방향족 탄화수소(PAH) 세계', '운모 세계', '붕산염 세계' 같은 용어가 등장한다. 그래서 그렇게 되었다는 투의 이야기가 계속해서 나오는 상황은 무생물 화학물질에서 생명계로의 이론적 도약이 얼마나 어려운지를 웅변한다.

각본이 언뜻 보기에 아무리 그럴싸해 보여도, 새로이 고안해낸 장치가 아무리 매력적이어도, 주장차의 발표가 아무리 열정적이어도, 나는 이내 숨이 막힐 만큼 답답해진다. 이런 각본과 주장은 자연계가 지닌 풍부한 가능성을 암묵적으로 부인하는 것이기 때문이다. 기원 연구는 어떤 의미에서, 거듭되는 '예/아니요 질문'을 던져 범위를 좁히면서 수수께끼의 주인공을 찾아가는 스무고개 게임과 비슷하다. 이 게임에서는 살았는지 죽었는지, 남성인지 혹은 여성인지 등을 결정할 수 있게 일반적인 질문을 던지는 게 무엇보다 현명한 전략이다.

기원 연구도 별반 다르지 않다. 가장 일반적인 질문을 먼저 던지자. 자연은 어떤 반응경로를 통해 생체분자를 합성했을까? 어떤 메커니즘에 의해 이러한 필수 성분이 기능성 생체 고분자나 세포막으로 조립되었을까? 이와 달리 대부분의 '기원 시나리오'는 질문이 너무 제한적이다. 처음 던지는 질문에서 밑도 끝도 없이 '정말 찰스 다윈입니까?'라고 묻는 것이나 마찬가지다. 직관에서 출발한 추측과 마찬가지로 시나리오도 독창적인 사고의 연상작용을 불러일으킬 수 있어서 어쩌다 운 좋게 스무 개의 질문을 이어갈 수도 있겠지만 생명의 창발이라는 깊은 과학적 질문을 향한 만족스러운 접근방식은 아니다.

물론 더 좋은 방법이 없지는 않다. 기원 질문의 답을 구하기 위한 가장 근본적인 접근방식은 생명의 출현을 일련의 화학적 단계로 간주하고 매 단계를 지날 때마다 구조와 복잡성을 더하여 지구 생물권이 구축되었다고 생각하는 것이다. 첫 번째 단계에서는 아미노산, 지질, 당 및 염기로 대표되는 기본 모듈식 분자 블록을 만들어야 한다. 다음 단계에서 이들 분자는 기능적 구조로 조립되어야 한다. 조립된 생체 고분자화합물은 막과 관문을 만들고 정보를 저장, 복제하는 한편 성장을 촉진해야 한다. 마지막으로 분자의 이런 총체가 자신의 복제본을 만드는 법을 배워야 한다.

생명의 기원을 연속된 창발 과정으로 인식하는 이런 접근방식은 공상적 시나리오가 제아무리 기발하다 할지라도 그보다 훨씬 낫다. 각 단계에서 지정된 대상을 두고 엄격한 실험을 진행할 수 있기 때문이다. 매 단계마다 그 자체로 중요한 탄소화학과 관련된 질문을 다룬다. 게다가 이런 단순한 실험전략은 탄소가 풍부한 곳이라면 그 어떤 행성이나 달 혹은 우주 어디서든 재현될 가능성이 크다.

1단계: 생체 고분자의 출현

기원 연구자들 모두가 심각하게 고려하는 첫 번째 단계는 생명체의 필수 분자 구성요소를 만드는 일임이 틀림없다. 1950년대 초 시카고 대학에서 최초의 생명 기원 연구로 알려진 획기적 실험이 이루어졌다. 적절한 박사논문 프로젝트를 찾던 대학원생 스탠리 밀러가 저명한 지도교수 해럴드 유리를 찾아간 것이 시작이었다.[7]

유리는 중수소라고 하는 무거운 수소 동위원소를 최초로 분리, 정제하고 그 특성을 밝힌 덕에 1934년 노벨화학상을 받았다. 제2차 세계대전 중 유리는 맨해튼 프로젝트에 참여하여 우라늄-238에서 핵분열성 우라늄-235 동위원소를 분리하는 실험을 주도하고 원자폭탄 개발에 중추적인 역할을 했다.[8]

전쟁 후 핵과학자들은 살상용 무기를 개발했던 응용연구에서 멀어졌다. 해럴드 유리는 암석의 동위원소 기록을 분석하고 고대 해양 온도와 과거 지질시대 대기 구성을 추론하는 지구의 화학적 진화 연구로 되돌아갔다. 유리의 영향력 있는 발견에는 생명이 등장하기 전 화산 폭발이 우세하던 초기 지구의 대기가 오늘날의 그것과 근본적으로 다르다는 사실도 들어 있었다. 그는 수소, 메탄, 암모니아를 포함한 반응성 가스의 혼합물을 가정했다. 이들 모두는 '생명 이전의 화학'의 잠재적 주인공들이다. 그러한 생소한 대기 조성이 어떤 화학반응을 불러일으킬지는 아무도 몰랐지만, 유리는 그 기체 혼합물이 생명의 출현에 어떤 의미를 함축하는지를 숙고했다. 유리의 이런 강의를 들은 밀러는 그걸 자신이 밝혀내기로 결심했다.

유리와 밀러는 우아한 탁상용 유리 장치를 설계했다. 전구와 관을 연결한 기구에 얕게 물을 담고 거기에 가스 혼합물을 채운 뒤 아래에서 부드럽게 가열하는 동안 번개가 쏟아지던 초기 지구 환경을 모방한 전기 스파크를 쬐어줌으로써 여러 자극을 한꺼번에 가했다. 그 놀라운 결과가 1953년에 출판되었고,[9] 세계 각지 신문은 '원시 지구 조건에서 아미노산 생산'이라는 제목으로 대서특필했다. 유리와 밀러는 가장 기본 성분인 물과 초기 지구 화산에서 분출했음직한 기체들로 다양한 생명의 핵심 분자를 만들었다. 이를 기점으로 생명의 기원 연구가 급물살을 타게 되었다.

생명은 해저 깊은 화산 분출구에서 시작되었을까?

어떻게 생명체가 출현했는가에 대한 질문은 겉보기엔 영 답이 없는 '어디서?' 질문과 밀접한 관련이 있다. 생명이 출현한 곳은 햇볕이 내리쬐는 바다 표면일까, 아니면 해저 깊은 곳일까? 기원 문제에서 이보다 격렬한 논쟁을 불러온 소재는 지금까지 없었다.

이분법적으로 생각하는 경향은 인간 본성에서 비롯한다. 20세기 프랑스의 인류학자이자 철학자인 『야생의 사고』(안정남 옮김, 한길사, 1996) 저자 클로드 레비–스트로스는 이러한 흑백 인식을 원시적 생존메커니즘으로 돌아가는 방편이라고 말했다. 친구와 적을 빠르게 가르는 일이 생사를 결정한다.[10] 치명적인 위험에 직면할수록 갈팡질팡하지 않는 편이 낫다. 오늘날의 뉴스는 인간 집단을 '우리' 대 '그들'로 파편화하는 인종주의, 민족주의, 정치적 파벌, 종교적 근본주의 같은, 지금까지도 이어지고 있는 경직되고 양극화된 사고방식의 결과물로 가득 차 있다.

합리적인 과학자들이 좀더 선명하고 계몽된 세계관을 갖고 연구에 임한다고 생각할 수 있다면 기쁘겠다. 하지만 많은 연구자들이 이분법의 함정에 빠져 있다는 사실은 과학사의 일면만 힐끗 보아도 알 수 있다.[11] 200여 년 전 당대의 몇몇 선도적 지질학자들은 선의의 연구자들을 동일과정설과 격변설, 두 그룹으로 쪼개어버린 뜨거운 논쟁을 이끌었다. 전자는 지질학적 과정이 점진적이고 오늘날에도 진행된다고 주장했던 반면 후자는 지질학적 역사의 원인으로 짧은 대격변적 사건(성경에 나오는 노아 홍수 같은)을 강조했다. 오늘날 진실은 둘 사이 어딘가에 있다는 것이 확실하다. 암석의 해양 기원을 선호하는 아브라함 고틀로프 베르너와 그의 수성론 추종자, 다양한 지각구조 형성의 주요 원인 인자로 열을 옹호한 제임스 허턴의 화성론 지지자 사이에서도 비슷한 소모적 논쟁이 벌어졌다. 여기서도 두 진영 모두 부분적으로 옳았다.

아니나 다를까 아미노산과 기타 생체 빌딩블록을 손쉽게 합성할 수 있다는 스탠리 밀러의 1953년 실험 결과도 새로운 이분법의 불씨를 댕겼다. 밀러와 새롭게 등장한 생명의 기원 연구자 대부분은 생물 발생 문제의 핵심 사항이 해결되었다고 결론지었다. 번개 치던 원시 대기에서 생체분자가 만들어졌다는 것이었다. 영향력 있는 생화학자 레슬리 오르겔은 "신이 이런 식으로 하지 않았다면, 그는 좋은 패를 버린 것"이라고 말했다.[12] 초기의 손쉬운 성공은 매혹적이었다. '밀러주의자'* 교리문답은 30년 넘게 이어졌다. 샌디에이고 밀러 실험실에서 훈련된 연구자 군단이 유리−밀러의 교리를 전

---

* 1844년에 예수가 재림할 거라고 주장했던 윌리엄 밀러가 창설한 기독교운동이다. 마침맞게 스탠리 밀러의 이름이 이 운동과 겹쳤다.

파하기 위해 전 세계로 급파되었다.

1977년 미생물이 서식하는 풍부한 생태계를 가진 깊고 어두운 해저, '블랙 스모커' 화산 분출구가 발견되면서 흥미로운 대체 기원 시나리오가 등장했다. 이 시나리오는 화산 광물에서 계속해서 생성되는 신뢰할 만한 화학에너지에 바탕을 두고 있다. 암석에서 에너지를 얻는다는 생명 가설은 생체분자를 만드는 그럴듯하고 보완적인 방법으로 확 다가왔다. 번개의 파괴적이고 순간적인 효과를 피하는 더 온화한 합성경로로 보였기 때문이다. 우리 중 많은 사람(갑자기 잠재적 당사자가 된 광물학자들)이 새로운 아이디어를 받아들였다. 그러나 밀러와 추종자들은 '분출공주의자Ventists'가 왜 틀렸는지 설명하는 논문을 연이어 발표하면서 열수분출공 가설에 맞서 싸웠다. 인기 있는 과학잡지 『디스커버』의 1992년 표지면에 열수분출공 가설을 평하면서 밀러는 '진짜 패배자'란 표현을 썼다.[13] 그는 "왜 우리가 이런 하잘것없는 것을 논의해야 하는지 잘 모르겠다"고 불평을 늘어놓았다.

NASA는 깊은 생명 기원 가설을 응원했다. 다른 세계, 특히 생명체를 품을 수 있는 행성과 위성을 탐사하려는 이 기관의 임무는 깊은 곳의 생명체에 대한 전망으로 인해 확대되었다. 내리쳤다 주기적으로 사라지는 번개가 주관하는 따뜻하고 습한 표면 환경에 국한되어 생명이 탄생했다는 유리-밀러 모델을 따른다면, 지구와 아마도 초기 화성이 우리 태양계에서 생명체가 살 수 있는 유일한 장소일 것이다. 이는 우주 탐사에 전념하는 조직에게는 무척 짧은 여행지 목록이다. 반면 깊고 어둡고 습한 화산지대가 주인공이라면 상황은 달라진다. 생물 탐사를 위한 지평이 넓게 열릴 테니까. 얼음으로 덮인 목성의 위성 유로파와 가니메데, 그리고 아마도 칼리스토에서도 아래로부터 열을 받는 거대한 지하바다의 증거가 드러났다. 이 위성들이 거대한 기체행성을 타원궤도를 따라 공전하는 동안 위성의 내부가 움직이며 마찰열을 내는 조석 유동tidal flexing이 지하 바다에 에너지를 공급한다.

토성의 큰 위성 타이탄은, 표면은 차갑지만, 물이 '마그마'처럼 분출해 흐르다 얼어붙는 '얼음화산'이 있어서, 타이탄 역시 깊은 열수영역을 가지고 있을지도 모른다. 더욱 매력적인 곳은 토성의 작은 위성 엔셀라두스다.[14] 지름이 500킬로미터에 불과하지만 엔셀라두스는 지하바다와, 얼음으로 덮인 표면으로 분수를 뿜어내는 열수분출구를 자랑한다. 따뜻하고 습한 지하환경을 가진 것으로 추정되는 오늘날의 화성조차 일종의 원시 지하 미생물 생태계의 고향으로 유망해 보이기 시작한다. 아직은 이론적인 추측에 불과하지만, 이런 저간의 상황을 돌아본 뒤 NASA는 열수분출공 기원 가설을 받아들이고 현장연구, 실험연구 및 이론적 모델링 연구에 자금을 지원하기 시작했다.

25년 이상 실험과 논쟁이 진행되는 동안 과학자들은 깊은 열수분출공 지역과 관련된 풍부하고 그럴싸한 생명 이전의 화학을 정립하기 시작했고 지상 합성 메커니즘을 보완해나가야 할 상황에 부닥쳤다. 이제 연구자들은 현무암의 신선한 화산 흐름이 탄산과 점토광물로 전환되는 현무암 풍화반응*과 생명을 추동하는 에너지원인 수소가 방출되는 환경에 초점을 맞추고 있다. 심층탄소 기반 화학의 새로운 증거들이 쏟아져나오면서, 오해의 소지가 있는 밀러주의자–열수분출공주의자 논쟁도 자연계의 오묘함에 대한 소모적인 양극화 논쟁의 한 사례로 과학사 연대기에 진입하고 있다.

교훈은 명백하다. 자연세계를 탐구하는 질문에 편협한 이분법 잣대를 들이대는 것은 연구자들을 편 나누어 다투게 할 뿐만 아니라, 뒤엉킨 시스템의 복잡성을 애써 무시함으로써 과학의 진보를 방해할 수도 있다. 자연은 흑백으로 채색되지 않는다. 거짓되고 자의적인 분열을 피함으로써 우리는 미묘한 진실을 향해 더 빠르게 나갈 수 있는 것이다.

---

* 현무암이 해수와 만나 사문석화serpentinization 작용이 일어나고 그 과정에서 환원성 기체인 수소와 메탄이 만들어진다. 열수분출공 주변에서 관측된다고 한다.

전 세계 수백 명의 과학자가 반세기 넘게 연구한 끝에 우리는 초기 지구가 유기합성의 엔진이었다는 사실을 알게 되었다. 아미노산, 당, 지질 등 필수 탄소 기반 생체분자는 번개가 치는 표면과 심해의 화산분출구, 햇볕이 잘 드는 만, 따뜻한 작은 연못에서 풍부하게 형성되었다. 생체분자는 탄소를 풍부하게 함유한 운석 비와 함께 하늘에서 떨어졌고 태양의 끈질긴 자외선이 공기를 되새김질하는 동안 대기에서도 만들어졌다.

지난 10년 동안 심층탄소관측단 과학자들은 지구와 다른 행성의 깊고 뜨거운 내부에서 유기분자를 생성할 폭넓은 잠재력을 확인하기 위한 실험과 이론 작업을 수행하고 이 인상적인 도록의 목록을 크게 확장했다. 열두 개 나라 연구원들은 최근 우리 대부분이 생명의 필수 분자가 만들어질 수 없다고 여겼던 극한의 맨틀 온도와 압력에서 필수 생체분자와 유기화합물을 합성하는 데 성공했다. 이 결과가 던지는 메시지는 간단하다. 우리의 젊은 행성, 나아가 우주 전역의 따뜻하고 습한 행성과 위성은 생명 분자를 만드는 데 능수능란하다는 점이다. 지난 70년간의 기원 연구가 거둔 아마도 가장 큰 성취는 우주가 생체분자 합성의 엔진이라는 사실을 분명히 한 것이다.

2단계: 선택과 집중

생명 기원의 두 번째 단계에는 새로운 도전과제가 던져졌다. 그저 유기분자를 만드는 게 아니라 그들 중에서 옥석을 구분하는 작업이 그것이다. 생물의 등장 이전에 지구는 수십만 개의 서로 다른 '작은' 분자를 생성했으며, 이들은 몇 개의 탄소로 이루어진 화합물이자 잠재적 생체 빌딩블록 후보물질이었다. 구조적 다양성에도 불구하고 생명은 최소주의 화학 전략을 채택했다. 대부분의 세포는 수백 개의 선별된 분자로 살아간다.

적절한 사례: 살아 있는 세포는 대부분의 경우, 수천 개의 아미노산 중에서 겨우 스무 개의 유형만 사용한다. 게다가 이 스무 개 아미노산 대부분

은 왼손, 오른손처럼 '거울대칭'인 두 가지 형태로 주어진다. 생명 이전의 환경에서 실험했을 땐 항상 같은 양의 왼손잡이 분자와 오른손잡이 분자를 생성하지만, 생명체는 거의 전적으로 왼손잡이 아미노산을 사용한다. 이와 유사한 선택성이 탄수화물에도 적용된다. 대부분 오른손잡이용 탄수화물이 선택되며 이런 사정은 지질과 DNA 및 RNA의 분자 구성요소에서도 마찬가지다. 따라서 생명의 기원으로 가는 길에서 두 번째 도전과제는 올바른 분자 부분집합을 선택하고 아마도 광물 표면이나 건조하고 햇볕이 내리쬐는 조수 웅덩이 가장자리에 분자를 집중시키는 일이었다.

표면은 매력적인 선택지 중 하나다. 동료 연구진과 내가 특별히 주목하는 곳이다. 고대 지구의 광활한 바다는 낮은 농도의 분자가 규칙적으로 만나 결합하기에는 적당한 곳이 아니었지만, 표면은 곧잘 짝짓기 행사가 진행될 수 있는 장소였다. 물과 기름의 계면에서 물 표면에 지방산 분자가 노출되면 분리된 층 혹은 작은 방울이 형성되기도 한다.

세포를 둘러싼 막이 그 좋은 예다. 세포막은 각각 탄소 골격을 가진 무수히 길고 가느다란 지질 분자로부터 자발적으로 조립된다.[15] 지질 분자의 한쪽 끝은 물에 강하게 끌리지만 다른 쪽 끝은 물을 강하게 배척한다. 성질이 다른 두 끝을 가진 지질 분자를 물에 듬뿍 담그면 인력과 반발력이 수백만 개의 분자를 빠르게 인도하여 안에 물이 채워진 유연한 이중층 구형 구조물이 형성된다. 물을 좋아하는 분자의 한쪽 끝은 구의 바깥쪽과 물이 든 안쪽을 향해 배열되고 물을 싫어하는 분자 말단은 가능한 한 물에서 멀리 떨어진 이중막 안쪽에서 서로 마주보고 있다.

생명 이전 분자 혼합물 실험 결과, 막을 형성하는 기전은 여러 차례 재현되었다. 밀러-유리 장치에서 긁어냈거나 탄소가 풍부한 운석에서 추출하거나 고온합성 실험에서 생성된 끈끈한 분자혼합물은 모두 물에서 자발적으로 작은 세포막과 같은 구조물을 만들어낸다. 이렇게, 가장 원시적인 세포막의 불가피한 창발이라는 기원 이야기의 일부가 해결된 것 같다.

문제는 물에 잘 녹지만 스스로 자기조직하지 않는 대부분의 생명 분자를 선택하고 집중시키는 작업이었다. 고대 아미노산은 어떻게 서로를 찾아 최초의 단백질을 만들었을까? 생물학적 정보를 전달하고 복제하는 DNA와 RNA의 분자 블록은 어떻게 처음 조립되었을까? 이 수수께끼를 풀기 위해 우리 중 많은 사람들이 광물의 세계로 눈을 돌렸다.

광물, 그리고 생명의 기원

생명의 기원은 세포화학 벽돌과 접착제인 원자재의 안정적인 공급에 달려 있다. 올바른 화합물이 있다손 치더라도 그것이 결합할 힘이 턱없이 부족한 원시수프에서 생명이 탄생하기는 참으로 요원한 일이었다.

다행스럽게도 자연은 묽은 바다에서 생명체 분자를 집중시키는 한 가지 이상의 방법을 찾아냈다. 피할 수 없는 메커니즘 중 하나는 바닷물이 튀거나 얕은 웅덩이로 흘러들어 증발하는 동안 화학물질을 농축시켜 풍부한 유기농 수프를 만드는 일이었다. 한 세기 반 전 찰스 다윈은 친구에게 보내는 편지에서 그런 '따뜻한 작은 연못'을 상상했다. 그 뒤로 그곳은 따스한 햇볕이 내리쬐는 생명 탄생의 요람이라는 아늑한 이미지가 굳어졌다.[16]

스탠리 밀러는 유기용액 용기를 저온 냉동고에 넣어두고는 30년 동안 잊어먹고 내버려둔 것처럼 꾸며 작은 연못 아이디어를 실험했다. 물이 얼면서 남아 있던 작은 액체 주머니가 탄소 기반 분자가 풍부한 용액으로 점점 농축되면, 그 속에 있던 탄소 분자끼리 천천히 반응하여 새로운 유기 종을 생성한다. 초기 지구에서의 동결 및 해동 주기가 이와 비슷하게, 농축된 생체 빌딩블록의 목록을 늘리는 데 기여했을지도 모른다.

기발한 아이디어가 계속 나왔음에도 불구하고, 물속에 있는 생명의 필수 분자혼합물들을 유용한 생물학적 구조들로 바꾸려는 수십 년간의 헛된 노력 끝에 결국, 생명 기원 연구자들은 암석과 광물이 제공하는 견고한 토대가 필수적인 역할을 했음에 틀림없다고 결론지었다. 광물 표면에 정렬된 원자 배열은 생명이 탄생하는 데에 많은 역할을 했을 것이다. 어떤 광물은 주요 생체분자인 아미노산, 탄수화물 및 염기의 합성을 촉매한다. 또 어떤 광물은 작은 분자를 선택하고 농축시켜 정확한 위치와 방향으로 표면에 붙이는 동시에 화학적 공격으로부터 이들을 보호한다. 또한 광물 표면은 분자를 기능적 막과 고분자 물질로 정렬하고 연결할 수 있는 능력을 가지고 있다.

실행 가능한 다른 대안이 거의 없다는 현실적인 상황 때문이기도 하겠지만, 광물 표면 가설은 생명의 기원 문헌에 확고하게 자리를 잡았다. 광물이 없는 상태에서 분자들이 서로 충돌하는 경우는 거의 없고, 유용한 방식으로 결합하는 경우는 더욱 적다. 열린 바다, 특히 뜨거운 해저 화산분출구 근처에서는 약한 분자가 깨질 가능성이 더 크다. 이때 광물은 생명의 분자 원료를 선택하고 농축하는 데다 이들을 보호하면서 연결한다. 이런 그럴싸한 주장에도 불구하고, 자연조건에서 광물의 역할을 검증하는 엄격한 실험을 시도한 과학자는 거의 없다.

유기분자가 광물 표면에 흡착하는 메커니즘을 증명하는 실험은 생물학과 지질학의 경계에 있다. 거의 겹칠 일이 없는 최소 세 분야의 전문지식이 필요한 탓에 연구자도 적고 일도 무척이나 도전적이다. 첫째, 온도, 물 조성 및 산성도가 정밀하게 제어되어야 하는 데다 모든 실험이 **물에서** 진행되기 때문에 수성aqueous 화학에 능통해야 한다. 또한 유기화학, 특히 아미노산과 탄수화물의 복잡한 작용에 대한 보통 이상의 지식이 있어야 한다. 수분 환경이 변함에 따라 아미노산과 탄수화물은 쉽사리 모양과 화학적 특성을 바꾸기 때문이다. 그리고 마지막으로 광물학, 특히 결정 표면을 수놓는 복잡한 원자 구조의 미묘한 차이에 대한 전문가가 되는 것이 바람직하다.

이 세 분야를 동시에 다루는 과학자는 거의 없지만, 샬린 에스트라다라는 한 명의 빼어난 젊은 연구원만이 그 일을 감당하고 남을 유일한 예외였다.[17] 세 살 즈음 〈스타트렉〉 주제에 맞춰 아빠와 덩실 춤을 출 때부터 샬린은 우주를 탐험하고 싶다는 느낌을 간직했다. 가족 중 처음으로 박사학위를 취득한 멕시코계 미국인 교수인 아버지 덕분에 그녀도 학문의 길을 걷겠다는 생각이 애초부터 확고하게 자리 잡고 있었다. 그녀는 회상했다. "저는 천문학자, 고생물학자, 고고학자가 되고 싶었습니다. 가장 좋아했던 장난감은 자석, 목성 모양 고무틀, 쌍안경 및 (살균처리된) 닭뼈였습니다. 처음에 흥미를 끌었던 것이라면 어떤 것이든 이상하다거나 무섭지는 않았습니다."

가족이 세계 최대 규모의 유명한 투손국제보석광물전시회 본고장인 애리조나주 투손으로 이사한 뒤 에스트라다는 광물학자가 되기로 결심했다. 그녀는 해마다 1월과 2월 몇 주 동안 자신의 암석 컬렉션을 채우기 위해 용돈을 모았다. 전 세계 수천 명의 딜러가 투손 곳곳의 텐트, 전시장 및 호텔 객실에 전시물을 설치했다. 애리조나 대학 학부생이던 에스트라다는 로버트 다운스 광물연구실에 미끄러지듯 끌렸고 그곳에서 그의 스타 제자가 되었다. 샬린은 광물 분야의 신진 전문가로 성장했다.

나는 학부 인턴으로 지구물리학연구소에 합류했을 때인 2008년 여름에 샬린 에스트라다를 만났다. 디미트리 스베르젠스키, 나와 함께 광물표면연구실에서 일하면서 수성화학 기술을 체득한 뒤, 샬린은 거기에 자신의 결정학 전문지식을 결합했다. 짧다면 짧은 10주 만에 그녀는 특별히 물에 안정한 이산화티타늄광물인 금홍석rutile에 아미노산을 흡착시키는 멋진 연구를 마쳤다. 현재 이 방법은 모든 광물표면 연구의 표준으로 자리 잡았다.

에스트라다의 여름 학기는 일종의 선발시험이었다. 존스홉킨스 대학원 선발과정을 통과한 그녀는 곧바로 스베르젠스키와 일하면서 지구화학과 표면과학에 몰두하게 되었다. 광물이 생명의 탄생에서 어떻게 핵심적인 역할을 했는지 증명하는 실험을 진행하는 동안 그녀는 각기 다른 광물−분자 조합을 탐구한 논문을 연이어 발표했다.

어느날 에스트라다는 바닷물의 전형적인 화학 성분인 칼슘 이온, 신선한 화산암이 물과 반응하여 해저에서 형성되는 마그네슘광물인 브루사이트가 있는 용액에 다섯 종류의 아미노산 혼합물을 같은 농도로 첨가하는 놀라운 실험을 수행했다. 우리는 모든 아미노산이 브루사이트에 비슷하게 흡착될 것으로 생각했지만 에스트라다는 다섯 분자 중 아스파르산 하나만 광물 표면에 쉽게 결합한다는 사실을 발견했다.[18] 무엇보다도 놀라운 것은 칼슘 이온이 아스파르산 분자를 도와 브루사이트에 잘 달라붙도록 했다는 점이었다. 이제 우리는 분자와 이온 사이의 협력효과가 생명의 기원에 대한 열쇠 중 하나임이 틀림없다는 사실을 깨달았다.

정보

과학은 스스로 쌓아가는 건물이다. 샬린 에스트라다의 발견은 그 건물의 한 구석, 한 장의 벽돌에 불과했지만 다른 사람들이 계속 벽돌을 쌓을 수 있는 길을 열어놓았다. 그 뒤 우리 팀에 합류한 과학자는 테레사 포나로였다.[19] 유명한 피사의 사탑과 인접한 유명한 피사 고등사범학교에서 박사학위를 취득하고 가까운 피렌체에 있는 아르체트리 천체물리관측소에서 집중연구 프로그램을 마친 포나로는 생명의 기원이라는 자물쇠를 열 신세대 천체생물학자의 한 전형이다. 대부분의 이전 젊은 과학자 집단은 상대도 안 되는 폭과 깊이로 훈련을 받은 그녀는 유기화학 및 광물학, 행성과학 및 지구 역사 전문가이며 표면과학실험실에서 까다로운 분석기계를 작동하고 광물 분자 상호작용의 정교한 양자역학 계산을 능숙하게 처리한다.

테레사 포나로는 경쟁이 치열한 과학 연구의 세계에 굳이 뛰어들 필요가 없었다. 그녀는 이탈리아 나폴리 최고의 수제 파스타 공장 중 하나인 그녀의 가족사업에 합류하여 유럽 전역과 그 너머에 있는 미슐랭 스타 레스토랑에 수십 가지 종류의 식재료를 공급할 수 있었다. 하지만 빠르게 진화하는 우주생물학이 그녀를 끌어당겼다. 테레사가 자신의 최신 연구 결과에 대해 말할 땐 생기가 넘치고, 그녀의 자신감과 열정은 사람의 마음을 빠르게 사로잡는다.

에스트라다의 작업을 이어받은 포나로는 생명 기원 연구의 핵심 미스터리 중 하나인 DNA와 RNA 정보 분자의 형성 방식에 가까이 다가갔다. 생명의 기원 전문가들은 RNA를 다재다능한 분자로 간주한다. 이 분자는 아마도 반응 짝이 없을지라도 생명의 여러 특성을 드러낼 가능성이 있다. RNA는 화학반응을 촉진하여 중요한 생물학적 기능을 가속화할 수 있다. RNA는 또한 A, C, G, U의 네 글자 알파벳으로 정보를 전달할 수 있다. 그리고 RNA는 (아직 실험실에서 입증되진 않았지만) 생명체의 필수 속성인 스스로를 정확히 복제할 수 있는 잠재력을 가지고 있다. 이렇듯 'RNA 세계' 가설은 기발한 공상 시나리오를 훌쩍 넘어선다. 어렵긴 하겠지만 과학자들은 끝내 기원 가설을 극복할 것이다. 하지만 아직까지는 아무도 그럴듯한 생명 이전 환경에서 안정적인 RNA 분자를 조립하는 방법을 알아내지 못했다. 게다가 RNA의 구성요소는 화학적으로 약하고 물에서 쉽게 분해된다.

RNA 형성 과정 및 RNA 안정성을 해칠 수 있는 심해 환경과 브루사이트에 초점을 맞춰, 포나로는 RNA 구성 염기가 광물 표면과 상호작용하는 방식을 연구했다.[20] 브루사이트가 RNA 구성요소를 선택적으로 흡착하고 동시에 깨지기 쉬운 주변의 물 환경으로부터 염기를 보호한다는 그녀의 발견은 놀라웠다. 또한 포나로는 생체 이전 환경에서 광물 표면이 RNA의 자기 조직화를 돕는 방식으로 분자의 배열을 정한다는 사실도 아울러 발견했다.

물론 이런 실험 결과는 생명의 기원을 묘사하는 줄거리 일부분에 불과하다. 광물–분자 상호작용에 대한 수십 년의 연구가 더 필요하다. 그러나 걸출한 과학자들로 구성된 공동체가 성장하면서 하나하나씩 실험을 이어가고 있다.

이런 연구는 생명 이전의 화학이 갖는 중요한 진실을 밝혀준다. 상온상압의 수돗물에서 한두 가지 화학성분이 관여하는 간단한 실험은 비교적 수행하기 쉽지만 그 결과로부터 생명의 기원에 이르는 과정을 연역하려면 무리가 따르게 마련이다. 여러 분자 사이의 협력 및 경쟁 효과는 생명체의 출현에 필수적인 역할을 했음이 틀림없다. 우리는 생명체의 복잡성이 상당 부분 지구화학적 환경의 자연적인 복잡성에서 비롯되었다고 생각한다. 생명의 분자 빌딩블록의 선택, 집중 및 조립은 원자 규모에서 3차원적으로 복잡하게 진행될 것이다. 이런 과정은 샬린 에스트라다와 테레사 포나로가 수행한 실험 결과로부터 서서히 알려지기 시작했다.

여러 개의 작은 생체분자, 용액 내 화학물질 및 광물 표면 간의 복잡한 상호작용이 지구화학에서 생화학의 복잡성으로 이어지는 경로를 암시한다는 점은 좋은 소식이다. 그에 반해 나쁜 소식은 분자, 용액 및 미네랄 사이의 이러저런 조합을 부분적으로라도 연구하는 일이 쉽지 않다는 사실이다. 그럴듯한 생명 이전 환경에서 비롯될 수 있는 가능한 수십억 개의 조합을 상상하는 일은 어지럽기조차 하다.

한 가지는 확실하다. 언제든, 실험실에서 연구할 소재가 소진되는 일은 결코 없으리라는 점이다.

3단계: 자기복제시스템의 출현

생명의 기원에 대한 핵심 수수께끼는 개별적으로 죽은 것이나 다름없고 무력한 작은 분자들이 어떻게 스스로를 복제할 수 있는 집합체로 배열되었는지 하는 것이다. 개별 아미노산, 탄수화물 또는 지질은 아무리 세심하게 선택하고 농축하더라도 생명에는 결코 가깝지 않다. 이들 성분은 어떻게든 점점 더 복잡한 시스템으로 자기조직화되어야 한다. 정보가 풍부한 생체 고분자를 만들어 유연한 보호막으로 그것을 둘러싸고 경쟁 분자의 준동을 차단하면서 원하는 화학반응을 가속화하는 촉매를 발명해야 한다. 그러나 최고 난제는 자신의 복제품을 만드는 일이다.

이러한 자기복제 분자 과정을 찾는 한 가지 전략은 현생 세포의 탄소화학을 살펴보는 일이다. 문제의 핵심은 가장 오래되고 유서 깊은 합성경로, 즉 모든 살아 있는 세포가 공유하는 가장 단순한 화학을 판별하는 것이다. 그러한 원시적인 생화학 과정 중 하나는 구연산 회로(Krebs 회로 또는 TCA 회로라고도 한다)다. 구연산 회로는 세포의 에너지 흐름에서 ATP를 생성하는 매우 중요한 과정으로, 고등학교 때 생물학을 배운 이라면 다 알 것이다. 이 회로는 에너지가 풍부한 6개의 탄소 분자, 구연산에서 시작한다. 구연산은 거의 12차례에 달하는 연속적인 분해 단계를 거친다. 매 단계마다 약간의 에너지를 방출하여 세포 기능을 구동하는 동시에 다양한 생체분자의 출발 물질을 생산한다. 이 탄소 기반 화학경로는 당신이 먹는 음식을 처리하기 위해 매초마다 수조 번씩 가동되며, 신체의 거의 모든 세포에 내장되어 있다.

약 반세기 전에 생물학자들은 일부 원시 세포가 구연산 회로를 거꾸로 돌린다는 사실을 발견했다.[21] 이 과정은 식초의 기본 성분인 탄소 2분자, 초산에서 시작된다. 초산을 이산화탄소 한 분자와 반응시켜 탄소 세 개짜리 피루브산을 만든다. 또 하나의 이산화탄소를 더하면 4탄소 옥살초산이 만들어진다. 매 단계마다 한 번에 조금씩 수소와 물 및 이산화탄소를 추가하여 모두 여덟 단계의 화학반응이 더해지면 마침내 탄소 원자가 여섯 개인 구연산에 도달한다.

이 '역 구연산 회로'는 자기복제할 수 있다. 마지막 단계에서 최종 산물인 구연산이 초산 1분자와 옥살초산 1분자로 나뉘며 그 결과 한 회로가 두 개의 회로가 된다. 계속해서 회로 두 개가 네 개 그리고 여덟 개로 증폭된다. 또한 덤으로 회로의 중간 대사 화합물이 단백질 재료인 아미노산, 복잡한 탄수화물을 만드는 당, 세포막을 만드는 지질 및 DNA와 RNA의 구성요소 같은 중요한 생체 고분자를 만들기 위한 출발점 역할을 한다.

회로의 단순성과 생화학적 잠재력을 감안할 때 우리는 생명의 기원 게임에서 역 구연산 회로 또는 그와 유사한 생화학 경로가 수십억 년 전에 최초의 자기복제시스템이 되었다고 생각한다. 우리는 이 화학적 혁신을 생명의 실제 기원과 같다고 여긴다. 원시 지구 환경을 모방한 계속되는 실험을 통해 우리는 회로의 필수적 화학 단계 전부는 아닐지라도 대부분을 재현했다. 손에 잡힐 듯 잡힐 듯 우리는 가까이 다가서고 있다.

추진력이 역 구연산 회로였든, 자기복제 RNA 분자였든, 아니면 아직 상상조차 못 하는 다른 복제시스템이었든, 복잡한 분자 공동체 구성원들은 놀랍도록 새로운 방식으로 천천히 상호작용하기 시작했다. 불현듯 갑작스러운 창조적 출현의 어느 순간, 그 분자 공동체는 자발적으로 자신을 복제하기 시작했다. 어떤 분자가 관련되었고 어떤 순서로 상호작용이 진행되면서 전이가 이루어졌는지 우리는 거의 알지 못한다. 생명의 기원에 관한 한 우리의 지식이 가장 부족한 부분이다. 현재 우리의 무지 상태는 시드니 해리스 만화의 펀치라인만큼 나쁘지는 않다. 한 과학자가 칠판에 휘갈긴 길고 복잡한 수학적 증명은 '이제 기적이 일어날 거야'라는 문구로 완결된다. 아직 우리의 지식이 일천하다 해도 생명의 기원 연구자들은 최초의 자기복제시스템의 본질에 대해 열띤 토론을 벌이면서 기적을 기대하는 대신 스스로를 복제하는 단순한 분자회로를 찾아 탐색하는 중이다.

그저 단순히 말하면 무생물 지구화학에서 생명계로의 전환은 직접적으로 이루어진 것 같다. 화학적 단계가 논리적 순서로 진행되면서 생명이 나타났다. 각 단계마다 탄소 기반 분자 네트워크에 구조와 복잡성이 더해지며 궁극적으로 진화하는 생명계로 이어졌다. 처음에는 소분자 빌딩블록이 만들어졌고 다음에는 기능성 거대분자 그리고 마지막으로 자신을 복제하는 탄소 기반 분자의 통일체가 등장했다. 매년 세계 각지에서 열리는 생명의 기원 학회 및 워크숍 중 하나에 참석하면 일련의 과학자들이 자신감 넘치는 논조로 복잡한 이미지와 그래프 가득한 최신 데이터와 가설을 제시하는 모습을 보게 될 것이다. 우리는 수십억 년 전에 출현한 생명체에 대해 많은 것을 알게 되었다. 그러나 훨씬 더 많은 것이 여전히 알려지지 않고 숨겨진 채 수수께끼로 남아 있다.

여전히 생명의 기원 연구가 흥미로운 까닭이다.

두 번째 창세기: 다른 세계의 생명[22]

수십억 년 전 지구상에 생명체가 등장하면서 지권geosphere은 생물권으로 변했다. 그 뒤 지구 생명체는 진화하여 심해에서 육지와 하늘까지 지배권을 넓혔고 생존전략의 목록도 크게 확장되었다.

우리는 이 장엄한 이야기가 지구 행성에서만 일어난 일인지 알지 못한다. 혹 은하계의 수많은 세계에서 수없이 되풀이된 일은 아니었을까? 생명은 단 한 번의 이야기일까 아니면 여러 차례 진행된 사건일까? 우주의 명령일까 아니면 그저 우연일까? 철학자들은 이 쟁점을 두고 기탄없이 토론한다. 노벨상을 탄 프랑스 생물학자 자크 모노는 다소 비관적인 관점을 취했다. 1970년에 발간된 책『우연과 필연』(조현수 옮김, 궁리, 2010)에서 모노는 이렇게 말했다. "우주는 생명을 잉태하지 않았을 뿐만 아니라 인간을 포함한 생물권도 낳은 적이 없다.… 그저 우연히 탄생한 인간은 이 광대한 우주에서 다만 홀로일 뿐이다."[23]

생명의 기원을 탐구하느라 시간을 쓰는 거의 모든 사람은 이런 부정적 견해가 적잖이 불편하다. 만일 그게 사실이라면 우리가 실험실에서 시간만 허비하고 있는 것일 테니 말이다. 벨기에 생물학자 어니스트 쇼페니엘스는 1976년『반우연파』에서 모노의 가설을 받아치면서 철학적으로 대안적 입장을 견지했다. "생명의 탄생과 진화는 지구의 환경과 현존하는 원소의 특성을 고려할 때 필연적이라고 볼 수 있다."[24] 이들 모두 재미있는 토론거리지만 확실한 답을 아는 사람은 아무도 없다.

우연인가 필연인가? 심오한 우주적 전환이 정말로 이 극명한 선택으로 환원될 수 있을까? 아니면 내가 생각하듯 양극화된 이분법 둘 다 조금씩 틀린 것일까? 별과 행성, 동위원소와 원소, 생명과 의식적인 뇌, 사회와 문화 등 새롭고 진화하는 시스템으로 가득 찬 우주에서 동결된 사건이 아니라 불가피한 사건이었다고 질문하는 일은 부자연스러울까? 어떤 탐구영역에서도 이런 질문이 적절하지 않을지 모르지만 확실히 그것은 생명의 고대 기원 탐구보다 훨씬 도전적이다. 지구화학에서 생화학으로의 전환은 우리와 같은 행성의 고유한 특성일까 아니면 우주에서조차 드문 사건일까?

둘 중 어느 쪽이든 그 가설을 뒷받침할 수 있는 신빙성 있는 데이터는 많지 않다. 우주 전체에서 우리는 단 하나의 살아 있는 세계와 단 하나의 생명 기원에 대한 증거를 갖고 있다. '두 번째 생명의 탄생'을 찾지 못하면 우리는 과연 생명이 우주적 명령인지 확신할 수 없을 것이다. 그렇지 않으면 이제 '0, 1, 다수' 규칙이 적용된다. '0, 1, 다수'는 이런 뜻이다. 자연 현상이 결코 발생하지 않거나(예를 들어, 시간이 거꾸로 흐른다), 정확히 한 번 발생하거나(빅뱅과 같은 '특이점') 아니면 우리가 셀 수 있는 것보다 더 많이 발생한다(아마도 생명의 기원).

지구와 비슷한 행성은 많다?[25]

생명의 기원 가능성을 따질 때 시간과 공간의 제약을 받는 실험과정을 떠올리는 일은 극히 자연스럽다. 일반적인 박사학위 논문은 대개 3년 또는 4년 기간을 거쳐 완결된다. 그러나 이런 제한된 시공간에 수행된 실험이라면 도저히 관찰될 법하지 않은 화학반응도 거대한 행성 공간에서는 불가피하게 벌어질 수 있다.

생명의 기원을 일련의 화학반응으로 간주한다면(게다가 나는 광물 표면에서 화학반응이 촉진된다고 생각한다), 우리는 생명 이전의 지구에서 그런 반응이 얼마나 자주 일어났는지 물어야 한다. 그 대답은 '셀 수 없이 많다'가 될 것이다. 지구와 비슷한 행성은 미세한 점토, 화산재 퇴적물, 풍화 지역 및 기타 노출된 광물을 가지며, 이들의 전체 표면적은 행성 크기의 매끄러운 공 표면보다 수백만 배나 더 크다. 이러한 광물 표면은 수억 년 동안 분자 반응을 촉진해왔다.

그와 달리 개별 화학반응은 몇 초 만에 미세한 분자 규모에서 벌어진다. 적당한 크기의 행성이라면 유기분자를 계속해서 결합하고 섞을 수 있으며, 서로 다른 화학반응을 수십 조의 수십 조의 수십 조 번 이상 효과적으로 진행할 수 있다.

생명의 기원 연구가 가진 의미는 분명하다. 엄격한 조건이나 여러 반응 분자의 비정상적인 병치를 요구하는 실험실의 제한된 조건에서는 절대 발생하지 않을 수 있지만 행성 규모의 시간과 공간을 고려하면 불가피하게 벌어질 수도 있는 것이다. 하지만 생명의 기원이 있을 법하지 않은 화학반응을 하나 혹은 그 이상을 필요로 한다면 우리는 그 문제를 해결하는 데 상당한 어려움을 겪을 수밖에 없다.

그렇다고 절망할 필요는 없다. 실험실에서라면 일어날 법하지 않은 화학반응을 관찰할 가능성을 높이기 위한 전략이 존재한다. 우리는 현대 생화학에서 분자 시간을 거슬러 작업하여 핵심 분자와 그 반응 산물을 찾아낼 수 있다. 컴퓨터 계산 화학과 결합된 조합화학의 새로운 접근방식을 통해 검색 범위를 빠르게 좁힐 수 있다. 화학적 및 물리적 직관도 기원 연구에서 일관되게 중심적인 역할을 한다. 그럼에도 불구하고, 생명의 기원에 대한 설명이 지구와 비슷한 행성에서 수십 조의 수십 조의 수십 조 번의 가능성 중에서 단 한 번만 일어나는 미묘한 반응에 의존한다면 비록 생명이 따뜻하고 습한 육지 세계의 결정론적 특성이라 해도 그 기원 화학을 이해하는 일은 현재의 실험 능력을 가뿐히 넘어설 것이다.

생명이 보편적인 우주적 명령이든 지구에 국한된 고유한 동결된 사건이든, 우리에게는 탐험해야 할 풍부하고 멋진 세계가 있다. 탄소 기반 생명체는 40억 년 전에 출현했으며 세포 수준에서 변이를 거듭하면서 진화했고 각

변이는 지구의 역동적인 탄소 순환에 새로운 충격을 던졌다.

전개부—생명은 진화한다(주제와 변주)

주제: 생명은 진화한다

40억 년 전의 젊은 지구로 시간여행을 할 수 있다면 생명의 세계로 첫발을 떼는 행성을 발견하게 될 것이다. 힘들게 먼 과거로 갔지만 몇 안 되는 육지 조각을 걷거나 지구를 둘러싼 드넓은 바다에서 헤엄쳤다면 그 누구라도 생명의 미묘한 징후를 좀체 찾지 못했을 것이다. 아마 그랬을 것이다. 지구 최초, 미세한 세포로 이루어진 희박한 개체군은 바닷속 깊고 어두운 은신처에 칩거했으며 끊임없는 태양 폭발로부터 안전한 바위 아래에 달라붙어 납작 숨어 있었기 때문이다.

지구화학 진화의 가장 초기, 생명으로 이어지는 창발 단계에는 하나의 예외적인 분자 연합체가 스스로 복제하기 시작할 때까지 다양한 분자 배열을 시도하고 폐기하는 과정이 되풀이되었다. 하지만 일단 복제가 시작되자 새로운 복사본이 환경에 범람하면서 다윈주의적 자연선택에 의한 진화가 이어졌다. 그 사본 중 일부에 돌연변이가 생기는 일은 피할 수 없었다. 산소 원자가 황으로 대체되고 그 반대의 사건도 벌어졌다. 새로 뻗은 가지와 고리가 부착된 탄소 원자 클러스터가 무리 지어 나타났다. 또다른 자발적 전이가 일어나 원자의 구성이 바뀌고 그에 따라 접히거나 비틀리고 꼬이면서 분자 형태가 달라졌다. 이런 무작위 돌연변이 대부분은 거의 영향이 없었지만 치명적인 것들도 있었다. 말 그대로 분자를 죽음에 이르게 했다. 그러나 때때로 분자 변이가 조금 더 잘 작동하여 효율적인 복사를 촉진하거나 쉽사리 분해되지 않는 분자회로가 생기고 극한의 온도 또는 산성 조건에서 생존할 수 있는 분자가 탄생했다.

진화는 자연선택의 강력한 힘이 주관하는 무대다. 찰스 다윈이 한 세기반 전에 깨달았듯, 생명계는 우리 모두가 매일 관찰하는 생명의 세 가지 속성 덕택에 진화한다.[26] 다윈의 첫 번째 전제는 어떤 종의 어떤 개체라도 변이를 나타낸다는 점이다. 두 개의 떡갈나무나 버섯 또는 두 사람이 똑같지 않다. 지금 우리는 그러한 변이가 크고 작은 생물의 피상적인 크기와 모양 저편에 존재함을 안다. 변이는 생명의 필수 분자인 수천 개 단백질에서의 근본적인 차이로 확장된다.

모든 생명체의 두 번째 속성은 궁극적으로 성체가 될 때까지 생존하는 개체보다 훨씬 더 많은 새끼(혹은 씨앗이)가 태어난다는 점이다. 매년 가을이면 도토리를, 봄이면 꽃가루를 아낌없이 쏟아붓는 이 엄정한 사실은 초등학교 3학년 발표회* 이후 내 마음에 영원히 새겨졌다. 오하이오주 페어뷰 파크에 있는 가넷 초등학교에서 벌어진 일이었다. 평소 나는 근처 록키 리버 파크에서 화석이나 광택 나는 광물을 수집하곤 했다. 어느날엔 고치 같은 덩어리가 붙은 나뭇가지를 주워 발표를 준비했다. 아뿔싸. 오전이 다 가도록 발표회는 미뤄졌고, 나는 서랍 속에 둔 나뭇가지와 고치를 까마득히 잊고 말았다.

몇 시간 지나 서랍을 열었을 때 나는 뭔가 검은 잉크 같은 것이 책에 쏟아졌다고 생각했다. 자세히 살펴보니 거기에는 수천 마리의 새끼 사마귀가 꼬물거리고 있었다. 책, 연필, 이제 먹을 수 없는 샌드위치 위에도 그 작은 갈색 덩어리가 점점이 박혀 있었다. 빛을 찾아 사마귀 새끼들은 떼를 지어 책상 가장자리로 몰리는가 싶더니 이내 바닥과 내 바지 위로 떨어져내렸다. 나는 소리쳤다. 몰려온 친구들도 소리쳤다. 금방 교실은 혼란에 빠졌다. 진공청소기를 가지고 한참 소동을 벌인 후에야 새끼 사마귀 사건은 정리되었다. 친구들은 지금까지 중 '최고의 쇼-앤-텔'이라며 엄지를 치켜들었다. 살아남는 것보다 훨씬 더 많은 개체가 태어난다. 내 눈으로 직접 확인한 사실

---

* 바로 아래 나오긴 하지만 show-and-tell이다. 초등학교에서 학생들이 물건을 꺼내들고 뭔가 얘기하는 일이다.

이다.

　진화하는 생명체가 선보이는 다윈의 세 번째 핵심 특성도 뚜렷하다. 생존 가능성을 높이는 바람직한 형질을 가진 어떤 개체는 그 형질을 다음세대에 전달할 가능성이 더 크다. 식물이 한파나 가뭄을 더 잘 견딜 수 있다면 이내 번성할 것이다. 위장술이나 지능이 빼어난 동물은 새끼를 더 많이 키울 것이다. 바람직한 특성은 궁극적으로 승리한다.

　살아 있는 세계의 이 세 가지 기본 속성을 감안할 때 생존 및 번식 능력이 뛰어난 생명체가 진화하는 데 필요한 것은 많은 세대('긴 시간'이라고 읽는다)뿐이다. 그것이 자연선택에 의한 진화의 본질이다.

　첫 번째 세포가 태어나 분열하기 시작하면서 세포와 환경 사이의 점점 더 복잡한 음성 되먹임이 활발해진 덕에 육지와 바다 그리고 상공에서 참신성이 꽃을 피웠다. 지구 생명체 진화에서 보이는 두드러진 여섯 가지 변이는 지질학적 환경과 생물학적 새로움 사이의 상호작용을 극명하게 보여준다. 가장 강력한 현미경으로조차 볼 수 없는 작은 단일 세포인 최초 생명체는 거의 전적으로 암석의 화학에너지에 의존했다. 생화학적으로 더 진보한 세포가 새로운 에너지원으로 햇빛을 수확하기 시작한, 두 번째 변이가 나타나는 데 10억 년 넘게 걸렸다. 약 5억 7500만 년 전에 펼쳐진 세 번째 변이는 다세포 생명체의 출현으로 이어졌다. 아주 새로운 생존전략이었다.

　그 뒤 얼마 지나지 않아 생물학적 무기경쟁이 네 번째 독특한 변이를 불러왔다. 광물화된 이빨과 발톱이 나타나 무장한 껍질과 뼈를 산산조각냈다. 다섯 번째 변이는 식물과 동물이 지금 우리에게 친숙한 지구의 녹색 풍경을 만들기 위해 육지로 모험을 떠났을 때 발생했다. 그리고 진화를 주제로 가장 최근에 일어난 여섯 번째 변이는 지구의 변화무쌍한 생물권에서 인간이 지배적인 역할을 할 수 있게 했다. 각 변이는 영양소를 활용하고 생명을 지탱하는 새로운 전략을 굳건히 했다. 이런 진화적 변이는 사실 에너지 탐색이었고 변화하는 지구의 표면 근처 에너지저장소에서 탄소의 순환 방식을 바꾸는 결과로 이어졌다.

제1변주곡: 미생물이 미네랄을 먹다[27]

생명 이야기에서 탄소는 언제나 각본의 주인공 원자지만 에너지가 있어야 연기도 물이 오른다. 오늘날 모든 생체분자의 핵심에 어느 것으로도 대체할 수 없는 탄소가 있기 때문에 우리는 기원화학의 중심에도 마찬가지로 탄소를 배치한다. 생명의 에너지원에 대한 질문은 미묘한 데가 있어서 그럴싸한 후보 에너지원의 범위는 다양한 편이다. 오늘날 지구상 대부분의 생명체는 결국 광합성을 통해 직간접적으로 태양에서 에너지를 얻는다. 그러나 햇빛을 모아 화학구조로 전환하는 일은 어렵고 상대적으로 최근에 개발되었으며 세포 참신성 진화의 층위를 높였다. 오늘날 지구상에서 가장 원시적인 단세포 유기체는 단순하고 아마도 훨씬 더 오래된 에너지 해법을 찾아낸 존재들이었다. 주저 없이 그들은 광물을 '먹었다'.

식자재로서 광물을 정확히 이해하려면 다소 색다른 관점이 필요하다. 아마 지구생물학자 폴 팔코프스키가 이런 정황에 가장 정통한 사람이다.[28] 뉴욕에서 태어나고 자란 베이비붐 세대인 팔코프스키는 1950년대와 1960년대에 '할렘 변두리'에서 성장했다고 회상한다. 노동자계급인 팔코프스키 가족은 생계를 꾸리기 위해 고군분투했다. 폴의 부모 누구도 과학에 특별히 관심이 없었지만, 그들은 아들에게 현미경(아홉 살 나이로는 제법 사치스러운 생일선물)을 사주고 국립자연사박물관(많은 이들이 처음으로 과학적 갈증을 느끼는 곳)을 정기적으로 방문하여 아들이 자연세계에 매료되게 만들었다. 같은 아파트에 살던, 둘 다 컬럼비아 대학 생물학과 대학원생이었던 젊은 부부도 용기를 북돋워주었다. 열대어를 키우고 복잡하고 제한된 생태계를 연구하는 일을 평생 사랑하게 된 폴의 습관은 그때 생겨났다. 오늘날에도 그의 럿거스 대학 사무실에는 온갖 종류의 물고기와 찬란한 색상의 산호가 살아가는 멋진 수족관이 위용을 자랑한다.

팔코프스키는 집 근처 브루클린 과학고등학교와 뉴욕 시립대학에서 공부했다. 철학과 논리학을 공부하고 차례로 물리학, 수학, 화학 지식을 습득한 뒤 비로소 그는 자신의 진정한 운명인 해양학의 문을 열어젖혔다. 뉴욕대학에서는 '애틀랜틱 트윈'이라는 이름의 뗏목배를 운항하며 허드슨강과 뉴욕항에서 미생물을 채취하는 프로그램을 시작했다. 당시 4학년이었던 팔코프스키가 여기에 자원한 것은 물론이다.

폴 팔코프스키는 브리티시컬럼비아 대학에서 박사학위를 받았고 남극 서부와 사르가소해 탐사를 포함해 바다에서 긴 시간을 보낸 골수 해양학자다. 그러나 그는 바다에만 머물지 않았다. 유명한 물리학 연구센터인 롱아일랜드 브룩헤이븐 국립연구소에서 수년간 일했고, 뉴저지 럿거스 대학에서 지질학 교수로도 일하면서 자신만의 독자적인 길을 걸었다. 유별난 독서가인 폴은 다른 사람들이 놓친 자연의 연결고리를 본다.

팔코프스키의 가장 심오한 통찰 중 하나는 지구가 거대한 전기회로처럼 작용하고, 당신이 이 책을 읽을 때(자주 그러기를 바란다) 불을 밝히는 전구처럼 생명이 그 회로에서 기본적인 역할을 한다는 점이다.[29] 모든 전기회로에는 세 가지 필수 구성요소가 있다. 첫째, 신뢰할 수 있는 전자저장소가 있어야 한다. 전기는 전자의 흐름에 불과하기 때문이다. 둘째, 전자가 흐르는 일종의 전기 도체가 있어야 한다. 마지막으로 이동한 전자를 모두 저장할 장소가 필요하다. 바다, 대기, 암석, 생명체 등 거대 규모에서 행성을 바라보면서 팔코프스키는 전기회로의 모든 구성요소가 거기에 있다는 점을 깨달았다. 전자는 화산을 거쳐 지표면으로 나온다. 특히 지구 핵 깊은 곳으로부터 전자가 풍부한 철 원자를 운반하는 해저화산을 통해 지구 표면으로 전자가 쏟아진다. 이러한 의미에서 암석은 전지의 음극 단자와 같다.

팔코프스키의 전기회로에서 바다는 '전선'이다. 바다는 전자가 풍부한 암석에서 멀리까지 전자를 전도한다. 궁극적으로 이들 전자는 전지의 양극

단자 역할을 하는 대기 중의 산소에 도달한다. 해저로 분출되는 신선하고 새로운 화산 암석은 쓰일 곳을 찾아 헤매는 전기 전위 에너지원이다.

광물을 먹는 미생물의 정체는 무엇일까? 더 정확히 말하자면, 이들 미생물은 주변 환경에 비해 어떤 광물의 전자가 너무 많거나 적을 때 발생하는 화학적 불균형을 이용한다. 전지에서처럼 엄청난 수의 전자가 흐를 준비가 되어 있다. 예컨대 지구 내부에서 분출되는 철이 풍부한 감람석에서 지표 환경으로 전자가 흐른다. 여기에 미생물이 끼어들어 전자의 흐름에 스스로를 연결하고 주변을 단락시킨다. 그 전기에너지는 무료 점심의 미생물 버전이다. 이 과정에서 감람석이 점차 소모되고 그 자리에 새로운 광물이 형성된다.

지구의 초기 생명체는 주변 환경과 화학적 균형이 맞지 않는 광물을 찾아 연명했다. 광물 표면에 사는 미생물은 촉매 역할을 하며 오래된 광물을 새로운 종으로 바꾸는 화학반응의 속도를 높였다. 그런 미생물이 없었다면 화학반응 속도는 한없이 늘어졌을 것이다. 사실상 대부분의 초기 세포 흔적이 화석기록에서 사라졌다. 고대 미생물 연회의 유일한 흔적은 광물층 퇴적물에 어렴풋이 남아 있을 뿐이다.

생명을 지탱하는 광물—미생물 상호작용의 비밀은 많은 금속 원소가 다양한 수의 전자를 갖는 여러 화학적 변이형을 갖추는 능력에 달려 있다. 철을 예로 들어보자. 화산 용암에서 분출되는 철 원자 대부분은 +2가 상태로 이미 주변 원자에 2개의 전자를 건네준 상태다. 그러나 산소나 전자를 갈구하는 다른 원소가 있다면 +2가 철은 전자 하나를 마저 주고 약간의 에너지를 내놓으며 +3가 상태로 안주한다.

믿을 만한 에너지를 찾는 원시 미생물은 +2가에서 +3가로 철의 전자 이동을 촉매하고 그 과정에서 녹슨 붉은 산화철을 바다 밑에 침전시킨다. 실제로 세계 최대의 철광석 광산과 망간, 우라늄 및 기타 귀중한 원소 광산은 광물을 소비하는 수많은 미생물의 작용으로 오랜 기간에 걸쳐 형성된 것이다.

이후 수십억 년 동안 생명체는 에너지 수집전략 목록을 넓혀갔지만 암석에서 에너지를 얻는 방식이 사라진 적은 한 번도 없다. 오늘날에도 이 전략은 여전히 성공적으로 지속되어 지구 전기회로의 필수적 부분으로 자리잡아 행성 지구의 전자 흐름을 가속화하고 확장한다.

깊은 지하세계 생명체는 예상 밖으로 풍부하다[30]

우리가 거의 모르는 흥미로운 현상 하나를 살펴보자. 사막이나 숲, 육지나 바다, 적도 부근이나 북극권 등, 어느 곳이라도 1마일 깊이로 구멍을 뚫고 분석했을 때 거기서 미생물을 발견할 확률은 얼마나 될까? 놀랍게도 거의 100퍼센트다. 세포 수는 많지 않고 화려할 것도 없는 데다 고해상도 현미경으로도 보일까 말까 싶은 구균이나 간균이다. 그렇지만 어김없이 거기에 살아 있는 세포가 있다. 이들은 광물을 소비하는 최초 생명체의 후손으로, 거의 알려진 적이 없는 이 숨겨진 생물권은 지구에서 가장 오래된 에너지 수확 전략의 진면목을 보여준다.

암석과 깊은 곳의 지하수가 유일한 에너지와 영양분의 원천인 깊은 지하 영역에서는 지권과 생물권의 공진화 현상이 뚜렷하게 나타난다. 지하 깊은 곳에 서식하는 미생물을 연구하는 심층생명체 센서스 사업은 심층탄소 관측단의 핵심 사업으로 지난 10년 동안 꾸준히 진행되었다.[31] 이 조사는 주로 시추공으로 깊은 광산에서 채취한 전 세계 지하 미생물 군집을 낱낱이 기록한다.

미생물 시추는 이상한 개념이지만 몇몇 지구과학자들의 흥미를 끌었다. 지구 미생물 부동산에 관심을 보이는 그들은 오만, 중국 중부, 스칸디나비아 산맥, 아프리카 사막 등 육지의 외딴 지역으로 모험을 떠나 수 마일에 달하는 원통형 암석 코어를 가져온다. 그들은 지하 세포의 희박한 개체군을 확인하고 특성화하기 위해 아프리카와 남미의 적도 지역에서 북극권까지 수십 개의 호수뿐만 아니라 지구상 모든 바다의 진흙 바닥을 뚫었다. 이 작업에서 가장 주의해야 할 일은 지표면 오염을 피하는 것이다. 땅 위의 물이 한 방울이라도 들어가면 지하 깊은 곳의 생물학적 신호는 그야말로 씻은 듯이 사라진다.

로드아일랜드 대학 해양학자 스티븐 동트는 땅속 깊은 곳 미생물의 비밀을 보았다.[32] 헝클어진 머리카락을 뽐내며 해맑은 미소를 자랑하는 동트는 과학을 즐기는 사람의 전형이다. 상당수의 과학자처럼 그도 일찌감치 과학에 사로잡혔다. "지질학과 고생물학에 관한 관심은 제 일곱 살 생일에 부모님이 포터-스피어 광물학 키트를 주셨을 때 시작되었습니다." 그는 회상한다. "암석과 광물 설명서도 있었고, 몇 가지 진단도구도 있었지요. 줄무늬판, 돋보기와 알코올램프, 정체를 알 수 없는 돌멩이도 들어 있었답니다." 그 알코올램프는 아마도 21세기 안전검사를 통과하지 못했을 거라며 웃더니, 이렇게 덧붙였다. "값나가는 것은 하나도 태우지 않았어요."

누구도 어린 동트의 흥밋거리에 관심을 보이지 않았다. "그 뒤 몇 년 동안 저는 도서관에서 몰래 지질학, 생물학, 천문학 교과서를 읽었지요. 나이에 맞지 않는다고 사서가 빌려주지 않을 때도 있었습니다." 거침없이 그는 과학 공부를 했고 스탠퍼드 대학을 졸업하고는 바로 프린스턴 대학에서 박사학위를 땄다.

스티븐 동트는 지질학적 시간에 걸쳐 생명체와 지구 사이의 복잡한 상호작용에 중점을 두고 연구를 진행했다. 과거 1억 년 전의 화석 및 화학적 기록에 초점을 맞추면서 그는 바다가 해저 퇴적물에 서식하는 미생물의 대사활동으로 끊임없이 변화를 겪었다는 사실을 깊이 인식하게 되었다. "심층 생명체를 연구하면서 생명체의 한계를 알게 되었죠. 한편 미생물이 지구에 미치는 영향을 이해할 수 있는 특별하고 새로운 기회를 제공한다는 것도 깨달았습니다." 그는 회상했다.

심층탄소관측단의 발족을 미리 예상한 듯 2002년 겨울 시추선 조이데스 레절루션호*의 공동 수석과학자로 근무했다. 동태평양의 시추원정대는 주로 지하생명체에 초점을 맞춘 최초의 탐사대였으며 지금껏 간과해왔던 심해저생명체가 다양하고 풍부하다는 사실을 여실히 증명했다.

연구가 계속되면서 과학자들은 지구의 생물권이 육지와 바다 지각 아래 깊숙한 곳까지 확장되어 있다는 놀라운 깨달음을 넘어 중요한 통찰을 이끌어냈다. 이제 우리는 지표 아래 생명체가 행성 규모로 암석을 부수면서 영양분을 재활용하고 지구 지각의 화학적 진화에서 중요한 역할을 한다는 사실을 어렴풋이 짐작한다.

심층미생물 세계를 연구하면서 생태계에 대한 개념도 달라졌다. 동트는 심층미생물 세계를 '깊은 좀비 구체'라고 부른다. 지표면 아래 미생물이 거의 아무 일도 하지 않기 때문이다. 겨우 살아 있는 듯하지만 움직이지도 번식도 거의 하지 않는다. 마치 시공간을 초월한 존재처럼 보인다. 우선 심층생명체는 놀랍도록 느리며 세포 재생산 속도는 1000년에 한 번꼴로 상당히 느리다. 지하 생태계의 평균 미생물 군집은 거의 아무것도 하지 않은 채 수백만 년 동안 지속되며, 지표 세계 생명체보다 훨씬 작은 에너지로도 너끈히 살아갈 수 있다. 땅에서 2킬로미터 아래에 있는 가장 깊은 생명체의 개체 밀도는 세제곱센티미터(대략 각설탕의 부피)당 미생물이 하나 있는 정도에 불과하다. 사람 간 거리가 평균 400마일 떨어져 있는 인구밀도에 비견된다.

갈라파고스제도의 고립된 섬에서 다양하게 분화한 '다윈의 핀치'처럼 고립된 미생물 개체도 미생물의 진화와 다양성 및 분포를 연구하는 자연실험실 구실을 하기 때문에 연구자들은 이들 심층생물권을 '다윈의 새로운 갈라파고스'라고 부른다. 심층생명체는 느리고 수도 적지만 지구의 모든 해양과 대륙에 걸쳐 1마일이 넘는 깊이까지 분포하고 있다. 그렇기에 지하세계의

---

* JOIDES(Joint Oceanographic Institutions for Deep Earth Sampling) Resolution. 1980년대 초반 심해저 샘플링 해양연구소 공동연구기구에서 탐험가 제임스 쿡의 이름을 딴 레절루션호를 연구선으로 진수했다.

총 생물량*은 생각보다 훨씬 크다.

이 신비하고 숨겨진 심층 생물권을 생각하면 이런 질문이 떠오를 것이다. 얼마나 많은 생명체가 땅속 깊은 곳에 살고 있을까? 심층 생명체 세포 안에는 얼마나 많은 탄소가 들어 있을까? 심층 생물권은 얼마나 깊은 곳까지 확장될 수 있을까? 심층 생명체 데이터는 현재 1200개가 넘는 땅 아래 지역의 기록을 보유하고 있으며 그중 일부는 지하 2마일 아래 생명체에 관한 것이다. 이곳에 숨어 사는 거주자의 다양성과 생활방식을 기록한 데이터도 계속 쌓여가고 있다. 심층 미생물권에 대한 이해가 확장됨에 따라 이곳의 몇 가지 독자적인 특성이 도드라졌다. 먼저 심층 생물권은 무척 광범위하다. 몇 년 전 대륙 가장자리, 미생물이 풍부한 해양 퇴적물 시료를 분석한 뒤 연구자들은 심층 미생물권의 생물량이 나무, 풀, 개미 및 고래를 합친 것과 경쟁할 수 있으리라 추정했다. 0.5마일보다 더 깊은 해안 근처 퇴적물은 일반적으로 세제곱센티미터당 6만 개체 이상의 미생물을 보유하고 있었다. 엄청난 수의 미생물이 광대한 지구 얕은 지하 퇴적물에 들어있는 것이다.

영양이 풍부한 해안선에서 멀리 떨어진 해양 퇴적물 지역을 최근에 측정한 결과 세제곱인치당 심해저 미생물의 수는 훨씬 적었다. 그럼에도 불구하고 연구자들은 숨겨진 심해 미생물 개체군의 수정된 생물량이 지구 총생물량의 10~20퍼센트를 차지하며 6×10^{29}개의 미생물이 존재한다고 추정했다. 개체의 크기는 작지만 심해 미생물권은 지구 탄소 순환의 한없이 매력적인 조연급 배우다.

땅속 깊은 곳에 생명체가 살아가려면 압력과 온도 및 에너지라는 세 가지 난제를 해결해야 한다. 그중에서 압력은 그리 큰 제약이 되지 않는다는 사실이 밝혀졌다. 약 20년 전 동료들과 나는 배양된 장내미생물 대장균에 압력을 가했다.[33] 우리는 지구의 심층탄소광물학 연구에 사용되는 고압 장치

---

* 2018년 『미국과학원회보』에 실린 론 밀로의 논문(PNAS, 115, 6506, 2018)을 보면 육상에 470기가톤, 바다에 6기가톤, 심층미생물 세계에는 70기가톤이 들어 있다.

다이아몬드–앤빌 셀(DAC)을 물과 영양소 및 대장균으로 채웠다. 이 압력 장치를 나사로 조여 약 2000기압 또는 가장 깊은 해구 압력의 약 두 배까지 올릴 계획이었다. 그러나 가끔 과도하게 나사가 회전하며 압력이 1만 기압 이상으로 치솟는 일도 있었다. 이는 지각 30마일 깊이의 압력에 해당한다(고압 실험 현장에서 '아차' 하는 순간). 이런 악조건에서도 일부 대장균은 살아남았다. 이 실험과 이후 (좀더 통제된) 실험 결과를 분석해서 우리는 지구 미생물 생태계가 압력의 제한을 크게 받지 않는다고 결론지었다.

그렇게 높은 압력에 노출된 상황은 몇 가지 의문을 불러일으킨다. 정확한 분자 모양을 갖추어야만 제대로 기능하는 생명체 분자가 높은 압력에도 부서지지 않은 까닭은 무엇일까? 어떤 경우에도 가소성 있는 탄소화학이 핵심이다. 압력이 낮을 때 세포막은 직선형 탄소 골격을 가진 분자로 만들어지며 이는 익히지 않은 스파게티 면처럼 나란히 정렬된다. 이들 분자는 빽빽하게 채워지지만 필수적 식품 분자가 통과할 만큼 충분한 간격을 갖는다.

아주 높은 압력이 가해지면 세포막 분자의 배열이 아주 조밀해질 것이다. 아무 일도 벌어지지 않는다면 생명을 지탱하는 영양소가 통과할 수 없을 것이다. 따라서 고압 상태에서 세포막은 탄소 골격을 구부린다. 마치 개다리처럼 구부러진 형상을 취하는 것이다. 나란히 늘어섰다 고압에 노출되면 스프링처럼 구부러져서 부서지지도 않고 영양분이 드나들 통로도 제공한다.

온도 이야기는 이와는 사뭇 다르다. 우리는 물의 끓는점인 섭씨 100도가 생명의 절대 상한선이라고 간주한다. 하지만 압력은 액상 물의 안정성을 높인다. 가장 깊은 해저 화산분출구 주변의 수온은 섭씨 287도를 넘는다. 높은 온도에서 생명체가 갖는 근본적인 한계는 필수 단백질의 분해로 인한 것이며 그중 일부는 약 126도에서 분해된다. 이 정도 온도에서 우리는 끔찍한 화상을 입겠지만 몇몇 강건한 미생물은 극한의 열도 견뎌낸다. 현재로서는 섭씨 126도가 우리가 알고 있는 세포 생명체의 한계로 간주된다.

지구의 온도와 압력은 긴밀히 연결되어 있다. 깊이 들어갈수록 더 뜨겁다. 옐로스톤이나 아이슬란드의 열수 지역과 같은 일부 '열점hot-spot' 부근에서는 몇 미터만 내려가도 생명의 상한 온도를 바로 넘어선다. 그러나 화산활동이 없는 시원한 대륙에서는 땅 아래로 1마일 내려갈 때마다 온도가 화씨 약 20도씩 올라간다. 결과적으로 일부 미생물이 땅속 10마일 아래에서 살 수 있을 듯 보이지만, 그 깊이의 암석 시료를 채취하는 일은 현재의 시추기술로는 불가능하다.

심층 미생물 생명체가 해결해야 할 세 번째 과제는 신뢰할 수 있는 에너지원을 찾는 일이다. 심층 미생물은 때로 작은 물주머니에 갇혀 수백만 년 동안 고립되기도 한다. 액체가 채워진 공동을 둘러싸고 있는 광물 알갱이의 화학에너지는 이미 고갈된 지 오래지만 최근 연구에서는 예상치 못한 또다른 에너지원인 방사능이 밝혀졌다. 모든 암석에는 방사성 우라늄의 흔적이 있다. 아마 원자 100만 개당 하나꼴로 우라늄 원자가 존재하는 것 같다. 우라늄의 에너지 붕괴는 극도로 느려서 45억 년마다 원자의 약 절반이 자연적으로 변형되고 파괴적인 알파입자를 방출한다. 그러나 암석에는 상대적으로 풍부한 우라늄 원자가 포함되어 있어 느리고 꾸준한 알파입자의 흐름이 지표 아래 영역에 널리 퍼진다. 알파입자가 물 분자와 충돌하면 그 충격으로 물이 수소와 산소로 분해된다. 이는 미생물의 완벽한 먹이다. 큰 에너지원은 아니지만 분명 규모가 작은 미생물 집단을 오래도록 행복하게 운영할 정도는 된다.

광물학자로서 나는 생명 이야기가 광물의 왕국과 떼려야 뗄 수 없게 연결되어 있다는 사실에 푹 빠졌다. 갓 태어난 생명체들은 암석과 광물 틈에서 첫발을 내디뎠지만 한 세월이 지나 그보다 훨씬 더 유망하고 신뢰할 수 있는 에너지원을 찾아냈다. 생명은 태양빛에 의존하여 살아가는 방법을 체득했다.

제2변주곡: 생명이 햇빛을 에너지로 사용하는 법을 배우다[34]

10억 년 넘게 지표 혹은 땅속 깊은 곳에서 물에 매여 사는 두 원시적 미생물 집단이 지구 탄소 순환에 기여했지만 그 정도는 미미했다. 그 즈음 지구의 총생물량은 무척 적었다. 미생물은 해수에 노출된 신선한 화산 주변의 암석에서 분출되는 화학에너지를 먹고 살았기 때문에 사는 곳도 드문드문 분포했을 뿐이다. 생명체가 훨씬 더 용량이 큰 에너지원인 태양빛을 이용하는 방법을 발견함에 따라 상황은 급변했다.

광합성은 놀라운 생물학적 혁신이다. 오늘날 우리가 알고 있는 광합성의 핵심은 주변에서 쉽게 구할 수 있는 단순한 분자인 물과 이산화탄소와 햇빛에너지를 써서 생명에 필요한 전 범위의 분자 제품(생명의 기체인 산소도 포함해서)을 제조한다는 점이다. 복잡한 세부사항은 제쳐두더라도 이 과정은 근본적으로 새롭고 효율성이 높은 탄소 순환 경로였다.

광합성은 태양에서 흘러나오는 빛의 파동 또는 '광자'의 우연한 특성에 의존한다. 광자는 에너지를 운반한다. 파장이 짧을수록 에너지가 커진다. 게다가 그 에너지는 흡수 과정을 거쳐 광자에서 원자로 전달될 수 있다. 하지만 골디락스와 죽 세 그릇처럼 너무 덥지도 춥지도 않은 에너지의 스윗스팟*이 있다. 생물학의 핵심 화학반응을 유도하려면 원자 사이의 전자 흐름을 제어하기 위해 딱 맞는 양의 에너지를 흡수해야 한다.

원자는 가시광선보다 파장이 긴(따라서 에너지가 더 낮은) 적외선 광자를 쉽게 흡수한다. 우리가 열에너지라고 느끼는 적외선은 원자가 진동하는 속도를 조금 더 빠르게 만든다. 태양빛이나 타오르는 불을 쬐면서 따스함을 느낄 때 우리 피부는 적외선을 흡수하고 있는 상태다. 그러면 피부 속에 든 분자들이 뜨거워진다. 화창한 여름날 아스팔트 위를 맨발로 걸을 때 분명히

---

* 문자 그대로 '달콤한 작은 점'이라는 뜻의 스윗스팟sweet spot은 가장 충격을 덜 받지만 강타를 날릴 수 있는 라켓의 특정 부위를 지칭하는 스포츠용어다.

느끼듯, 물체가 검은색이면 이런 효과가 증폭된다. 하지만 가장 높은 에너지를 가진 적외선 광자(적색광과 가까운 파장을 가진 광자)만이 원자 사이에서 전자를 이동시켜 생물학적 반응을 일으키기 충분한 양의 에너지를 갖는다.[35]

빛스펙트럼의 다른 쪽 끝 영역인 자외선은 가시광선보다 파장이 더 짧고 에너지가 더 크다. 잠재적으로 위험한 이 광자는 일부 전자를 원자에서 완전히 떨어뜨릴 만큼 충분한 에너지를 가지고 있다. 우리는 원자 간 결합을 파괴하고 중요한 분자를 조각낼 수 있는 이 과정을 '이온화'라고 부른다. 분자가 부서지고 그에 따라 피부세포가 죽는 심한 일광화상을 겪은 적이 있다면 바로 이온화 자외선을 쬔 것이다. 손상을 끼치는 자외선 광자는 대부분의 생물학적 반응을 추진하기에는 너무 많은 에너지를 갖는다.

가시광선 광자, 특히 스펙트럼 에너지가 덜한 적색 말단 근처에 있는 광자는 자신이 정착할 곳을 찾아간다. 녹색 식물 색소인 엽록소의 원자 무리가 이 적색광 광자를 흡수하면 전자가 들뜬 상태로 도약한다. 그 전자는 한 원자에서 다른 원자로 움직이며 새로운 화학결합을 형성할 수 있다. 광합성 미생물은 가시광선 및 근적외선 광자의 이런 우연한 속성을 생명 활동을 구동하는 데 사용한다.

유황 냄새를 풍기는 생명체

30억 년 전에 발명된 최초의 광합성은 지구에 산소가 풍부한 대기를 생성했다는 교과서적인 얘기와는 아무 상관이 없다. 태양에너지를 활용한 최초의 세포는 생물학을 구동하기 위해 냄새가 고약하고 유독성인 화산 분출 가스, 황화수소를 사용했다. 이 '녹색황세균'은 '광계 I'이라고 불리는 집광 과정을 거쳐 태양의 적색 파장을 흡수하고 전자를 흐르게 했다.

이 과정의 첫 번째 단계에서 엽록소가 방출한 전자는 다른 원자로 옮겨간다. 폴 팔코프스키는 미생물 진화를 다룬 매력적인 책 『생명의 엔진』에서 이를 지하철 흐름에 빗대어 비유적으로 표현했다. 원자 사이에서 전자를 이

동시키는 것은 출퇴근시간에 지하철 정류장 사이를 이동하는 것과 같다. 스스로를 엽록소에서 기다리고 있는 음전하라고 생각해보자. 두 개의 음전하는 서로 반발할 것이기에 편안한 분자 플랫폼에 있는 전자가 음전하로 가득 찬 지하철 객실로 뛰어오르지는 않을 것이다. 하지만 제복 입은 역무원이 푸시맨처럼 우리 등을 힘주어 밀면(일부 국가에서 하는 것처럼) 덜 붐비는 분자 플랫폼으로 나오기 전에 적어도 한두 정거장쯤은 객실에 갇히는 신세를 면치 못할 수도 있다.

같은 방식으로 적색광 광자는 색소에 있는 전자를 밀어 다른 원자로 움직이도록 에너지를 제공한다. 전자를 잃은 색소는 스스로 양전하를 띠고 다른 전자를 받아들일 공간을 마련한다. 다시 말하면 광합성 색소 안에 든 금속에서 전자가 이동한다. 이때 생긴 빈 곳을 채울 전자는 황화수소에서 나온다. 이 화합물을 수소와 황으로 분리하는 일련의 화학반응에서 전자가 나오는 것이다. 그 결과 생기는 반응성 생성물은 생명체에게 풍부한 화학적 연료를 공급한다.

그게 다가 아니다. 어떤 미생물은 태양이 제공하는 무료 점심을 먹기 위해 완전히 다른 생화학경로인 '광계 II'를 진화시켰다. 이른바 홍색세균은 약간 더 에너지가 강한 광자를 흡수하여 전자를 흐르게 한다. 최종 생산물은 녹색황세균의 그것과 비슷하다. 황화물sulfide이 깨지면서 나오는 전자가 생명체에 연료를 제공하는 일련의 반응 출발선에 선다.

비록 30억 년 전에 출현했지만 녹색 및 홍색 세균은 여전히 물에 잠긴 곳에서 고립된 삶을 영위하고 있다. 현재 이들 미생물은 치명적인 산소는 거의 없지만 햇볕이 잘 드는, 흐르지 않는 깊은 물속에서 발견된다. 그렇다고 해서 이들 두 광합성 미생물의 유산이 쇠락하는 신세로 전락한 것은 아니었다. 놀랍게도 햇볕을 모으는 두 기제를 현대의 2단계 광합성 버전으로 승화시킨 혁신적 진화가 일어났던 것이다.

물의 힘

황화물은 녹색 및 홍색 세균의 맞춤 화학연료다. 최소 35억 년 전부터 수단이 좋은 미생물 집단은 황화물과 붉은빛 단일 광자를 버무려 태양에너지를 수확했다. 그러나 황화물은 지구 표면에 어디에나 존재하지는 않는다. 따라서 황과 수소 에너지는 지구가 제공할 수 있는 최선의 에너지는 아니다.

물이 훨씬 낫다. 물(산화수소)은 황화수소보다 양이 풍부할 뿐만 아니라 생물학적 연료를 공급할 잠재력도 월등하다. 산소와 수소로 분해되면서 더더욱 큰 에너지를 내놓을 수 있기 때문이다. 물은 지구 생명체의 궁극적 대표 연료이지만 문제가 전혀 없는 것은 아니다. 황화수소보다 물을 분해하는 데 훨씬 더 많은 에너지가 필요한 까닭이다. 단일 광자로서는 이런 기예를 부릴 수 없다. 수십억 년의 시행착오를 겪었지만 결국 운 좋은 미생물은 광계 I과 II의 오묘한 조합인 산소 광합성의 2단계 과정을 찾아냈다. 이러한 일련의 광자 흡수를 통해 생명체는 물을 수소와 산소로 분해하는 데 필요한 추가 에너지를 확보하게 되었다.

이제 생명체들은 물이 쪼개지는 데에 뒤따르는 일련의 화학반응 세계에서 살아간다. 가장 중요한 것은 수소 분자와 이산화탄소가 결합하여 포도당을 생성하고 산소를 폐기물로 남긴 사건이었다. 포도당 분자들은 함께 결합하여, 녹색 생물군의 주요 구성성분이자 지구상에서 가장 풍부한 생체분자인 '셀룰로스'의 견고한 사슬을 이룬다. 줄기와 잎, 뿌리와 가지, 풀과 나무 등 현대 지구 생물량의 절반은 셀룰로스다. 셀룰로스 생산의 파급효과는 엄청났다. 수십억 년 전 광합성 세포가 햇빛을 흡수하기 시작하자 대기 중 이산화탄소는 살아 있는 세포의 먹잇감이 되었다. 공기와 물은 점차 얕은 해안 환경을 빼곡히 채운 녹조류와 녹색 식물로 변했다. 탄소가 풍부한 생물량이 가라앉아 바닥에 묻히고 대기와 해양에는 산소의 함량이 크게 늘었다.

지금부터 약 20억 년 전에 지구는 전환점에 도달했다. 탄소와 산소의 얽힌 순환이 가속화되는 '대산소 사건'을 거쳐 지구가 현대 세계의 길목으로 접어들었다. 산소가 풍부한 대기에 살고 있으므로 우리는 이 기체를 2단계 광합성에 의해 생산된 단순한 부산물이라고 무심코 생각한다. 생명 진화 이야기에서 오랫동안 더이상의 역할이 부여되지 않은 화학폐기물로 뒷전 취급하면서 말이다.

그러나 대산소 사건은 지권geosphere 진화에서 놀라운 역할을 했다. 20억 년 전쯤에 대기 산소량은 현대 수준의 1~2퍼센트 정도로 풍부해졌다. 많은 암석이 부식성 가스와 반응하여 이전에는 지구에서(뿐만 아니라 태양계 어디에서도) 볼 수 없었던 새로운 광물종이 무수히 생겨났다.[36]

대산소 사건 이전의 광물은 전자가 풍부한 환원된 금속 원자를 특징으로 했다. 구리, 니켈, 몰리브덴, 우라늄 같은 희귀금속과 철, 망간 같은 비교적 일반적인 원소가 수백 종의 광물에 집중되어 있었다. 대기로 쏟아지는 산소 덕분에 이런 상황은 급변했다. 찾을 수 있는 모든 여분의 전자를 먹어 치우면서 산소는 수천 가지 새로운 유형의 광물을 탄생시켰다.

동료들과 함께 나는, 세계 각지의 자연사박물관에 전시되어 사랑받는 다채로운 수정을 포함하여, 지구 광물종의 3분의 2가 광합성 산소의 직접적 결과물이라고 추정했다. 짙은 녹색 공작석, 청색 아주라이트, 준보석인 터키석을 비롯한 대부분의 구리광물은 대산소 사건 이후에야 나타났다. 거의 300종에 이르는 다양한 우라늄광물의 90퍼센트 이상이 밝은 노란색과 주황색 결정으로, 광합성의 간접적인 영향을 받았다. 탄소를 함유한 광물 또한 새로 진화된 지구의 표면 근처 화학환경에 조응하여 다양성을 증폭시켰다.

지구의 광물 진화가 생물 진화에 직접적인 영향을 받았다는 사실은 다소 충격적이다. 수십 년 전과 비교하면 시각이 급변했다. 내 학위논문 심사 위원이었던 한 교수는 이렇게 말하기도 했다. "생물학 수업을 왜 들어? 쓰잘데라곤 한 군데도 없는걸."

제3변주곡: 거대한 생명체가 나타나다[37]

눈을 감고 '생명'을 상상해보라.

그러면 우리는 눈에 보이는 뭔가를 떠올린다. 고양이나 꽃, 또는 모이통을 들락거리는 굴뚝새. 훨씬 더 큰 생명체가 떠올랐을 수도 있다. 아름드리 나무나 팬더, 아마 코끼리도 등장했을 것이다. 노아의 방주에서 현대의 도시 동물원에 이르기까지 대개는 카리스마 넘치는 커다란 동물이 언론의 주목을 크게 받기 마련이다. 하지만 지구 역사 전체의 맥락에서 그것은 생명에 대한 무척 왜곡된 관점이다.

적어도 지구 역사의 4분의 3에 이르는 시간 동안 '생명체'는 거의 모두가, 주로 지표면 아래 깊이 숨겨진 곳에서 살면서 겨우 가끔 돌덩이 스트로마톨라이트나 고약한 냄새를 풍기는 녹조류 떼로 모습을 드러낸 현미경 수준의 작은 세포였다. 오늘날의 생물권은 헤엄치고 기거나 나는 현대적 혁신으로 가득 찼다. 하지만 그러한 혁신은 고작해야 지구 역사의 뒤쪽 10퍼센트 정도를 보여줄 뿐이다. 그래서 질문은 이렇다. 단세포 생활양식으로 30억 년을 살던 세포들이 갑자기 협동하며 다세포 생명체로 살기로 한 까닭은 무엇이었을까?

가장 간단한 대답은 하나의 세포가 모든 일을 다 하기 어렵다는 점이다. 생명의 필수 분자를 만들거나 먹는 일, 다른 배고픈 세포로부터 자신을 보호하는 일, 세대를 거듭해 정확한 사본을 만드는 일 등이 그런 것들이다. 그렇기에 자연의 가장 원시적인 단세포 유기체는 종종 '연합체consortia'를 이루어 산다. 여기서는 각기 다른 세포가 자신만의 특화된 화학적 역할을 맡는다. 미생물 연합체는 정교한 전자춤을 추며 항상 기증자와 수용자 사이에 전자가 흐른다. 일부 미생물은 태양으로부터 에너지를 얻는다. 다른 미생물들은 광합성 하는 이웃이 만든 화합물에서 음식물을 확보한다. 연합체 구성원들은 독자적이고 전문적인 화학기술을 개발하고 몇 가지 필수 생체분자만을 생산하여 연합체 다른 회원에게 공급한다. 따라서 연합체 구성원들은 서로 의지하며 자신의 생존을 함께 영위한다.

이렇게 합리적인 세포공동체는 인류의 에너지 중심 경제와 다르지 않다. 일군의 사람들은 석탄을 캐거나 곡식을 재배하는 한편 햇빛을 모으거나 풍력을 이용하여 에너지를 생산한다. 다른 사람은 자동차, 옷, 집, 피아노 같은 유용한 제품을 전문적으로 만들고 그 제품을 에너지와 바꾼다. 마찬가지로 세포 연합체는 고유한 유전적 정체성과 내부화학을 기반으로 각기 독립적이고 고유한 역할을 담당하는 다양한 세포로 구성된다.

함께 잘 놀다

세포끼리 협력한다는 아이디어를 놀랍도록 새롭게, 창발적으로 재해석한 존재는 약 15억 년 전 '진핵세포eukaryotic cell'라는 비교적 큰 단세포 생명체 형태로 모습을 드러냈다. 진핵세포는 내막으로 둘러싸인 내부구조를 특징으로 하며 '진정한 핵'(eukaryote 자체가 그리스어로 이 뜻이다)을 가지고 있다.[38] 막으로 둘러싸인 '소기관'(organelle, 사람으로 치면 생명유지에 필수불가결한 핵심 기관)에는 DNA를 수용하는 핵, 발전소 역할의 미토콘드리아, 빛을 수확하여 에너지가 풍부한 탄수화물로 바꾸는 엽록체가 포함된다. 일부 생물학자들은 진핵생물의 부상을 생명 역사에서 가장 중요한 단일 혁신으로 여긴다. 진핵세포는 이전의 그 어느 세포도 갖지 못했던 내부 에너지원을 가짐으로써 다양해지고 서로 협력할 수 있는 토대를 마련했기 때문이다.

진핵생물의 이 새로운 복잡한 세포 구조는 어떻게 나타났을까? 미토콘드리아와 엽록체가 중요한 단서를 제공했다. 이들 두 세포소기관은 자신의 막과 DNA를 가지고 커다란 진핵세포 안에서 독자적인 세포처럼 스스로 복제한다. 오늘날에는 더 큰 세포가 하나 이상의 작은 세포를 삼키면서 마침내 진핵세포가 된 것으로 보고 있다. 더 큰 유기체에게 소화되는 대신 작은 세포는 새로운 협력의 길을 모색했다.

세포공생설은 현명하면서도 논쟁적인 생물학자 린 마굴리스가 주창한 개념적 혁신이다.[39] 이 가설은 이제 모든 생물학 교과서에 실린 보편적 진실로 자리 잡았다. 하지만 그러기까지 인내의 시간이 필요했다. 20년 동안 생물학계는 '공생설'이라는 개념을 배척했다. 열몇 차례나 거부되었던 마굴리스의 논문이 간신히 출간된 해는 1967년이다. 그녀가 제출한 연구비 신청서도 매번 신랄한 비판과 함께 되돌아왔다.[40]

당시 과학자들이 마굴리스를 비판했던 이유는 부분적으로 공생 가설이 이미 확립된 진화론을 위협한다고 느꼈기 때문이었다. 자연선택에 따른 진화라는 다윈의 패러다임은 셀 수 없이 많은, 대개는 사소한 돌연변이에 의한 점진적인 변화를 요구했다. 그러한 변화는 조금이라도 적합한 개체가 집단 내에서 선택되는 기전을 통해 일어난다. 20세기 버전의 다윈주의에 따르면, 돌연변이는 전적으로 DNA의 유전적 변이에서 비롯된 것이다. 하지만 공생 가설은 완전히 다른 두 종 사이의 협력적 합병으로 새로운 생명체가 탄생했노라고 반기를 든 셈이었다. 미토콘드리아와 엽록체에서 DNA가 발견되고 이들이 한때 독립적인 생명체였다는 사실이 알려지기 전까지 쓰라린 교착 상태가 계속되었음은 말할 나위가 없다.

생명과학 커뮤니티가 진핵생물의 공생 기원을 받아들이면서 마굴리스에게 수십 개의 상과 메달 및 명예학위를 수여하기도 했지만, 그녀는 더 거세게 밀어붙였다. 마굴리스는 공생이 생명 진화의 가장 중요한 원동력이라고 주장했다. 유전적 변이는 돌연변이가 아니라 세포 간 DNA 전달로 인해 발생한다. 그녀는 자신의 견해를 주장하는 한편 신다윈주의자들을 신랄하게 공격했는데, 그녀에 따르면 그들은 '동물중심적이고 자본주의적이며 비용편익의 논리로만 다윈을 해석하는 경쟁심으로 똘똘 뭉친' 사람들이었다.[41]

마굴리스는 흰개미, 소, 나무, 사람 등 모든 곳에서 공생 진화 경로를 보았다. 깊은 열정과 방대한 양의 해부학 및 분자 데이터를 바탕으로 그녀는 실질적으로 지구상의 거의 모든 생명체가 경쟁이 아닌 협력하는 세포 집단에 결정적으로 의존한다고 주장했다. 셀룰로스를 먹는 미생물로 가득 찬 특수 기관이 없으면 흰개미와 소가 죽을 것이다. 다양한 토양 미생물은 말할 것도 없고 뿌리 균류의 광범위한 공생 네트워크가 없으면 나무는 죽을 것이다. 미생물 동지들로 구성된 풍부한 내장 생물군이 없다면 사람도 죽을 것이다. 사실 마굴리스는 이 새로운 공생적 맥락에서 모든 자연을 구성했다. 그것은 지구 자체가 단일 자체조절시스템으로 기능한다는 '가이아 가설'의 핵심 내용이다.

2011년 뇌졸중으로 사망하기 불과 몇 주 전에 나는 매사추세츠 대학교 지구과학 교수였던 마굴리스를 애머스트에 있는 그녀의 집에서 만났다. 마굴리스는 야성적인 힘을 가진 것처럼 보였다. 공격적으로 탐구하고 항상 기존 관습에 의문을 제기하는 한편 창의적으로 자연을 재구성했다. 그녀의 탐험에는 여과되지 않은 기쁨이 넘쳐 보였다. 자연이 어떻게 작동하는지 알고자 했고 복잡한 문제에 대한 전통적인 설명을 받아들이기를 거부했던 그녀의 생애가 내게 선명하게 다가왔다.

마굴리스는 애머스트에 있는 에밀리 디킨슨의 유택 옆에 살았다. 함께 걸으며 이런저런 이야기를 하다 갑자기 말을 멈추고 마굴리스는 디킨슨의 시구를 낭독했다. 그러면서 시에 언급된 좁은 골목이나 관목숲을 가리키곤 했다. 마굴리스는 지구권에서도 공생에 의한 진화가 일어났는지 논의하기 위해 나를 초청한 것이었다. 그녀와의 대화는 어떤 면에서 광물 진화의 핵심 아이디어를 예견했지만, 당시에는 깨닫지 못했다. 이제 그 아이디어를 그녀와 공유하기에는 많이 늦었다.

수수께끼 변주곡[42]
25억 년에서 약 5억 년 전까지의 광대한 간격에 걸친 원생대 대부분의 시간 동안 진핵세포는 고독한 삶을 살았다. 오늘날의 활기찬 생물권과 10억 년 전의 강력한 미생물 왕국 사이에는 최초의 복잡한 다세포 생명체가 등장한 에디아카라기Ediacaran Period가 우뚝 서 있다. 참신성이 출현하던 수수께끼의 시대다. 부드러운 몸체를 가진 동물은 단단한 껍질을 가진 동물에 비해 암석기록에 화석으로 보존될 가능성이 낮다. 그렇긴 하지만 벌레와 해파리 화석은 입자가 작고 산소가 부족한 암석 안에서 전 세계적으로 발견된다. 죽은 개체가 쉽게 화석화될 수 있는 장소다.

부드러운 몸통을 가진 커다랗고 이상한 화석은 약 5억 7500만 년 전의 암석에서 발견된다. 광물화된 껍질을 가진 동물들이 널리 등장하기 약 3500만 년 전이다. 작은 동전에서 접시 크기의 이 기이하고 둥글며 갈라진 잎사귀 모양의 생물은 고대 해저 정원과 같은 환경에서 살았음에 틀림없다. 그들이 무엇이냐에 대한 논쟁은 끊이지 않는다. 대부분의 연구자는 그와 유연관계가 가까운 존재가 거의 없긴 하지만 이 생명체가 아마 스펀지나 해파리 비슷한 동물이라고 생각한다. 초기 광합성 식물이나 원시 형태의 지의류라고 보는 사람들도 없지는 않다. 계속되는 논쟁 속에서도 에디아카라기의 신비는 매력을 잃지 않는다.

에디아카라기의 화석 중 잘 보존된 화석은 거의 없다. 있어도 접근하기 아주 어려운 곳에 있다. 캘리포니아 데스밸리의 뜨거운 노두, 곰이 시도때도없이 출몰하는 캐나다 북서부 매켄지산맥, 노르웨이 북극권의 외딴 절벽, 그리고 정치적으로 매우 험한 이란과 시베리아 같은 곳이다. 쉽게 접근할 수 있는 조개껍질 화석이나 매력적인 공룡 뼈의 유혹에서 벗어나 에디아카라 시대의 혼란스럽고 단편적인 유적에 집중하려면 특별한 종류의 고생물학자가 필요하다.

카네기 연구소의 동료로 현재는 펜실베이니아 해리스버그 대학대학에 있는 마이클 마이어가 도전에 나섰다.[43] 마이어의 첫인상은 모험적인 세계여행자와는 거리가 멀다. 거친 하와이풍의 셔츠를 입고 사무실을 〈스타워즈〉이미지로 장식한 마이어는 딸 샘의 어렸을 적 귀여운 사진을 화면보호기로 사용한다. 하지만 그를 평범한 직장인으로 생각하면 오산이다. 마이어는 밤

늦게까지 사무실에서 일한다. 컴퓨터 화면에는 표와 그래프가 빼곡하고 그 틈에 '남아프리카'와 '중국 황링黃陵'이라 적힌 사진 폴더가 보인다. 그는 '위험할 수도 있는 동물들과 만남이 잦다.… 바다소, 악어, 상어, 사자'라고 쓰곤 한다.

사우스플로리다 대학에서 박사학위를 받고 중국 남부, 아르헨티나, 오스트레일리아 플린더스산맥에서 현장연구를 마친 뒤 마이어는 포식자가 없는 내 실험실로 와서 고생명체를 연구하기로 했다. 우리 목표는 새로운 화석 데이터베이스를 만들고 오래된 데이터베이스를 확장하는 것이었다. 고생물학자들은 수십 년 동안 전 세계 각지에서 발견된 수십만 개의 화석기록 저장소인 고생물학 데이터베이스를 구축하면서 이 게임에서 훨씬 앞서 있었다.[44] 하지만 이 데이터베이스는 특히 '캄브리아기 폭발'(약 5억 4000만 년 전 외골격 화석이 보편화되었던 시기) 이전의 표본에는 미흡한 구석이 있었다. 하버드 대학 동료 드루 무셴테Drew Muscente 및 앤드루 놀과 긴밀히 협력하면서 마이어는 모든 에디아카라 화석을 포함하도록 고생물학 데이터베이스를 확장하는 임무를 맡았다.

출판된 문헌을 샅샅이 뒤지고 전 세계의 전문가들과 접촉하는 1년여의 작업 끝에 전 세계 거의 100개 지역에 대한 95개 유형의 화석 목록이 만들어졌다.[45] 이러한 종합적인 표로 무장한 마이어와 무셴테는 그동안 알려지지 않았던 경향성을 확인할 수 있었다. 전문가들은 에디아카라기를 세 시기stage로 나눈다. 가장 이른 아발로니아 시기Avalonian stage는 약 5억 7500만 년 전, '개스키어스 빙기Gaskiers glaciation' 직후에 시작되었다. 개스키어스 빙기는, 몇몇 전문가들에 따르면, 극에서 적도에 이르는 지구 표면 대부분이 얼음과 눈 층으로 덮여 있었던 시기다. 이 빙하기가 지나고 이후 1500만 년 동안 지구 온도가 크게 상승했고, 비교적 깊은 해양이었음을 암시하는 퇴적물에서 최초의 잎사귀 모양 생물이 출현했다.

그 뒤로 5억 6000만 년 전에서 5억 5000만 년 전까지 1000만 년 동안 이어진 백해White Sea*시기의 무대에서 발견된 동물은 아발로니아 동물군과 대조를 이룬다. 백해 화석은 정교하게 홈이 파인 팬케이크나 공기매트리스의 축소판처럼 보이는 다양한 납작 동물, 그리고 그와 함께 서식하는 수십 개 속genera의 갈라진 잎과 가지 구조를 비롯해 다양성의 극적인 증가를 보여준다.

세 번째이자 에디아카라기의 마지막인 나마Nama 시기(5억 5000만 년 ~5억 4100만 년 전)에는 해안 근처에 다양한 생물체가 퇴적되었다. 여기에는 10여 가지 관 모양 생명체와 타코를 떠올리게 하는 길쭉하게 접힌 모양의 생명체가 발견되었다.

새로운 데이터로 무장한 마이어와 무셴테는 발표 준비태세에 돌입했다. 그들은 모든 데이터를 그물망으로 구조화해, 각 종은 점으로, 같이 살았던 것들끼리는 선으로 연결하여 에디아카라기의 모든 동물군을 하나의 '네트워크 다이어그램'으로 보여주었다. 두 개의 유기체 집단이 뚜렷이 구분되는 네트워크 한쪽에는 모든 아발로니아 생물군이, 가운데 더 커다란 집단에는 백해와 나마 동물군이 섞여서 무리를 이루고 있는 그림이었다. 에디아카라 화석 중 오직 세 속만이 두 집단에 공통으로 들어 있었다.

마이어와 무셴테는 5억 6000만 년 전에 아발로니아 동물군의 대부분이 사라지고 곧이어 새로운 생명체가 자리를 잡은 이른바 '동물군의 대규모 전환turnover'의 명백한 증거를 얻은 것이었다.[46] 아발로니아 시기 화석을 함유한 암석은 백해와 나마 화석의 얕은 파도 퇴적물과 달리 난바다 대륙붕의 환경을 반영하는 경향이 있다. 따라서 동물집단이 수심이 깊은 곳에서 얕은 곳으로 비교적 순조롭게 서식지를 바꿔갔음을 의미할 수도 있다. 다른 한편, 오래된 아발로니아 동물군과 젊은 백해 동물군이 뚜렷한 대조 양상을 보이는 점을 감안하면, 두 시기 사이에 더욱 극적인 대량멸종 사건이 벌어

---

* 러시아 북서쪽, 스칸디나비아 오른쪽에 있는 바다다.

졌음을 암시할 수도 있다. 그렇다면 이는 화석기록에 보존된 최초의 전 지구적 대량멸종 사건일 것이다(마이어도 무셴테도 이에 대해 완전히 동의하지는 않는다). 의심할 여지 없이 에디아카라 화석은 우리가 생명의 40억 년 진화에 대해 배울 것이 많다는 것을 웅변하고 있다.

최초의 진핵생물은 세포 생명체의 복잡성이 커졌음을 나타내는 신호였다. 이전의 어떤 생명체보다 더 크고 다양하고 많은 화학적 레퍼토리를 가졌다는 뜻이다. 하지만 여전히 단세포 유기체에 불과했다. 이와 달리 다세포 벌레, 해파리 또는 엽상체 같은 생물에서는 서로 다른 세포가 협력하고 특정한 방식으로 전문화해야 한다. 어떤 세포는 유기체 내부를, 다른 세포는 외부를 장식한다. 일부 세포는 갈라진 잎의 끝부분을 형성하는 반면 다른 세포는 바다 밑에 달라붙는다. 더 자세히 살펴보면 음식물을 모아 영양소를 소화할 뿐 아니라 필수 생체분자를 분배하고 노폐물을 배출하는 등 세포가 각종 다양한 화학적 역할을 다하고 있음을 알게 될 것이다.

생명 게임의 기본 규칙은 혁신이 이로워야 한다는 점이다. 그렇다면 왜 25억 년 동안 겉보기에 안정된 생활을 하던 단세포 생명체들이 서로 달라붙어 세포 연합체를 이루고 분업화 단계로 접어들게 된 것일까? 그러한 생명체는 단일 세포 수준에서는 경험하지 못하는 적어도 세 가지 도전에 직면해 있다. 첫째, 그들 세포는 질서 있고 구조화된 방식으로 서로 붙어 있어야 한다. 대부분의 다세포 생물은 머리와 꼬리 혹은 위아래가 있다. 다음, 이들 세포는 원자와 에너지를 사용하는 데 협력해야 한다. 음식을 모으는 특수 세포는 그것을 다른 모든 세포와 나눠야 한다. 마지막으로 모든 생명체와 마찬가지로 이 공동체 세포는 자신을 정확하게 복제하는 방법을 찾아야 한다. 이는 상당한 장애물이며 커다란 이점이 없는 한 다세포 형질은 나타나지 않았을 도전과제다.

다세포성의 또다른 문제는 에너지다. 집중된 세포 덩어리, 특히 특수 기능을 수행하는 세포가 있는 다세포 생명체는 상대적으로 집중된 형태의 에너지를 공급받아야 한다. 모든 세포는 전하의 흐름을 필요로 작은 전기회로다. 이것이 바로 지구상의 거의 모든 다세포 생명체가 산소의 농축된 화학에너지에 의존하는 까닭이다. 그에 반해 수소나 유황은 다세포 생명체에 충분한 양의 에너지를 제공할 수 없다. 동물의 모든 세포에 안정적으로 산소를 공급해야 한다. 따라서 생명체 몸통 안쪽 깊은 곳에 있는 세포는 분명 불리한 위치에 있는 셈이다. 이를 해결할 적어도 두 가지 대처방안이 등장했다. 초기 원시 동물은 접힌 세포층 사이로 통로가 있어 산소가 모든 세포에 도달할 수 있는 구조를 고안했다. 인간처럼 더 발달한 동물은 고도로 전문화된 산소전달시스템으로 혈액을 사용하는 복잡한 순환계를 진화시켰다.

이러한 난제에도 불구하고 다세포 유기체는 놀라운 속도로 진화하고 널리 퍼졌다. 식량과 영토 및 보호장비를 두고 자원경쟁이 커짐에 따라 생존을 위한 새로운 전략도 속속 등장했다. 동물들은 식물 또는 다른 동물을 먹는 법도 배웠다. 이런 과정에서 살아 있는 세포는 지구의 역동적인 탄소 순환에서 더욱 유리한 지위를 차지했다.

제4변주곡: 생명은 광물을 만드는 법을 배웠다[47]

생명의 줄거리는 줄곧 '생존'이다. 음식을 찾고, 아기를 낳으며, 먹히지 않아야 한다. 지난 5억 년 동안 생물권은 경쟁적인 진화론적 무용담을 자랑해왔다. 뾰족한 창과 방패로 점철된 말 그대로 무기경쟁이었다. 세포가 광물을 다루는 법을 터득하면서 이 모든 것이 시작되었다.

최초의 외골격shell이 언제 어디서 생겼는지 아무도 모른다. 하지만 사실 오래되었다. 35억 년 전 단세포 군락은 '스트로마톨라이트'를 세웠다. 둥근 지붕 모양의 괴이한 탄산염광물 구조였다. 다세포 생명체의 초기 징후가 나타난 아마도 6억 년 전쯤, 우연히 조잡하고 광물화된 판으로 무장한 굴 파는 생명체가 등장했다. 그러나 나선형 달팽이, 가지를 뻗은 산호, 톱니 모양의 이빨, 복잡한 패턴의 뼈와 같이 우아하게 갈고 닦은 단단한 부속물을 가진 생명체들이 약 5억 4000만 년 전 캄브리아기 초기의 짧은 시기에 폭발적으로 늘었다. 이 놀라운 광물화 기예의 세부사항은 여전히 수수께끼로 남아 있지만 탄산염광물이 가장 먼저 나타났다는 확고한 증거가 있다. 먼저 세포는 용액의 칼슘과 탄산염 이온이 결합하여 단단한 상자 같은 결정을 형성하는 국지화된 환경을 만들었다. 그런 다음 광물 성분을 정렬하여 보호 기능을 충족하는 구조물을 만들었을 것이다. 이런 일은 어떻게 일어났을까?

이 외골격의 생화학적 혁신을 이해하는 일은 버지니아주 블랙스버그에 있는 버지니아공대 지구과학과의 저명한 교수 퍼트리샤 더브Patricia Dove의 일생일대 목표다.[48] 더브는 과학을 재미있어한다. 그녀는 섬세하게 조각된 앵무조개의 나선형 몸통 껍질을 건네거나 주머니에서 달걀을 꺼내어 생물체가 보여주는 광물화의 일상적인 경이로움을 설명할 것이다. 그녀는 블랙스버그에서 동쪽으로, 차로 약 1시간 거리에 있는 버지니아주 베드퍼드의 가족농장에서 보낸 어린 시절, 그때 스며든 경이의 감각을 잊은 적이 없다. 성공한 과학자들이 흔히 기억하는 익숙한 줄거리다. 끊임없이 격려를 아끼지 않는 부모와 교사, 자연을 사랑하며 수집품을 모으는 거의 광적인 집착, 과학경시대회 수상과 장학생으로 대학 들어가기. 더브는 버지니아공대였다. 그녀는 프린스턴 대학에서 박사학위를 받고 잠시 스탠퍼드 대학과 조지아공대에 있다가 고향인 버지니아로 돌아갔다.

모든 연구에서, 퍼트리셔 더브는 껍질, 치아 및 뼈는 단순한 광물 결정이 아니라고 강조한다. 골격구조는 늘 강도와 유연성을 더하는 단백질과 생체분자층 및 섬유를 포함한다. 외골격의 이런 특성을 모방하여 과학자들은 가벼운 유리섬유 및 탄소섬유 복합재료를 디자인한다. 일부 껍질에 든 광물-단백질 합성물은 순수한 광물보다 1000배는 더 강하다. 더브는 생체광물이 껍질이나 뼈, 치아 외에서도 다양한 역할을 한다고 강조한다. 그들은 생명체에게 렌즈와 여과기관, 센서 및 내부 나침판을 제공한다.

무척 활기찬 더브의 연구진은 유기탄소화학과 무기탄소화학의 긴밀한 상호작용에 바탕을 둔 분자춤인 탄산염 형성 기제를 원자 수준에서 규명하는 데 집중하고 있다. 연구팀은 세포가 특수 구획을 만들 때 생체광물이 만들어지는 현상을 발견했다. 이 구획에서 광물성분의 농도가 증가하면 핵을 중심으로 정교한 결정이 만들어진다. 결정의 형성을 촉진하거나 억제하는 생체분자들이 활동하는 장소도 바로 이곳이다.

더브 연구진은 많은 생명체들이 결정형이 아닌 탄산칼슘 형태로 생물광화를 시작한다는 놀라운 사실을 발견했다. 대신 상황이 무르익을 때까지 젤 비슷한 무정형 탄산칼슘(amorphous calcium carbonate, ACC)을 만들어 보관소에 저장한다.[49] 방아쇠 역할을 하는 분자가 이 과정의 어느 순간에 결정 성장을 촉진한다. 이런 현상은 이미 잘 알려진 결정화 반응과 극명한 대조를 이룬다. 일부 탈피동물은 분명히 몇 주 또는 몇 달 동안 무정형 탄산칼슘을 저장할 수 있으며 묵은 껍질을 벗고 탐나는 연조직이 노출되는 치명적인 순간에 빠른 껍질 성장을 촉발한다.

최초의 조숙한 동물이 갑옷으로 무장하자 한동안 포식자는 이들을 포기하고 보호막 외골격을 갖추지 못한 손쉬운 음식물로 관심을 돌렸을 것이다. 다육질 벌레가 가까이에 있는데 단단한 껍질을 깨기 위해 애를 쓸 이유가 어디 있겠는가? 하지만 점점 더 많은 해저 거주민이 갑옷을 입게 되자 새로운 대응전략이 등장하는 데 긴 시간이 걸리지 않았다. 강한 턱, 날카로운 이빨, 더 사악한 발톱 모두 생명체가 보호용 외골격을 만드는 법을 터득하는 순간 곧바로 나타났다. 이 장기간의 캄브리아기 '폭발'은 소문처럼 그리 폭발적이지는 않았지만 수천만 년 동안 지속되었고 지구 생물권을 돌이킬 수 없는 방향으로 몰아갔다.

단단한 광물 껍질의 발명은 탄소 순환에 새로운 바람을 불어넣었다. 탄산염 산호, 이끼벌레, 완족동물, 연체동물 및 기타 동물군의 부상으로 석회암 산호초는 수백 마일의 해안선에 걸쳐 있고 일부 지역에서는 수천 피트의 두께에 도달하는 장대한 경관을 빚어냈다. 얕은 연안 해역과 내륙 바다를 퇴적물로 채워가면서 탄산염 생체광물을 대규모로 축적하는 일은 이전에는 불가능했다. 필연적으로 지각판이 얕은 수역을 닫고 퇴적물을 압축했을 때 탄산염으로 덮인 들쭉날쭉한 산맥이 지구의 풍경을 확 바꾸었다. 캐나다 로키산맥, 이탈리아 북부의 백운암, 에베레스트산 및 기타 히말라야 거인봉 가장 높은 곳까지도 견고한 탄산염이 자리 잡았다. 한때 얕은 바다 모래밭에서 융성하던 산호들이었다.

지난 5억 년 중 대부분의 시간 동안 탄산염의 생물 광화 과정은 거의 전적으로 탄산염 산호초 영역인 해안 근처의 활동이었다. 산호, 달팽이, 조개 및 기타 수십 가지 생명체는 대륙 연안을 따라 얕고 햇빛이 잘 들고 영양이 풍부한 물에 서식했다.

2억 년 전쯤, 생명체는 또다른 광물화 기예를 발명했다. 오늘날 지구상의 모든 바다에서 번성하는 석회비늘편모류coccolithophores 미세 단세포 해양 조류는 코콜리드coccolith라 불리는 작고 투명한 원반 모양의 탄산칼슘 보호막 만드는 법을 배웠다.[50] 각 코콜리드는 지름이 1000분의 1인치 미만인 미세한 장식용 차바퀴덮개와 비슷하다. 이유는 잘 모르지만 12개 이상의 판이 겹친 구조물이 조류 세포를 둘러싸고 있다. 일부 생물학자들은 광물 원반이 보호막이라고 주장하지만 다른 과학자들은 탄산칼슘이 떠다니는 세포에 내리쬐는 광선을 막는 천연 자외선차단제라고 여긴다. 또다른 가설은 광물판이 세포에 부력을 제공하여 영양이 더 풍부한 곳을 찾아 미생물이 가라앉거나 뜨도록 한다는 것이다.

기능이 무엇이든, 만들어지는 코콜리드의 양은 엄청나다. 석회비늘편모류가 죽을 때 그들의 작은 판은 두꺼운 백악chalk 퇴적물에 쌓인다. 유명한 도버 백악절벽의 바위 절편을 현미경으로 보면 수백만 년에 걸쳐 퇴적된 수백 피트의 아름다운 코콜리드 조각의 모양을 볼 수 있다. 과거와 달리 오늘날 해저의 3분의 1 정도가 미세 원반 탄산염의 무른 흙으로 덮여 있으며 그 깊이가 1마일 또는 그 이상인 곳도 있다.

이런 현상이 갖는 지구 탄소 순환의 의미는 심오하다. 지구 역사 대부분 시간 동안 심해 퇴적물에는 탄산염광물이 거의 없었다. 섭입대가 재활용하는 해양지각은 대개 현무암으로 이루어졌다. 그와 달리 오늘날에는 탄소함유광물이 해양지각의 주요한 구성요소다. 해저가 섭입대 안으로 삼켜짐에 따라 새로 생성된 탄산염 무른 흙 중 일부가 실려와 지구의 맨틀 깊숙이 침투한다. 하지만 이러한 탄소 매장이 지구의 탄소 순환을 근본적으로 변화시켰는지는 여전히 미스터리다. 표면으로 돌아오는 것보다 더 많은 탄소 원자가 묻혀 있다면 지구의 생물권에서 점점 탄소가 줄어들 수 있지 않을까?

지구의 깊은 탄소 순환에 대한 이 심오한 질문에 답하는 일은 우리를 생물권과 지구권 사이의 또다른 음성 되먹임 고리로 끌어들인다.

제5변주곡: 생명이 땅에 발판을 마련하다[51]

생명체와 암석이 점점 더 복잡한 되먹임 고리 속에서 공진화하면서 탄소 순환도 복잡성을 더해갔다. 육상에서 생명체가 출현하는 일보다 더 극적인 되먹임 고리가 두드러진 현상은 어디서도 찾아볼 수 없다.

초기에는 산소가 중추적인 역할을 했다. 여과되지 않은 태양광 자외선에 직접 노출되면 세포 생명체는 생존하기 어렵다. 주요 생체분자가 산산조각나기 때문이다. 세포는 죽는다. 대기 중 산소의 양이 늘어난다는 것은 곧 '오존(O_3)'량의 상승을 뜻한다. 산소 원자 3개로 구성된 오존은 산소(O_2) 분자가 자외선에 의해 잘리고 재배열될 때 생긴다. 그런 일이 벌어지면 일부 원자가 오존 분자로 재결합되는 것이다. 오존 분자는 아주 희소하지만 약 20마일 대기 상층에 '모여' 오존을 형성할 때는 그 농도가 분자 100만 개 중에 몇 개 정도는 된다. 그렇게 형성된 오존층은 태양의 끊임없는 자외선으로부터 지구 표면을 보호하는 천연 자외선차단제 역할을 한다. 따라서 건강한 오존층은 견고한 육상 생태계를 위한 전제조건이다.

바다를 떠난 최초의 한 발짝은 조심스러웠고, 그것으로 육상의 풍광이 바뀐 것은 거의 없다. 약 4억 5000만 년 전보다 이전에 처음으로 육상에 모습을 드러낸 존재는 작고 뿌리가 없는 식물로, 해안 웅덩이와 얕은 개울의 습지 주변에 약간의 초록색을 칠했을 뿐이었다. 그로부터 약 2000만 년 뒤까지는 작은 뿌리를 가진 최초의 식물이 나타나 녹색 식물이 더 안쪽 내륙에 새로운 생태계를 구축할 수 있게 되었다. 뿌리는 암석의 파괴를 가속하여 점토가 풍부한 토양을 형성하고 더 길고 효율적인 뿌리를 지탱할 수 있었다. 지질학적 찰나에 높이와 둘레가 증가한 덤불과 나무가 땅을 뒤덮었다.

변화는 꼬리를 물어 변화를 몰고 왔다. 육상 식물은 동물의 확산을 촉진했다. 원시 노래기*Pneumodesmus newmani*는 공기를 호흡한 최초의 육상 거주자다.[52] 스코틀랜드 버스운전사이자 아마추어 화석수집가 마이크 뉴먼은 2004년 흥미로운 화석을 발견했다. 스코틀랜드 에버딘셔의 약 4억 2800만 년 된 퇴적물에서 찾아낸 이 표본의 주인은 0.5인치 길이의 몸 토막이었다. 이렇게 연약한 고대 동물의 화석기록은 잘 보존되지 않고 게다가 드물어서 실제 곤충은 그보다 훨씬 앞선 시기에 등장했으리라 추측된다. 가장 오래된 지네 화석은 4억 2000만 년 전, 가장 오래된 날아다니는 곤충 화석은 약 4억 년 전의 것이다. 하지만 분명 더 드물고 상징성을 띤 보물이 발견될 것이다.

육상 척추동물 화석은 암석기록에서 살아남을 가능성이 더 크지만 그런데도 극소수에 불과하다. 고생대에 살았던 몇 종의 화석(그 수가 점차 늘고 있다) 기록은 척추동물이 바다에서 육지로, 물고기에서 양서류로 점진적인 전환을 보이며 바다에서 멀어지는 생명체들이 더욱 전문화된 구조를 발달시켰음을 시사한다. 지느러미는 어깨, 팔꿈치, 발목에 발가락이 달린 발로 변했다. 두개골은 숨을 쉴 수 있는 콧구멍과 들을 수 있는 귓구멍을 발달시켰다. 그리고 대부분의 물고기와 달리 초기 육상 거주자들에게는 목이 있었다. 건조한 환경을 탐지하느라 머리를 좌우로 흔들 수 있었다는 뜻이다. 육지로의 이주는 갑작스러운 일은 아니었다. '최초의' 육상 척추동물이 누구였는지는 결코 알 수 없겠지만 이 타이틀에 가장 가까이 간 후보는 2004년, 캐나다에서 가장 외진 누나부트준주의 북극권 북쪽, 엘즈미어섬에서 발견된 약 3억 7500만 년 전의 틱타알릭*Tiktaalik roseae*이다.

헌칠한 고생물학 탐험가인 시카고 대학의 닐 슈빈과 필라델피아 자연과학아카데미의 테드 대실러는 4억 년 전에는 적도에 가까이 있었지만 지각판이 움직인 탓에 지금은 추운 북극 지역인 캐나다 북부에서, 변환 중인 물고기 비슷한 생명체를 발견할 수 있으리라 예측했다.[53] 논리적 소거법을 거쳐 그런 예측이 가능했다. 그들은 물고기와 양서류 사이의 '잃어버린 고리'가 약 3억 7500만 년 된 암석, 가급적 따뜻한 적도 지역과 고대 해안선 근처에 있어야 한다는 것을 깨달았다. 게다가 암석이 노출된 지역이어야 한다. 숲이 울창한 곳은 배제해야 한다. 그들은 지질학 세계지도를 샅샅이 뒤진 끝에 탐사하기에 이상적인 장소인 엘즈미어섬으로 범위를 좁혔다.

북극의 외딴 섬에서 잃어버린 고리를 찾는 작업은 결코 쉽지 않다. 접근하기도 어렵고 탐사기간도 길지 않다. 두껍게 덮인 눈이 녹고 가을 첫눈이 오기 전, 한여름이 펼쳐지는 시기는 고작 몇 주에 불과하다. 헛되이 애먼 바위를 뒤지고 더러는 끔찍한 날씨로 인해 답사가 중단되는 등 다섯 번의 탐사시즌이 무위로 돌아간 끝에 그들은 낮고 바위가 많은 절벽에서 물고기/양서류 전이형인 틱타알릭을 발견했다.[54] 그것도 놀랍도록 완전한 형태로. 틱타알릭은 몸길이가 거의 10피트까지 자라기도 하는 커다란 생명체였다. 몸통 전체를 본 슈빈과 대실러는 틱타알릭 화석이 꽤 흔하다는 것을 깨달았다. 이전에 수집했지만 정체를 파악할 수 없었던 조각 몇 가지의 주인을 찾게 된 것이었다.

이누이트족 토착어인 이누크티투트어로 '커다란 민물고기'를 일컫는 단어가 걷는 물고기의 이름으로 낙찰되었다. (비공식적이지만 슈빈과 대실러는 다리가 있는 물고기fishapod라고 불렀다). 틱타알릭은 각종 미디어에서 열광적인 환호를 불러일으켰고 텔레비전 방영은 물론이고 웹사이트가 따로 생기고 각종 대중강연의 인기를 독차지했다. 이런 결과물을 정리한 닐 슈빈의 『내 안의 물고기』는 이내 과학 베스트셀러에 올랐다. 대담한 예측과 고난에 찬 탐험 과정 및 틱타알릭의 해부학적 혁신이 인간 신체에서도 재현된다는 깨달음, 이 모두를 포함하는 고생물학 무용담은 자연선택에 의한 진화 이론의 힘을 다시 한번 생생하게 보여준다.

틱타알릭은 이전보다 더 육상생활에 적응한 연속선상의 동물 중 하나의 화석에 지나지 않았다. 지질학적으로 전환의 속도는 쏜살같지만 최초의 육상동물이 오늘날과 같은 정글을 누비려면 그 뒤로도 1000만 년은 더 걸릴 것이었다. 그러는 동안 뿌리, 줄기, 잎 그리고 우듬지에 집중되어 저장된 탄소는 다양한 저장소—흙과 공기, 불과 물—사이를 바지런히 오갔다.

매장된 생물량

숲은 육지에 생명체가 출현한 후 가장 풍부하고 다채로운 탄소저장소로 진화했다. 숲은 탄소 순환의 새로운 전환점이 되었다. 지구 최초의 늪지대 숲을 이루던 거대한 식물(무성한 양치류와 소철류 및 침엽수)이 공기 중의 탄소를 끌어내어 나무와 나무껍질을 만들기 때문이다. 초기 육상식물 하나가 죽었을 때 줄기, 가지, 잎 및 뿌리는 생물량에 기여하고 탄소가 풍부한 새로운 유형의 퇴적물을 형성했다. 늪 주변의 토탄, 부드러운 갈탄, 석탄으로 알려진 단단하고 검은 화석연료가 바로 그것이다.[55]

지구의 석탄 대부분은 약 3억 6000만 년 전에 시작된, '석탄기'라는 적절한 이름이 붙여진 6000만 년이라는 짧은 기간 동안에 형성되었다. 오늘날에는 숲에서 나무가 쓰러지면 대개 빨리 썩어서 탄소 원자를 토양으로 되돌려 빠르게 재사용한다. 3억 년 전과 달리 나무의 리그닌 섬유소를 분해하는 '목재부패lignicolous' 곰팡이가 진화함에 따라 탄소의 효율적인 재활용이 가능해진 것이다. 나무를 분해하는 과정이 등장하기 전에는 죽은 나무가 100피트 이상의 두께로 쌓여 있었다. 식물의 잔해는 점점 더 깊이 묻히고 조직이 압축되고 구워졌다. 그 생물량은 점차 말라갔지만 생체물질은 해중합화depolymerize 과정을 거치면서 휘발성 물질을 방출하고 무연탄에서 볼 수 있듯 탄소 함량을 90퍼센트 이상까지도 올린다. 오늘날 우리는 엄청난 속도로 그 석탄기 유산을 채굴하여 6000만 년 동안 격리되었던 탄소를 단 몇십 년 만에 고스란히 대기로 돌려보낸다.

석탄층이 쌓이는 동안에도, 풍부하고 깊은 토양으로 이루어져 경계를 넓혀가던 지구의 또다른 환경도 탄소를 격리하는 새로운 방식을 찾아냈다. 식물 뿌리의 풍부한 부산물이자 뿌리에 의해 파괴된 암석이 변해서 생긴 점토광물*도 중요한 역할을 하기 시작한 것이다.[56] 점토는 물리적, 화학적 거동이 특별하다. 점토광물은 일반 현미경으로는 볼 수 없을 정도로 작고 납작한 광물판으로 구성된다. 이 작은 판은 서로 엇갈려 미끄러져 우리에게 익숙한 축축하고 미끄러운 특성을 나타낸다.

점토 표면은 생명의 분해 산물을 포함하여 탄소가 풍부한 작은 분자와 결합하는 능력이 탁월하다. 뿌리와 땅 아래 찌꺼기가 썩을 때 이들의 생체분자는 자주는 아니라 해도 광물 표면에 격리된다. 강과 바람이 엄청난 양의 점토를 바다로 운반함에 따라 토양이 침식된다. 연안에 쌓이는 수천 피

---

* 산림청 정보마당에서 가져와 손봤다. "점토에 포함된 광물을 가리킨다. 여기에는 석영이나 장석 등 1차광물 입자가 들어 있지만 그 양은 적고 대부분은 토양형성과정에서 새로 생긴 2차광물로 구성된다. 2차광물은 암석이나 모재를 구성하는 1차광물이 변하거나 풍화되어 녹았던 화합물이 재결합되어 만들어진다. 표면적이 크고 반응성이 풍부한 점토광물은 무척 다양하다."

트의 퇴적물은 많은 양의 탄소를 보유하고 있다. 이곳도 복잡한 지구 탄소 순환의 또다른 저장소다. 탄소가 풍부한 퇴적물 중 일부는 셀 수 없이 많은 탄산염 코콜리드와 함께 지구 맨틀 깊숙이 섭입된다. 이 탄소의 흐름은 그 이전 40억 년의 지구 역사와는 구분되는 생명의 나이를 땅에 깊이 새긴다.

제6변주곡: 우리는 우리의 표를 만든다

셀 수 없이 많은 생물종이 생겨났고 그들 대다수는 영원히 사라졌다. 바다 여기저기서 발견된 고생대의 카리스마, 삼엽충은 5억 년 이전에 나타났다. 분절되고 가시가 있는 그들의 소중한 화석 유물은 태곳적 주름이 있는 겹눈으로 우리를 응시하는 것 같다. 삼엽충이 멸종한 지 2억 5000만 년이 지났다. 자신의 차례가 된 공룡이 육지, 바다, 공중에서 중생대 세계를 웅장하고 야만적으로 지배했다. 그들의 거대한 해골 유적은 생존을 위한 자연의 끊임없는 투쟁을 조용히 상기시켜준다. 새를 제외한 모든 공룡은 죽었다. 한때 지배적이었던 종들이 멸종의 키질 아래 속절없이 휩쓸려 사라진다. 이제 우리 차례다.

인간 이야기는 다른 종 이야기보다 더 날카롭게 각인되어 있다. 우리 인간은 지속 가능한 방식으로 환경을 변화시킨다. 우리는 고인돌을 세우고, 석탄을 파고, 불을 지피고, 흔적을 남긴다. 그 고대 이야기에서도 탄소는 특별하고 놀라운 역할을 했다. 우리가 삶을 살고 문화를 구축해가는 동안에도 탄소 원자는 인간의 이야기를 시계에 기록한다.

탄소시계

거의 모든 탄소 원자는 영구적이고 불변하며 계속 재활용되는 별의 불사신이다. 그러나 공기와 우리 몸에 있는 탄소 원자의 아주 작은 부분은 지구의 역동적인 무대에서 단역을 맡는다. 마치 마법에 걸린 듯 잠시 자태를 뽐내던 이 원자들은 머잖아 훌쩍 사라져버린다.

우리는 이미 두 가지 안정적인 탄소 원자를 만났다. 우리 몸을 구성하는 탄소의 99퍼센트 이상을 차지하는 물질은 탄소-12다. 그보다 약간 무거운 탄소-13이 나머지 1퍼센트를 차지한다. 이 두 동위원소(하나는 중성자 6개, 다른 하나는 7개)는 수십억 년 전에 주로 커다란 별에서 만들어졌다.

8개의 중성자를 가진 방사성 탄소-14 동위원소는 사뭇 달라서, 불안정하고 일시적이다.[57] 탄소-14는 깊은 우주에서 온 우주선이 질소가 풍부한 대기와 부딪히는 구름 위 높은 곳에서 지속적으로 만들어진다. 대부분 빠른 속도의 양성자나 원자핵인 우주선은 고에너지 원자총알처럼 대기 분자와 충돌하여 핵 혼란을 일으킨다. 밖으로 쏟아지는 충돌 입자 일부는 활력이 넘치는 중성자고 그중 일부가 질소 원자에 강하게 부딪힌다. 빠르게 움직이는 중성자와 충돌하면 질소-14핵이 붕괴되어 양성자 1개를 잃는 동시에 중성자 1개를 얻어 탄소-14를 형성할 수 있다. 수십억 년 동안 계속되는 이 폭력적이고 창조적인 과정은 적은 양이지만 계속해서 지구 대기에 탄소-14를 공급한다.

탄소-14와 그보다 가볍고 견고한 두 탄소 사촌 간의 중요한 차이점은 방사능이다. 탄소-14에는 안정감을 해치는 중성자가 너무 많아 언제든 스스로 붕괴할 수 있다. 별 예고 없이 방사성 탄소-14 원자는 안정한 질소-14 원자로 되돌아간다. 탄소-14의 방사성 붕괴는 매우 점진적인 과정이라서 방사성 탄소 원자 절반이 사라지는 데 약 5730년이 걸린다. 이 우연한 '반감기'는 인류의 기술적 진보와 문화를 연구하는 '방사성 탄소 연대측정'이라는 강력한 수단으로 자리 잡았다.

탄소-14 연대측정법을 변형한 기법은 사망, 더 정확하게는 사망시간에 달려 있다. 탄소 순환이 핵심이다. 살아 있는 동안 식물은 탄수화물을 만들기 위해 끊임없이 이산화탄소, 물, 태양의 복사에너지를 빨아들인다. 이것이 지구상의 거의 모든 생명체에 화학에너지를 제공하는 광합성의 본질이다. 동물은 탄수화물이 풍부한 식물을 먹거나 초식동물을 먹는다. 곰팡이와 청소동물은 죽은 식물과 동물을 먹는다. 복잡한 먹이사슬의 모든 단계마다 탄소 원자는 한 저장소에서 다음 저장소로 움직인다.

살아 있는 동안 식물은 다른 탄소 원자와 함께 약 1조분의 1[*]의 탄소-14를 섭취한다. 대기 중 탄소-12, 13, 14의 비율은 고정되어 있다. 우리가 식물을 먹거나 그 식물을 먹는 동물을 먹는 한 그 동위원소 비율은 일정하게 유지된다. 다시 말해 우리 몸에 있는 탄소 원자 1조 개 중 1개는 방사성 탄소-14이다. 그리고 적지만 이 비율은 식물이 죽기 전까지 또는 우리가 죽을 때까지 거의 일정하게 유지된다. 그러다 생명체가 죽자마자 탄소 시계가 똑딱거리기 시작한다.

스토리텔링

생명체에 남아 있는 방사성 탄소를 측정하여 시간을 결정한다는 생각은 2차대전 직후 시카고 대학의 화학자 윌러드 리비에게서 나왔다.[58] 맨해튼 프로젝트의 과학자로서 리비는 방사성 동위원소의 화학적 거동에 정통했으며 탄소-14에 인류 문명의 최근 역사를 조사하기 위한 특별한 쓰임새가 있을 거라도 믿었다. 전쟁 후 원자력시대의 다른 동료들처럼 리비도 자신의 전문 지식을 비군사적 응용분야로 돌렸다.

리비가 제시한 개념은 간단하다. 오래된 양피지, 장작불 더미에서 찾은 숯 조각, 머리카락 한 가닥 또는 마른 피부 조각을 가져와 탄소 동위원소의 비율을 측정하고 연대를 계산한다. 탄소-14 원자의 절반이 붕괴했다면 물체의 나이는 약 5730년이다. 4분의 1만 남아 있다면 나이는 그 두 배인 약 1만 1500년이 된다. 방사성 탄소 연대측정법은 5만 년이 지나지 않은 과거 생명체 절편에는 놀라울 정도로 정확히 작동한다. 그 이후에는 원래의 방사

---

[*] 혹시 지수 개념이 편하다면 1조는 10^{12}이다.

성 탄소 원자의 약 1000분의 1만이 살아남는다.

말은 쉽지만, 실제로 탄소 연대측정은 조금 까다롭다. 무엇보다 1조분의 1에 불과한 탄소-14의 양을 정확히 측정하는 일이 그리 쉽지 않기 때문이다. 일반적으로 과학자들은 방사성 붕괴 사건의 수를 세고(방사능 측정) 측정된 방사능 값을 바탕으로 탄소-14의 양을 계산한다. 방사성 탄소 붕괴는 느리므로 이 방법을 적용하려면 시료의 양이 많고 참을성도 있어야 한다. 더 효율적인 현대적 방법은 강력한 질량분석기를 사용하여 붕괴하지 않은 탄소-14 동위원소의 양을 측정한다. 이 방법은 빠르고 기장 씨앗이나 머리카락처럼 더 적은 양의 시료에도 적용할 수 있다.

방사성 탄소 연대측정은 인류 역사에 대한 우리의 이해 방식을 혁명적으로 바꿨다. 뉴스에서 빈번히 그 결과를 볼 수 있다. 무엇보다 기독교 유적이 특별한 관심을 받았다. 1947년 사해 근처 동굴에서 발견된 수십 개의 고대 히브리어와 아람어 두루마리 모음은 윌러드 리비의 새로운 연대측정기술의 위력을 보이며 세간의 이목을 끄는 사건으로 큰 주목을 받았다. 리비는 그 유적들이 대략 2000년 전에 만들어진 것이며 따라서 가장 초기에 작성된 성서라는 사실을 과학적으로 증명했다. 한편 몇몇 신자들에게 나사렛 예수의 아마포 매장지로 숭상받는 유명한 토리노의 수의를 1988년에 세 군데의 독립된 연구실에서 독립적인 과학자들이 시험한 결과 14세기에 제작된 위조품이라는 결론이 나는 촌극이 벌어지기도 했다. 그럼에도 불구하고 남자 유령 같은 이미지의 주인이 누구인지는 여전히 치열한 논쟁거리로 남아 있다.

방사성 탄소 연대측정은 고고학에서 중요한 역할을 했다. 예를 들어 이집트 왕조의 상세한 연대기를 밝혔고 인류가 아프리카를 떠난 순서와 유럽에서의 기술이전, 선사시대 영국에 정착한 부족의 연대기를 정확히 계산했다. 그뿐 아니라 탄소-14는 선사시대의 유물과 매장 시기도 비교적 소상히 밝혀냈다. 함께 매장된 나무 조각을 조사하여 거대한 석상 스톤헨지 유적의 설립 연대를 약 5100년 전으로 추정하고 오스트리아와 이탈리아 국경 근처의 고산에서 발견된 '얼음인간' 외치Ötzi의 사망 연대를 약 5200년 전으로 추정한 것도 다 이 방법의 도움을 받았다. 유물을 발견하고 연대를 정확히 측정하게 되면서 유럽 중심의 역사적 편견도 일부분 희석되었다. 아메리카 신대륙을 최초로 '발견'하고 식민지화를 추진했던 주체가 바이킹이라는 사실도 슬슬 고개를 쳐들고 있다. 콜럼버스가 항해했던 것보다 거의 5세기 전인 서기 1000년경 바이킹 정착촌의 모닥불에서 나온 명백한 증거가 이런 추정을 뒷받침한다.

방사성 탄소 연대측정은 인류가 언제 아메리카대륙으로 이주했는지에 관한 논쟁을 잠재우는 데 핵심적인 역할을 했다.『미국국립과학원회보』에 발표된 2015년 논문에서 텍사스 A&M 대학 과학자들은 캐나다 앨버타주 캘거리 근처에서 도살된 말과 낙타의 뼈가 발견된 고대 캠프장의 전경을 묘사했다.[59] 약 15년 정도의 오차를 보이며 1만 3300년 전으로 추정되는 캠프장의 탄소 연대측정 결과는 1만 3000년 전에 러시아에서 베링해협을 건너 신대륙에 도착한 것으로 알려진 클로비스 사람들의 기록보다 300년이나 앞선 것이다. 또한 확실하지는 않지만 석기 유물과 모닥불 형태의 연대 분석 결과를 토대로 아시아에서 북미로 이주한 시기를 훨씬 더 이른 시기(아마도 4만 년 전)로 가정하는 과학자들도 있다. 궁극적인 결론이 무엇이든 이런 주장의 배경에는 방사성 탄소 연대측정법이 자리하고 있다.

다음세대는 어떨까? 미래의 고고학자들은 우리 시대의 탄소 잔류물에서 현대에 대한 어떤 통찰력을 얻게 될까? 아마 그들은 깜짝 놀랄 것이다. '죽은' 탄소가 엄청나게 유입된 사건은 과거 두 세기를 다른 시기와 구분하는 지표다. 수백만 년 동안 족쇄에 잠겨 있던 고대 탄소 원자의 아바타인 방대한 양의 화석연료가 불탔다. 그 결과 죽은 이산화탄소가 쏟아져나오면서 방사성 탄소-14가 완전히 결여된* 이산화탄소 분자가 대기를 희석시킨다.

두 번째로 훨씬 더 극적인 '탄소폭탄'은 비정상적인 야외 핵무기 실험이 벌어졌던 광란의 짧은 시대를 표상한다. 핵실험금지조약이 발효되기 전인 1950년대와 1960년대 초의 일이다.[60] 10년이 조금 넘는 기간 동안 핵폭발로 인해 대기 중 탄소-14의 농도가 두 배로 증가**했다. 달라진 공기 속의 탄소-14 농도는 이산화탄소가 바닷속 분자와 교환되거나 암석에 격리되고 또 식물에 의해 소비되면서 점차 감소했다. 하지만 필연적으로 짧은 시간 동안은, 식물의 탄소-14 함량이 두 배가 되었고 다음에는 동물의 몸 안에서, 그리고 냉전시대를 살아간 우리 인류의 몸 안에서 각기 두 배가 되었다.

모든 인류는 여전히 우리의 근육과 뼈에 핵실험 유산의 일부를 공유하고 있다. 우리 모두는 인간 탄소 순환의 일부기 때문이다.

---

* 3억 년 전 석탄기에 매립된 석탄 속에서 자연붕괴되어 사실상 탄소-14가 없다.

** 핵실험 과정에서 방출된 열중성자가 대기 중 질소와 반응하여 방사성 탄소-14 동위원소가 만들어졌다. 인공 방사성 탄소라고 부른다.

재현부-인간의 탄소 순환

지구, 탄소, 그리고 인간 사이의 떼려야 뗄 수 없는 연결고리를 이해하는 열쇠는 바로 순환이다. 계획되었든 무의식적으로 이루어졌든 탄소 순환은 인간이 지구에 가하는 급격한 변화의 중심축이다. 증가하는 세계 인구를 지원하기 위해 탄소가 풍부한 식품을 재배하고 새 종을 만들면서 인류는 수천 년 동안 안정적이었던 환경을 불가피하게 파괴한다. 우리는 숲의 옷을 벗기고 바다에서 물고기를 축출하는 와중에 생태계의 균형을 파괴한다. 우리는 오랫동안 매장되었던 방대한 양의 탄소를 채굴하여 연료로 쓰고 생활필수품도 만든다. 이러한 사례는 넘친다. 탄소 순환을 가속하는 인간의 영향은 전 지구적으로 파장이 엄청나다. 대기의 조성이나 기후 변화는 대개 애초엔 의도하지 않았던 결과였다.

인류를 포함한 모든 생물은 지구 탄소 순환에 참여한다. 주변을 둘러보면 환히 보인다. 지구의 염류와 공기는 식물이 된다. 동물은 식물을 먹는다. 죽은 동물과 식물은 곰팡이와 미생물의 번성을 지원한다. 이 모든 유기체는 차례차례 토양과 광물의 세계로 돌아간다. 탄소 원자는 순환한다. 각 원자는 수십억 년 동안 다양한 형태의 '존재'를 경험한다.

우리 인간도 개체 수준의 탄소 순환을 경험한다. 신체 변화는 즉각적이고 익숙한 탄소의 순환이다. 수정되어 배아가 발생하는 순간부터 시체로 썩어 무로 돌아갈 때까지 우리는 각자 6번 원소의 순환을 경험한다.

우리는 신진대사 촉진제인 산소를 들이켜고 탄소가 풍부한 음식물을 먹는다. 새로운 세포를 만들 때 우리는 그 탄소를 통합한다. 한편 탄소가 풍부한 연료를 태울 때 우리 몸은 이산화탄소를 생성한다.

우리는 이산화탄소를 내쉰다. 우리 몸은 늦은 가을날의 나무 잎사귀처럼 탄소 원자를 흘린다. 숨을 쉴 때마다 우리는 조금씩 녹는다.[6] 숨을 쉴 때마다 신체 탄소의 아주 작은 부분(0.001퍼센트* 미만)이 소실되고 분산되어 재활용 단계로 접어든다. 지금 우리 몸은 지난주나 작년의 그것과 같아 보일지 모르지만, 그렇지 않다. 많은 원자가 다르다. 원자 복제본이지만 정확히 똑같지는 않다.

평생 우리는 묵은 탄소 원자를 버리는 동안 새로운 탄소 원자를 충원했다. 우리 몸은 얼마나 덧없는 것일까! 태어날 때 지니고 있던 분자, 원자 중지금도 남아 있는 것은 몇 개나 될까? 10년 후 우리 몸에는 현재 우리가 가지고 있는 분자나 원자가 거의 사라질 것이다. 인간은 육신을 자신의 본질이라고 여기는 경향이 크다. 우리 마음은 독립적이고 생각은 고유한 것이지만 우리 몸의 원자는 산들바람처럼 덧없다.

우리 몸을 벗어난 원자는 지금 어디에 있을까? 조금 전까지만 해도 우리 몸의 일부였던 그것들은 지금 무얼 하고 있을까? 일부는 공기 중에 있고 일부는 바닷물에 녹아 있다. 일부는 조개와 달팽이의 탄산염 껍질에 갇혀 있거나 곧 산호초 석회암에 불려갈 수 있다. 한때 우리와 함께했던 수억수조개의 탄소 원자 중 많은 것이 지금은 참나무, 밀, 장미, 이끼와 같은 식물의 줄기, 잎, 꽃, 뿌리에 들어 있다. 동물은 식물을 먹기 때문에 한때 우리 몸에 있었던 것을 물려받아 보관하고 있다. 그리고 지구에서 몇 년 이상 살았던 모든 사람, 식물을 먹은 사람, 식물을 먹은 동물 모두는 이제 한때 우리 자신의 것이었던 탄소 원자를 공유하고 있다. 우리가 아는 모든 사람, 친구, 가족, 연인, 지금까지 살았던 거의 모든 사람, 예외는 없다.

---

* 우리는 한 번에 약 0.5리터의 숨을 내쉰다. 그 안에는 이산화탄소가 약 0.04그램 들어 있다. 신체를 구성하는 탄소의 양은 평균 10킬로그램 남짓이다.

❖

지금 이 순간 '우리'라고 생각하는 것의 일부인 단일 탄소 원자의 우주적 발걸음을 상상해보자.

커다란 별의 심장에서 만들어졌던 그 탄소 원자는 그 별이 폭발할 때 우주로 튀어나왔다. 다른 탄소 원자와 결합하여 작은 다이아몬드 결정을 형성하고 분자 구름 안의 먼지와 기체 일부가 되었다고 하자. 이곳은 우리 은하계에서 별이 만들어지는 장소다. 아마도 근처 초신성의 충격을 받아 구름이 요동치고 어느 한 부분이 뭉그러지면서 태양계가 빚어졌을 것이다. 안쪽으로 떨어진 질량 대부분은 태양이 되었다. 잘디잔 다이아몬드 탄소 입자처럼 남은 것들을 그러모아 세 번째로 큰 태양계 행성을 만들어내기에 이르렀다.

지구는 너무 뜨거워서 작은 다이아몬드가 생존하기에 너무 가혹했다. 탄소는 산소 원자와 결합하여 이산화탄소를 만들었다. 이 분자는 성장하는 대기의 아주 미미한 구성원이다. 이산화탄소 분자는 바다로 흡수되어 조류를 따라 1000년을 흐르다 바다 가장자리의 얕은 바닥에 탄산염광물로 침전된다.

또 100만 년, 200만 년이 흐른다. 어느 날 지름이 1마일이나 되는 소행성이 해안을 강타하면서 모든 것이 카오스로 돌아갔다. 탄산염광물은 기화되어 이산화탄소를 대기로 되돌렸다. 순환은 계속되어 공기에서 바다로, 바다에서 암석으로 움직이지만, 어느 때는 탄산염광물층이 하강하는 지각의 한 부위에 붙들려 천천히 상부 맨틀 속으로 밀려가게 된다. 이제 지구 내부의 열은 주변 암석을 흔적도 없이 녹인다. 물과 이산화탄소가 풍부한 용융물은 표면을 향해 점점 위로 솟구치며 휘발성 혼합물의 압력을 최고치로 높인다. 마그마가 표면에 접근함에 따라 유체는 갑자기 격렬한 폭발성 증기로 변해 밖으로 분출되어 화산 바위와 화산재로 세상을 뒤덮어버린다. 이때 탄소 원자는 이산화탄소 공기 분자로 변장한 채 탈출을 감행한다.

순탄한 여행길의 탄소 원자는 번개를 얻어맞고 깜짝하는 순간 에너지를 얻는다. 이산화탄소는 질소 및 다른 원자와 어깨를 걸고 아미노산을 형성한다. 태양 자외선에 쉽게 깨지는 탓에 이 아미노산 분자는 며칠 이상 살아남지 못한다. 이산화탄소라는 더 안정한 형태로 탄소 원자는 공기에서 바다로 꼬리에 꼬리를 물듯 순환한다. 심해 열수분출구 주변에서 몇 차례 연쇄반응을 거쳐 탄소는 다시 아미노산으로 변신을 치르지만 몇 주가 지나지 않아 다시 분해되어 이산화탄소로 돌아간다. 그렇게 별에서 태어난 탄소 원자는 무수한 시간에 걸쳐 기체에서 액체로, 암석으로, 그리고 다시 되돌아가는 도돌이표 운명으로 영겁의 시간 동안 지구의 저장소 여기저기를 방랑한다.

빨리감기 10억 년. 생명이라는 현상이 나타났다. 새로운 탄소저장소가 손짓한다. 공기에서 이산화탄소를 빨아들인 광합성 조류는 그것을 탄수화물로 바꾼다. 탄수화물은 놀라운 분자 참신성의 기본 질료다. 탄소 사슬로 연결된 지질은 세포막을 구성한다. 그것말고도 유전 암호를 운반하는 탄소 고리 염기, 단백질의 빌딩블록이자 질소, 산소와 결합한 탄소로 구성된 아미노산이 그런 것들이다. 생물권에서 탄소 원자는 빠르게 순환하며 눈에 핑핑 도는 속도로 다양하고 새로운 임무를 수행한다. 때로는 일주일에 수십 차례나 화학적 형태를 바꾸기도 한다. 간혹 탄산염 껍질에 봉인되어 해저로 가라앉고 1억 년 동안 격리되어 침잠하는 때도 없진 않지만, 언젠가는 그들도 활기차고 살아 있는 세계로 돌아온다.

지난주에도 우리는 그 탄소 원자를 먹었다. 어느새 그것은 세포 안의 단백질 분자에 끼어 들어갔다. 당분간일망정 별 탈이 없었으면 좋겠다.

죽음과 탄소

우리 다세포 생명체는 취약하다. 이런 복잡한 체계에서는 탄소 원자에 많은 문제가 불거질 수 있다.

내 동생 댄의 십이지장에 암이 생겼었다. 다른 장기로 퍼질 때까지 어떤 급성 증상도 나타나지 않아 암이 생겼는지 아무도 발견할 수 없는 곳이다. 발견했을 때는 너무 늦었다. 암세포가 간을 침범하자 의사들은 공격적인 세포의 증식을 억제하려 했다. 댄은 지독한 화학요법을 몇 달간 버텨냈지만, 아무 소용 없었다. 댄은 반년을 못 넘기고 죽었다.

다양한 질병의 주범은 탄소 기반 분자들이다. 사소해 보이지만 몇 개의 탄소 원자가 없어지거나 잘못 배치되고 정렬되지 않으면 커다란 차이를 불러올 수 있다. 삶에서와 마찬가지로 죽음에서도 우리는 탄소의 변덕스러움에 휘둘린다. 의사들은 구체적으로 댄의 무엇이 잘못되었는지 우리에게 말하지 못했다. 누구보다 건장하고 조심스럽게 식단을 선별하고 운동에 전념하는 그가 왜 암에 굴복하게 되었는지 그 누구도 명쾌하게 답변하지 못했다. 수십조 개의 세포 중 단 한 종류의 세포에서, 증식을 억제하는 분자에 문제가 발생했을 뿐이다. 통제를 벗어난 세포는 번식을 시작하여 궁극적으로 다른 세포, 다른 기관을 침탈했다.

모든 암과 유전질환은 탄소 원자의 위치와 결합의 실수로부터 비롯된다는 점에서 서로 다르지 않다. 오직 하나의 탄소 원자만 다른 두 개의 필수 아미노산, 아스파트산과 글루탐산을 생각해보자. 잘못된 아미노산이 단백질에 끼어들면 분자의 긴 사슬이 잘못된 방향으로 접힐 수 있다. 그 결과 빚어진 기형 구조는 세포에 혼란을 일으켜 생명에 중요한 임무를 수행하지 못하게 방해할 수 있다.

우리가 죽으면 도대체 탄소 원자는 어디로 가는 것일까?

나는 우리의 네 번째이자 마지막 말티즈인 룰루를 떠올린다. 귀엽고 하얀 솜털 길게 내려온 개다. 13년의 생을 마감할 때까지 룰루는 내가 실험을 마치고 집에 돌아올 때마다 문밖까지 나와 짖고 펄쩍펄쩍 뛰는 쾌활한 요정이었다. 룰루의 쌍둥이 자매 줄리아는 1년 전, 열두 살의 나이로 세상을 떠났고, 그 뒤로 룰루는 계속 쇠약해졌다. 끝내 귀가 들리지 않았고 혼란스러워했으며 뭐가 불만인지 몸을 웅크리고 있다 갑자기 미친 듯 뛰어다니며 뭔가를 향해 짖어댔다. 마침내 먹고 마시는 것을 중단했을 때 우리는 룰루를 보내야 한다고 생각했다. 마지막은 평화로웠고 한때 활기차던 집은 침묵에 휩싸였다.

우리는 집 근처 붉은 꽃이 만발한 숲에 무덤을 팠다. 룰루의 곱슬곱슬하고 새하얀 머리카락은 그 깊고 어두운 구멍에 전혀 어울리지 않았다. 2피트의 진한 갈색 흙이 그녀를 덮을 때 우리는 작별을 고했다.

체중 4.5킬로그램 정도의 작은 개에는 1~1.5킬로그램의 탄소, 아마도 50조의 조 개* 탄소 원자가 포함되어 있다. 룰루가 죽었을 때 탄소 원자에겐 무슨 일이 벌어졌을까? 며칠까지는 아니고 몇 시간 동안은 룰루의 몸은 전혀 원소를 잃지 않았다. 그러나 공기와 토양에 노출되고 세균과 곰팡이 및 작은 청소동물에게 풍부한 화학에너지를 제공하면서 룰루의 원자는 엄정한 확산 과정에 편입되었다. 죽은 살 대부분은 다른 생물에게 소용이 될 에너지와 화합물로 모습을 바꾸어버렸다. 확산을 시작한 룰루의 탄소 원자는 점점 멀리 퍼져나갔다. 분해 과정에서 생성된 이산화탄소와 기타 작은 유기분자는 대기 중에 섞여 전 세계로 퍼졌고 궁극적으로 모든 대륙에서 새로운 삶에 정착했다. 지금도 우리는 한때 룰루 소속이었던 원자 일부를 호흡하고 있을지 모른다.

재활용. 그것은 자연의 일이다. 안정한 탄소 원자는 새로 만들어지지도 파괴되지도 않는다. 다만 계속해서 사용될 뿐이다.

---

* 5×10²⁵개의 탄소

피날레—흙, 공기, 불, 물

웅장한 탄소 교향곡의 주제인 물질의 진화 그림에서 우리의 역할은 무엇일까? 인간은 평범하면서도 독특하다. 한편으로 우리는 인간 혈통이 멸종되거나 일부 새로운 종으로 변한다 해도 그것은 앞으로도 계속될 40억 년 이야기의 또다른 진화 단계에 불과하다. 어떤 사람들은 인간만이 기후와 지구 환경을 근본적으로 바꿀 수 있다고 한다. 하지만 산소를 생산하는 광합성 미생물과 그 뒤를 이은 다양한 녹색식물은 인간의 행동보다 훨씬 더 심오한 방식으로 지표 근처 환경을 변화시켰다. 어떤 사람들은 도시, 도로, 광산, 농장 건설을 통해 인류가 대륙에 커다란 영향을 끼쳤다고 주장하지만 나무와 풀은 인간의 능력을 훌쩍 넘어서 세계의 풍광을 천천히 바꿔왔다. 어떤 사람들은 우리 종이 '지구를 파괴'할 수 있다는 점에서 독특하다고 말하지만 소행성의 반복되는 재앙적 충돌과 거대 화산의 폭발적인 분출은 인간이 고안한 그 어떤 무기보다 훨씬 더 파괴적인 결과를 초래했다.

사실 우리 인류는 전례 없는 능력을 보유하고 있다. 우리는 전 세계 곳곳에서 새로운 환경에 적응하고 그것을 변형하는 기술을 터득하며 살아왔다. 우리는 동물과 식물 및 미생물 등 다른 종을 독창적으로 이용한다는 점에서도 독특하다. 세상 너머를 탐험하고 궁극적으로 다른 행성과 위성을 식민지화하려는 열망과 능력도 유별나다. 게다가 우리는 흙, 공기, 불, 물과 같은 지구의 모든 측면에 지대한 영향을 끼치는 탄소의 순환에서도 독특한 역할을 담당하고 있다.

인간은 엄청나게 빠른 속도로 변화를 추동할 수 있는 유별난 생명체다. 우리는 이전의 어떤 종보다 훨씬 빠른 속도로 행성을 변화시키는 중이다. 화산 폭발의 갑작스러운 대격변과 하늘에서 떨어지는 암석만이 가끔 인간의 속도를 넘어설 수 있다. 미생물이 대기에 산소를 채워넣는 데 수억 년이 걸렸다. 바다에 산소를 공급하는 데는 아마도 수십억 년이 더 걸렸을 것이다. 등장 초기 잠시 반짝하던 다세포 생명체는 육상을 식민화하는 데 수천만 년을 필요로 했다. 웅장하고 혁신적인 이러한 변화는 생명체와 암석이 공진화할 수 있는 지질학적 시간척도에서 진행되었다. 지구의 생태계는 놀라울 정도로 회복력이 뛰어나지만 새로운 환경조건에 대응하여 변화하고, 진화하고, 스스로를 재설정할 어떤 조치가 필요하다. 일부 학자들이 우려하는 것처럼 인간이 지구에 독특한 위협을 가한다면 생물권에 가장 큰 피해를 주는 것은 전례 없는 환경 변화의 속도다.

다시 말하자면, 암석과 거기에 서식하는 다양한 미생물은 우리가 인간종은 물론이려니와 지구에 어떤 상처를 입히더라도 잘 헤쳐나갈 것이다. 지구는 스스로를 치유할 것이고 생명은 계속될 것이며 자연선택에 의한 강력한 진화 과정은 새로운 생물이 행성의 모든 틈새에 계속 서식하도록 강제할 것이다.

탄소의 웅장하고 영원한 교향곡은 흙, 공기, 불, 물과 같은 모든 원소의 정수를 통합한다. 그 어떤 것도 홀로 떨어져 존재하지 않는다. 모두가 전체의 필수적인 부분이다. 흙은 육지와 바다의 견고한 토대인 탄소의 단단한 결정체를 키운다. 공기에는 영원히 순환하고 생명을 보호하고 유지하며 우리 모두를 포용하는 탄소 분자가 들어 있다. 탄소에서 태어난 불은 세계에 활력을 불어넣는 한편 물질 및 생물계에 비길 데 없는 분자 다양성을 부여한다. 탄소 생명을 잉태한 물은 지구 곳곳으로 퍼져나가 진화하는 생명을 양육한다. 절묘한 하모니와 복잡한 대위법적 선율이 고조되는 가운데 탄소의 합창이 멀리 퍼져나간다.

인간은 이 오래된 악보에 자신의 긴급한 주제와 계속 가속되는 박자를 새겨넣는 법을 배웠다. 우리는 지구의 광물을 캐냈고 쓰레기로 공기를 채웠다. 우리는 우리의 욕구와 필요를 충족시키려 불을 이용한다. 우리는 종종 어떤 종이 살고 죽는지 무관심한 채 생명의 물을 쥐어짜낸다.

우리는, 우리 모두는, 우리의 소중한 고향 행성 지구를 독특하지만 취약한 주거지로 보고 싶어하는 강박적인 욕망에서 한 발 뒤로 물러나야 한다. 인간이 현명하다면, 세계에 대한 존경과 놀라움으로 우리의 욕구를 대체할 수 있을 것이다. 황홀할 정도로 아름다운 탄소가 풍부한 세상을, 그들이 마땅히 누릴 고귀한 가치를 소중히 여길 수 있다면, 우리는 비할 데 없는 귀중한 유산을 고이 남길 희망을 품을 수 있다. 어린아이들과 그들의 아이들, 다가올 세대를 위해.

감사의 말

탄소 교향곡을 쓰는 동안 심층탄소관측단 동료들의 큰 도움을 받았다. 심층탄소관측단이 이룬 모든 발견은 알프레드 슬론 재단 제시 오수벨과의 첫 만남에서 시작되었다. 그 뒤로도 오수벨은 꾸준히 우리를 도우며 조언을 아끼지 않았다. 슬론 재단의 프로그램 책임자 파울라 올제프스키도 지속적인 관심과 도움을 주었다.

전 지구물리학연구소 소장인 러스 헴리는 심층탄소관측단의 범위와 내용을 정의하는 데 핵심적 역할을 했다. 사실 심층탄소관측단이란 이름도 그가 만들었다. 연구가 막 시작되었을 당시 연구단을 이끌었던 코니 버트카는 이 조직의 뼈대를 구체화했다. 위에서 밀어주고 아래에서 열광적으로 받쳐주는 관측단의 조직 구도는 그의 머릿속에서만 머물지 않았다.

매일 기쁘고 즐겁게 일할 수 있는 분위기를 만들어준 심층탄소관측단 사무국 직원들에게 깊은 감사를 드린다. 크레이그 쉬프리스는 복잡한 국제 연구팀을 능수능란하게 이끌면서도 유머를 잃지 않았다. 덥고 기름이 풍부한 중국 동부의 평야, 유독한 공기가 피어오르는 이탈리아 화산 폭발, 무너져 내리는 오만의 절벽에서도 그는 건재했다. 책을 집필하는 동안에도 크레이그는 끊임없는 조언과 격려를 보냈다. 책의 행간에 그의 향기가 오롯이 남아 있을 것이다. 관측단에서 가장 오래 근무한 프로그램 관리자, 안드리아 맹검은 재정 상태를 건전하게 유지하는 한편 매사 확고하고 차분한 목소리를 냈다. 제니퍼 메이즈와 미셸 훈스타는 조직의 홍보와 웹 디자인에서 물류 지원까지 팔방미인 격으로 조직의 성공에 열정을 더했다.

연구단 집행위원회를 이끈, 로스앤젤레스 캘리포니아 대학 크레이그 매닝은 국제 공동연구가 원활히 이루어지도록 헌신했다. 연구단 성공의 견인차 구실을 톡톡히 해낸 모든 멤버에게 고마움을 전한다. 존 바로스, 타라스 브린지아, 데이비드 콜, 이사벨 다니엘, 도널드 딩웰, 마리 에드몬즈, 피터 폭스, 에릭 하우리, 러셀 헴리, 카이우에 힌릭스, 클로데 야우파트, 에이드리언 존스, 루이제 켈로그, 캐런 로이드, 버나드 마티, 아이지 오타니, 파울라 올제프스키, 테리 플랭크, 로버트 포칼니, 크레이그 쉬프리스, 바바라 셔우드-롤라, 니콜라프 소벨로프, 미치 소긴, 빈센조 스태그노.

다양한 버전의 원고를 읽고 지적인 충만감을 불어넣은 사람들이다. 데이비드 콜, 달린 트루 크리스트, 데이비드 디머, 퍼트리샤 더브, 마리 에드먼즈, 샬린 에스트라다, 폴 팔코프스키, 테레사 포나로, 숀 하디, 그레테 히스태드, 올리비아 주드손, 제 리, 안드리아 맹검, 스콧 맹검, 그레이그 매닝, 오노 슈헤이, 새러 루가이머, 크레이그 쉬프리스, 에릭 스미스, 디미트리 스베르젠스키, 에드워드 영, 모두 고맙다.

이 프로젝트의 개발에 막대한 도움을 준 관측단 인력팀의 동료들, 롭 포칼니, 캐티 프랫, 달린 트루 크리스트도 고맙다. 특히 조슈아 우드는 이 책자에 들어갈 사진을 꼼꼼히 골랐다.

나는 W. W. 노턴의 편집자와 제작팀에 특별한 빚을 졌다. 쿠인 도는 사려 깊은 통찰력으로 원고를 편집했다. 그녀는 책 전반에 걸쳐 세심한 주의를 기울이고 '숲과 나무'를 함께 살렸다. 편집자 스테파니 히버트는 면면을 세심히 살펴 책의 품격을 높였다. 프로젝트 편집자 에이미 메데이로스, 프로덕션 매니저 줄리아 드러스킨, 아트 디렉터 잉수 류에게도 감사드린다.

집필 대리인인 플레처 컴퍼니의 에릭 루퍼는 현명한 데다 지칠 줄 모르는 지원을 퍼부었다. 그는 교향곡이라는 형식을 책에 투영한 최초의 사람 중 하나다.

과학은 비싸다. 이 책에서 설명하는 어떤 발전도 정부 기관과 민간 재단의 지원 없이는 불가능했다. 화성과학연구소 프로그램과 NASA 천문연구소(세금이 이 사업에 쓰인다)를 포함하여 국립과학재단, 미국지질조사국, NASA의 지원을 받았다. 알프레드 P. 슬론 재단뿐만 아니라 W. M. 케크 재단, 존 템플턴 재단, 시먼스 재단, 고든과 베티 무어 재단, 카네기 과학연구소에도 감사드린다.

엘리자베스 헤이즌은 불완전한 초안을 주의 깊게 편집하는 데에 그녀의 문학적 통찰력과 시적 영감을 불어넣었다. 그녀의 영향력은 출판된 책 전체에서 느껴진다.

마지막으로, 이 책의 모든 단계에서 과거, 그리고 미래의 공동 저자인 마거릿 헤이즌의 집중적이고 건설적인 조언, 다시 말해 무조건적인 지원을 받았다.

옮긴이의 말

지구에서 가장 풍부한 화합물은 물이라고 한다. 물은 전체 화합물의 4분의 3을 차지한다. 여기서 전체 화합물이란 분자를 의미한다. 정의상 분자는 원자가 여러 개 결합한 물질이다. 바로 그런 까닭에 우리는 우주에 존재하는 모든 대상을 약 100개 남짓한 원자로 낱낱이 분해할 수 있다. 인간이 만든 화합물을 포함해서 지구에 있는 분자 10개 중 9개는 탄소를 포함한다. 탄소를 포함하는 화합물을 우리는 유기화합물로 구분하여 특별히 취급한다. 저간의 사정이 이렇다 보니 탄소를 연구하는 분야를 다 합하면 자동으로 '거의 모든 것'이 된다.

물체	구성 원자
다이아몬드, 흑연	탄소
메탄, 양초, 가솔린	탄소, 수소
포도당, 지방산	탄소, 수소, 산소
아미노산	탄소, 수소, 산소, 질소, 황
핵산	탄소, 수소, 산소, 질소, 인

이 책이 『탄소 교향곡』이라는 제목에 '거의 모든 것의 진화'라는 부제를 단 이유도 아마 그 때문일 것이다. 아쉽게도 '모든'을 못 쓰는 이유는 바로

저 물 같은 분자가 곳곳에 있기 때문이다. 하지만 생명은 언제든 물을 소환하여 부순 다음 적당한 자리에 붙였다 떼는 일을 밥 먹듯 하는 까닭에, 물은 '거의' 유기화합물 대접을 받는다. 탄수화물의 '수화hydrate'물에 그런 흔적을 슬쩍 드러내고 있다. 흥미로운 사실은 지구에서 가장 풍부한 유기화합물이 셀룰로스라는 점이다. 탄수화물의 대표 격인 셀룰로스는 알다시피 포도당으로 구성된 고분자화합물이며, 주로 세포 골격을 이루거나 에너지를 저장하는 역할을 한다. 물과 만난 탄소는 자신의 화학적 기예를 뽐내며 생명의 구현에 소용되는 빌딩블록과 보편적 에너지원으로 자신의 소임을 다한다. 포도당과 함께 세포를 구성하는 4대 축인 지방산, 아미노산, 핵산의 '최대공약' 원소는 탄소, 수소, 산소다. 당연히 '최소공배' 원소는 '촌스프 CHONSP'가 된다. 영어로 표기한 원자 이름의 앞머리를 딴 것이다.

생명체는 우리가 흔히 '빅 식스Big Six'로 부르는 촌스프로 구성되었고 그중 핵심은 단연 탄소다. 자신의 이름자를 딴 암석이 있는 지구물리학자 로버트 헤이즌은 정기적으로 연주회에 참여하는 음악가이기도 하다. 아마 그런 연유로 이 책의 제목이 '탄소 교향곡'이 되었을 것이다. 이 책은 교향곡 형식의 4악장으로 구성되어 있다. 그리고 각 악장은 아리스토텔레스 4원소설에서 따온 흙, 공기, 불, 물로 이루어져 있다. 각 악장이 모두 탄소의 다른 얼굴이라는 점은 익히 짐작할 수 있다. 그렇게 탄소의 거의 모든 측면이 고스란히 4악장에 담긴다.

우리는 다이아몬드를 값비싼 보석으로 여긴다. 그런데 혹시 그것이 왜 드물고 귀한지 생각해본 적이 있는가? 우선 다이아몬드는 오래되었다. 그저 오래된 게 아니라 수십억 살이 넘었다. 그리고 고온고압 조건에서 만들어졌다. 따라서 땅 아래 깊은 맨틀에서 지표면으로 올라온 다이아몬드에는 탄소 순환의 역사가 고스란히 담겨있다. 그러니 다이아몬드의 가치는 인간의 심미안으로 매긴 가격을 훨씬 상회해야 마땅하다. 거의 대부분 탄소로 구성된 다이아몬드는 고온고압의 조건을 실험실에서 재현하는 실험 도구이기도 하다. 가운데 홈이 파인 한 쌍의 다이아몬드를 위아래로 아귀 맞추면 그 안에 작은 실험실이 만들어진다. 밀매상들에게서 압수한 다이아몬드를 지구과학자들에게 폐기한 덕에 이런 발명이 가능해졌다고 한다. 하긴 다이아몬드를 태운 라부아지에 같은 화학자 덕택에 우리는 저 보석이 숯이나 연필심과 비슷하다는 결론에 이르지 않았던가?

이 책에는 이런 보석 같은 정보가 빼곡히 채워져 있다. 여남은 개가 넘는 지구 지각판이 움직이게 된 지가 30억 년 되었다든가, 태양계 행성에서 지각판이 활발하게 움직이는 곳은 지구뿐이라든가, 과학자들이 비싼 혈세로 달나라를 여행하는 이유가 지구 운석을 수집하여 초기 지구의 대기를 분석하려는 데 있다는 것이 그런 사례다.

하지만 내가 보기에 이 책의 가장 큰 장점은 지구의 규모와 긴 역사성을 강조한 데 있다. 특히 지구를 전자가 움직이는 하나의 거대한 생태계로 묘사했다는 점이 흥미롭다. 암석에 든 전자를 운반하는 바다는 그 각본에 따르면 전선電線이다. 아! 크고 아름답다. 생명은 거기에서 비롯했고, 나중에 태양 에너지의 도움을 얻긴 했지만 역시 전자는 지구 안에서 각출했다. 바로 물이다. 물에서 온 전자는 탄소로 갔다 다시 물을 향해 돌고 돈다. 숲과 나무가 새롭게 육상의 전선으로 출렁이게 된 것이다. 수억 년 전의 일이다.

그게 다가 아니다. 인류 그 누구도 범접해보지 못한 지구의 저 깊은 곳, 맨틀과 핵에서 벌어지는 탄소의 순환을 실험과학자의 시각에서 보여주고 있다는 점은 이 책의 또 다른 놀라움이다. 비유적으로 말해 우리 인간은 달걀 껍데기를 벗어나서는 살아가지도 못하는 존재이다. 그 탓인지 흰자나 노른자인 맨틀과 핵에서 벌어지는 일에는 관심조차 두지 않는다. 인류의 미래를 위협하는 온실가스를 가둘 가능성을 그곳에서 발견할 수 있다면 어찌할 텐가? 로버트는 희망에 찬 과학자들이 흘리는 땀의 의미를 솔직하게 진술한다.

아는 만큼 보인다는 말은 틀리지 않는다. 하지만 그 말이 꼭 보이는 것만 보라는 뜻은 아닐 것이다. 보이지 않는 것, 혹은 보고 싶지 않은 것도 이젠 보아야 한다고 로버트는 말하고 있는 것 같다. 그게 실험과학자가 갖는 정확함과 상세함의 커다란 미덕임은 더 말할 나위가 없다.

김홍표

후주

프롤로그

1. 2008년 5월 15일부터 17일까지 열린 심층탄소순환 워크숍에서 발표된 16개 강연 제목은 카네기 과학연구소의 '슬론 심층탄소순환 워크숍 세션'에서 볼 수 있다. https://itunes.apple.com/us/podcast/sloan-deep-carbon-cycle-workshop-sessions/id438928309?mt=2.

2. 심층탄소관측단의 역사는 이 단체의 웹사이트에서 볼 수 있다. http://deepcarbon. net.

3. 2016년 1월 중순, 뭘 써야 할지 혼란스러워 마우이로 잠시 피해 있을 때 마침 제시 오수벨에게 전화가 걸려왔다. 2년 뒤 원고의 초안을 완성했을 때도 공교롭게 나는 마우이에 있었다.

제1악장—흙

1. 빅뱅 핵합성에 관한 설명은 Carlos A. Bertulani, *Nuclei in the Cosmos* 를 보라.

2. 파비오 이오코 등의 논문을 참고. "Primordial Nucleosynthesis: From Precision Cosmology to Fundamental Physics," *Physics Reports* 472(2008): 1-76.

3. Carl Sagan, *Cosmos*(New York: Random House, 2002). 칼 세이건, 『코스모스』, 서 광운, 문화서적(1981).

4. 린제이 스미스의 글에서 인용했다. "Williamina Paton Fleming," *Project Continua* 1(2015).

5. 19세기 후반에서 20세기 초반, 하버드 컴퓨터 및 천문학 연구의 역사는 다음 책

을 참고했다. Dava Sobel, *The Glass Universe: How the Ladies of the Harvard Observatory Took the Measure of the Stars*(New York: Viking, 2016).

6. 헬런 피츠제럴드의 기고문에서 인용했다. "Counted the Stars in the Heavens," *Brooklyn Daily Eagle*, September 18, 1927.

7. J. 터너의 글에서 인용했다. "Cecilia Helena Payne-Gaposchkin," in *Contributions of 20th Century Women to Physics*(Los Angeles: UCLA Press, 2001).

8. 시몬 미튼, 『프레드 호일: 과학하는 삶』 *Fred Hoyle: A Life in Science*(New York: Cambridge University Press, 2011).

9. 좀더 자세한 묘사는 D. A. Ostlie and B. W. Carroll, *An Introduction to Modern Stellar Astrophysics*(San Francisco: Addison-Wesley, 2007)를 보라.

10. 미튼의 『프레드 호일』에서 인용했다. Mitton, *Fred Hoyle*.

11. 최초의 별이 언제 만들어졌는지는 논란이 있다. 빅뱅 이후 10억 년이 지나지 않았을 때 먼 은하에서 시작된 빛을 관측했다. 커다란 항성이 우주 역사 초기부터 만들어졌다는 증거다. 좀더 자세한 내용은 논문을 참고하자. D. P. Marrone et al., "Galaxy Growth in a Massive Halo in the First Billion Years of Cosmic History," *Nature* 553(2018): 51-54.

12. 주기율표 원소 거의 절반을 탄생시킨 중성자별 충돌의 역할은 이 논문에서 확인할 수 있다. D. Kasen et al., "Origin of the Heavy Elements in Binary Neutron-Star Mergers from a Gravitational-Wave Event," *Nature* 551(2017): 80-84.

13. 우주 화학에 대한 자세한 정보는 다음의 책에서 찾아볼 수 있다. Harry McSween and Gary Huss, *Cosmochemistry* (New York: Cambridge University Press, 2010).

14. 다이아몬드가 최초의 광물종이었을 가능성이 높다는 깨달음은 헤이즌의 논문에 나와 있다. Robert M. Hazen et al., "Mineral Evolution," *American Mineralogist* 93(2008): 1693-720.

15. 탄소결정의 구조와 특성은 다음의 책에서 자세히 다루고 있다. Robert M. Hazen, *The Diamond Makers*(New York: Cambridge University Press, 1999).

16. 운석의 기원과 형태에 대한 정보는 다음 책에서 찾아볼 수 있다. James J. Papike, ed., *Planetary Materials*(Chantilly, VA: Mineralogical Society of America, 1998).

17. 지금까지 알려진 지구 탄소 광물은 다음 논문에 정리되어 있다. Robert M. Hazen et al., "The Mineralogy and Crystal Chemistry of Carbon," in Carbon in Earth, ed. Robert M. Hazen, Adrian P. Jones, and John Baross(Washington, DC: Mineralogical Society of America, 2013), 7-46. 알려진 모든 탄소함유광물 목록은

루프 프로젝트에 업데이트되었다. "IMA Database of Mineral Properties," http://rruff.info/ima; 광물이 발견된 지역은 여기서 확인할 수 있다. http://mindat.org.

18. 지각의 탄산염광물의 총 추정량은 폴 팔코프스키 참고. Paul Falkowski et al., "The Global Carbon Cycle: A Test of Our Knowledge of Earth as a System," *Science* 290, no. 5490(2000): 291–96; and Marc M. Hirschmann and Rajdeep Dasgupta, "The H/C Ratios of Earth's Near-Surface and Deep Reservoirs, and Consequences for Deep Earth Volatile Cycles," *Chemical Geology* 262(2009): 4–16.

19. 초기 지구과학사에서 벌어진 논란. Martin J. S. Rudwick, *The Meaning of Fossils: Episodes in the History of Paleontology*, 2nd ed.(Chicago: University of Chicago Press, 1976).

20. 허턴의 일대기에 대해서는 다음 책을 보라. Jack Repcheck, *The Man Who Found Time: James Hutton and the Discovery of Earth's Antiquity*(New York: Perseus, 2003). 찰스 라이엘의 『지질학 원리』가 출판된 후 허턴의 가설이 주목을 받았다. Charles Lyell, *Principles of Geology: Being an Attempt to Explain the Former Changes of the Earth's Surface, by Reference to Causes Now in Operation*, 3 vols.(London: Murray, 1830–33).

21. 제임스 허턴. *Theory of the Earth, with Proofs and Illustrations, in Four Parts*, 2 vols.(Edinburgh: Creech, 1795).

22. 시몬 미튼이 홀의 연구를 언급했다. Simon Mitton, *Carbon from Crust to Core: A Chronicle of Deep Carbon Science*(New York: Cambridge University Press, 2019).

23. 제임스 홀. "Account of a Series of Experiments, Shewing the Effects of Compression in Modifying the Action of Heat," *Transactions of the Royal Society of Edinburgh* 6(1812): 75.

24. 제임스 홀. "Account of a Series of Experiments," 81.

25. 생명의 바코드는 다음 웹사이트에서 볼 수 있다. https://phe.rockefeller.edu/barcode.

26. 상업용 차의 바코드. Mark Y. Stoeckle et al., "Commercial Teas Highlight Plant DNA Barcode Identification Successes and Obstacles," *Scientific Reports* 1(2011): art. 42.

27. 물고기 바코드. John Schwartz, "Fish Tale Has DNA Hook: Students Find Bad Labels," *New York Times*, August 21, 2008, A1.

28. 제시 오수벨의 말. Schwartz, "Fish Tale Has DNA Hook."

29. 제시 오수벨과 로버트 헤이즌의 연구 결과. Robert M. Hazen and Jesse Ausubel, "On the Nature and Significance of Rarity in Mineralogy," *American Mineralogist* 101(2016): 1245−51, https://doi.org/10.2138/am−2016−5601CCBY. 광물의 희귀함은 생물학적 희귀함과 유사한 면이 있다. Deborah Rabinowitz, "Seven Forms of Rarity," in *The Biological Aspects of Rare Plant Conservation*, ed. J. Synge(New York: Wiley, 1981), 205−17.

30. 콜롬비아 대학 라몬트−도허티 지구천문연구소 소장, 숀 솔로몬을 언급했다. Robert M. Hazen, "Mineralogical Co−evolution of the Geo− and Biospheres: Metallogenesis, the Supercontinent Cycle, and the Rise of the Terrestrial Biosphere"(Arthur D. Storke Lecture, Lamont−Doherty Earth Observatory, October 11, 2013).

31. 희귀 광물, 핑거라이트. John M. Hughes and Chris G. Hadidiacos, "Fingerite, $Cu_{11}O_2(VO_4)_6$, a New Vanadium Sublimate from Izalco Volcano, El Salvador: Descriptive Mineralogy,"*American Mineralogist* 70(1985): 193−96.

32. 데이터에 바탕을 둔 우리 탐사 작업의 현황은 Carnegie Science DTDI의 웹사이트에서 찾아볼 수 있다. http://dtdi.carnegiescience.edu.

33. 로버트 다운스 일대기 정보는 2017년 1월과 4월, 2018년 1월에 그와 나눈 인터뷰와 이메일에서 가져왔다.

34. 루프 프로젝트. 로버트 다운스의 초록을 보자. Robert T. Downs, "The RRUFF Project: An Integrated Study of the Chemistry, Crystallography, Raman and Infrared Spectroscopy of Minerals," in *Program & Abstracts: 19th General Meeting of the International Mineralogical Association, Kobe, Japan, July 23–28, 2006*(Kobe: IMA, 2006), 3−13.

35. 졸리온 랠프의 일대기 정보는 2017년 8월과 2018년 1월에 그와 나눈 인터뷰와 이메일 기록을 통해 얻었다.

36. 2014년 졸리온 랠프는 Mindat.org website and database를 비영리 허드슨 광물연구소에 기증해서 보호받고 있다. 이제 누구나 자유롭게 이용할 수 있다.

37. 로버트 루드닉과 S. 가오를 보자. Roberta L. Rudnick and S. Gao, "Composition of the Continental Crust," in *The Crust: Treatise on Geochemistry*, ed. Roberta L. Rudnick(New York: Elsevier, 2005), 1−64.

38. B. J. McGill et al., "Species Abundance Distributions: Moving beyond Single

Prediction Theories to Integration within an Ecological Framework." *Ecological Letters* 10(2007): 995-1015. 이 논문의 저자들은 소수의 일반적인 종과 다수의 희귀종이라는 이런 종류의 편향된 "빈도 분포"가 생물학과 생태학의 보편적 법칙인 것 같다고 말한다.

39. 어휘 통계의 수학적 접근법을 정리했다. R. H. Baayen, *Word Frequency Distributions*(New York: Kluwer, 2001).

40. 그레테 히스테드의 일대기 정보는 2017년 2월에 그녀와 나눈 인터뷰와 이메일에서 가져왔다.

41. '광물생태학'의 기원과 적용. The original description of "mineral ecology" and application of LNRE formalisms to mineral distributions appears in Robert M. Hazen et al., "Mineral Ecology: Chance and Necessity in the Mineral Diversity of Terrestrial Planets," *Canadian Mineralogist* 53(2015): 295-323.

42. 2015년 그레테는 세 편의 논문을 썼다. Grethe Hystad, Robert T. Downs, and Robert M. Hazen, "Mineral Frequency Distribution Data Conform to a LNRE Model: Prediction of Earth's 'Missing' Minerals," *Mathematical Geosciences* 47(2015): 647-61; Robert M. Hazen et al., "Earth's 'Missing' Minerals," *American Mineralogist* 100(2015): 2344-47; and Grethe Hystad et al., "Statistical Analysis of Mineral Diversity and Distribution: Earth's Mineralogy Is Unique," *Earth and Planetary Science Letters* 426(2015): 154-57. 카네기 연구소 광물생태학의 역사, "헤이즌은 누구인가?" http://hazen.carnegiescience.edu.

43. 그 뒤에 발표된 광물생태학 논문들이 더 있다. 붕소와 코발트 함유 탄소광물. Edward S. Grew et al., "How Many Boron Minerals Occur in Earth's Upper Crust?" *American Mineralogist* 102(2017): 1573-87; chromium: Chao Liu et al., "Chromium Mineral Ecology," *American Mineralogist* 102(2017): 612-19; and cobalt: Robert M. Hazen et al., "Cobalt Mineral Ecology," *American Mineralogist* 102(2017): 108-16.

44. 알려지지 않은 광물 예측하기. Robert M. Hazen et al., "Carbon Mineral Ecology: Predicting the Undiscovered Minerals of Carbon," *American Mineralogist* 101(2016): 889-906.

45. 탄소광물 챌린지. http://mineralchallenge.net.

46. 댄 허머의 일대기 정보는 2017년 7월, 8월, 12월에 그와 나눈 인터뷰와 이메일 기록을 통해 얻었다.

47. 광물에 대한 설명은 다음 논문을 참조. I. V. Pekov et al., "Tinnunculite, $C_5H_4N_4O_3 \cdot 2H_2O$: Finds at Kola Peninsula, Redefinition and Validation as a Mineral Species," *Zapiski Rossiiskogo Mineralogicheskogo Obshchetstva* 145, no. 4(2016): 20–35.

48. 고압탄소광물 리뷰 논문. Artem Oganov et al., "Deep Carbon Mineralogy," in *Carbon in Earth*, ed. Robert M. Hazen, Adrian P. Jones, and John Baross(Washington, DC: Mineralogical Society of America, 2013), 44–77.

49. 메릴과 바셋의 고압 방해석 연구. Leo Merrill and William A. Bassett, "The Crystal Structure of $CaCO_3$(II), a High–Pressure Metastable Phase of Calcium Carbonate," *Acta Crystallographica* B31(1975): 343–49.

50. 다이아몬드–앤빌 셀 발달사는 헤이즌의 다른 책 『다이아몬드 메이커스』 참조.

51. 소형 다이아몬드–앤빌 셀 Leo Merrill and William A. Bassett, "Miniature Diamond Anvil Pressure Cell for Single Crystal X–Ray Diffraction Studies," *Review of Scientific Instruments* 45(1974): 290–94.

52. 자세한 내용은 Oganov, "Deep Carbon Mineralogy" 참조.

53. 마르코 멜리니의 일대기 정보는 2017년 8월과 9월에 그와 나눈 인터뷰, 이메일 기록과 2013년 5월, 연구실 방문을 통해 얻을 수 있었다.

54. 백운암 구조에 관한 논문. Marco Merlini et al., "Structures of Dolomite at Ultrahigh Pressure and Their Influence on the Deep Carbon Cycle," *Proceedings of the National Academy of Sciences* USA 109(2012): 13509–14.

55. 맨틀 조건에서 형성된 광물. Marco Merlini et al., "The Crystal Structures of $Mg_2Fe_2C_4O_{13}$, with Tetrahedrally Coordinated Carbonand $Fe_{13}O_{19}$, Synthesized at Deep Mantle Conditions," *American Mineralogist* 100(2015): 2001–4. 다음 논문도 보자. Marco Merlini et al., "Dolomite–IV: Candidate Structure for a Carbonate in the Earth's Lower Mantle," *American Mineralogist* 102(2017): 1763–66.

56. 다이아몬드 연구에 관한 포괄적인 개요는 다음 논문에서 찾을 수 있다. Stephen B. Shirey et al., "Diamonds and the Geology of Mantle Carbon," *Reviews of Mineralogy and Geochemistry* 75(2013): 355–421.

57. 커다란 다이아몬드. Evan M. Smith et al., "Large Gem Diamonds from Metallic Liquid in Earth's Deep Mantle," *Science* 354, no. 6318(2016): 1403–5.

58. 다이아몬드 내포물 연구에 관한 개요는 Steven B. Shirey and Stephen H. Richardson, "Start of the Wilson Cycle at 3 Ga Shown by Diamonds from

Subcontinental Mantle," *Science* 333(2011): 434-36.에 나와 있다. Shirey et al., "Diamonds and the Geology of Mantle Carbon"도 보자.

59. 미국보석연구소. https://www.gia.edu.

60. 30억 년 전의 기록을 담은 다이아몬드 내포물. 윌슨 주기(지각판 운동)는 30억 년 전에 시작되었다. The finding that diamond inclusions are different in gems older than 3 billion years was reported by Shirey and Richardson, "Start of the Wilson Cycle at 3 Ga."

61. 프랜시스 버치의 일대기 정보는 다음 책을 참고했다. Thomas J. Ahrens, *Albert Francis Birch, 1903-1992*(Washington, DC: National Academy of Sciences, 1998).

62. 프랜시스 버치. "Elasticity and Constitution of the Earth's Interior," *Journal of Geophysical Research* 57(1952): 227-86.

63. 프랜시스 버치. "Elasticity and Constitution," 234.

64. 내핵과 맨틀에 존재하는 탄소: 동위원소 증거. Bernard J. Wood, Jei Li, and Anat Shahar, "Carbon in the Core: Its Influence on the Properties of Core and Mantle," *Reviews in Mineralogy and Geochemistry* 75(2013): 231-50. 다음 논문도 보자. Anat Shahar et al., "High-Temperature Si Isotope Fractionation between Iron Metal and Silicate," *Geochimica et Cosmochemica Acta* 75(2011): 7688-97.

65. 제 리Jie Li의 일대기 정보는 2017년 6월에 그녀와 나눈 인터뷰와 이메일 기록에서 가져왔다.

66. 지구 내핵에 숨겨진 탄소. Bin Chen et al., "Hidden Carbon in Earth's Inner Core Revealed by Shear Softening in Dense Fe_7C_3," *Proceedings of the National Academy of Sciences USA* 111(2014): 17755-58.

67. 심층탄소. Clemens Prescher et al., "High Poisson's Ratio of Earth's Inner Core Explained by Carbon Alloying," *Nature Geoscience* 8(2015): 220-23.

68. 프아송 비. Prescher et al., "High Poisson's Ratio."

69. 광물 다양성 통계 분석. Hystad, "Statistical Analysis of Mineral Diversity."

70. 다음 자료에서 가져온 내용이다. Robert M. Hazen, "Mineral Fodder," *Aeon*, June 24, 2014, https://aeon.co/essays/how-life-made-the-earth-into-a-cosmic-marvel.

제2악장-공기

1. 태양계 성운에서 지구가 만들어졌다. Robert M. Hazen, *The Story of Earth: The First*

4.5 Billion Years, from Stardust to Living Planet(New York: Viking, 2012). 로버트 헤이즌, 『지구 이야기』, 김미선, 뿌리와이파리(2014).

2. 지구를 형성한 콘드라이트 운석의 평균적인 조성은 다음 논문에 요약되어 있다. H. Palme, K. Lodders, and A. Jones, "Solar System Abundances of the Elements," *Treatise on Geochemistry* 2(2014): 15–35.

3. 운석에 포함된 유기 화합물에 대한 상세한 내용은 다음 논문에 나와 있다. Mark A. Sephton, "Organic Compounds in Carbonaceous Meteorites," *Natural Products Report* 19(2002): 292–311. 훌륭한 요약을 원한다면 다음 논문을 보자. Puna Dalai, Hussein Kaddour, and Nita Sahai, "Incubating Life: Prebiotic Sources of Organics for the Origin of Life," *Elements* 12(2016): 401–6.

4. 초기 지구 대기. Kevin Zahnle, "Earth's Earliest Atmosphere," *Elements* 2(2006): 217–22.

5. 달의 형성에 대한 최근의 이론과 초기 아이디어는 다음 논문을 참조하자. Matija Ćuk et al., "Tidal Evolution of the Moon from a High-Obliquity, High-Angular-Momentum Earth," *Nature* 539(2016): 402–6. 헤이즌의 『지구 이야기』에도 나와 있다.

6. 희미한 젊은 태양 역설. Carl Sagan and George Mullen, "Earth and Mars: Evolution of Atmospheres and Surface Temperatures," *Science* 177(1972): 52–56.

7. 금성 대기의 온실가스. I. Rasool and C. De Bergh, "The Runaway Greenhouse and the Accumulation of CO_2 in the Venus Atmosphere,"*Nature* 226, no. 5250(1970): 1037–39.

8. 지구 원시 대기를 찾아서. John C. Armstrong, L. E. Wells, and G. Gonzales, "Rummaging through Earth's Attic for Remains of Ancient Life," *Icarus* 160(2002): 183–96.

9. 2015년 10월 6일 화요일, 이탈리아 지질학자 카를로 카르델리니, 조반니 키오디니, 마테오 렐리, 스테파노 칼리로가 심층탄소관측단의 현장 답사를 이끌었다. 샘 킨의 『카이사르의 마지막 숨』을 보면 나폴리 근처 그로타델카네 동굴에서도 이산화탄소가 새어나와 사냥개를 죽이곤 했다는 에피소드가 나온다.

10. 탄소 순환의 전형적 사례. James S. Trefil and Robert M. Hazen, *The Sciences: An Integrated Approach*, 8th ed.(Hoboken, NJ: Wiley, 2015), 431.

11. 심층탄소순환은 DCO의 "Reservoirs and Fluxes" 모임의 핵심주제였다. "Reservoirs and Fluxes"는 다음 웹사이트에서 확인할 수 있다. https://deepcarbon.net/

content/reservoirs—and—fluxes.

12. 탄소 흐름의 재해석. Peter B. Kelemen and Craig E. Manning, "Reevaluating Carbon Fluxes: What Goes Down, Mostly Comes Up," *Proceedings of the National Academy of Sciences USA* 112(2015): E3997—4006.

13. 석회화 과정에 참여하는 플랑크톤과 중생대 중기 혁명. Andy Ridgwell, "A Mid—Mesozoic Revolution in the Regulation of Ocean Chemistry," *Marine Geology* 217(2005): 339—57. 다음 논문도 보자. Andy Ridgwell and Richard E. Zeebe, "The Role of the Global Carbonate Cycle in the Regulation and Evolution of the Earth System," *Earth and Planetary Science Letters* 234(2005): 299—315.

14. 테리 플랭크와는 2018년 1월 10일에 이메일로 인터뷰했다.

15. 2008년 워크숍에서 스베르젠스키가 강연했다. 그 외에도 15편의 강연이 더 있었다. "Sloan Deep Carbon Cycle Workshop—Sessions," https://itunes.apple.com/us/podcast/sloan—deep—carbon—cycle—workshop—sessions/id438928309?mt=2.

16. 극한 조건에서 물의 유전상수. Ding Pan et al., "Dielectric Properties of Water under Extreme Conditions and Transport of Carbon in the Deep Earth," *Proceedings of the National Academy of Sciences USA* 110(2013): 6646—50.

17. 섭입대에서 탄산염 용해도 연구. S. Facq et al., "*In situ* Raman Study and Thermodynamic Model of Aqueous Carbonate Speciation in Equilibrium with Aragonite under Subduction Zone Conditions," *Geochimica et Cosmochimica Acta* 132(2014): 375—90. 추가 정보는 2018년 1월 12일에 다니엘과의 이메일 인터뷰를 통해 제공받았다.

18. 디미트리 스베르젠스키의 일대기 정보는 2018년 1월 11, 12, 14일에 그와 주고받은 이메일 인터뷰를 통해 제공받았다.

19. 광물 표면 연구 논문. Christine M. Jonsson et al., "Attachment of l—Glutamate to Rutile(α—TiO$_2$): A Potentiometric, Adsorption and Surface Complexation Study,"*Langmuir* 25(2009): 12127—35; Namhey Lee et al., "Speciation of l—DOPA on Nanorutile as a Function of pH and Surface Coverage Using Surface—Enhanced Raman Spectroscopy(SERS)," *Langmuir* 28(2012): 17322—30; Charlene Estrada et al., "Interaction between l—Aspartate and the Brucite [Mg(OH)$_2$]—Water Interface," *Geochimica et Cosmochimica Acta* 155(2015): 172—86; and Teresa Fornaro et al., "Binding of Nucleic Acid Components to the Serpentinite—Hosted Hydrothermal Mineral Brucite," *Astrobiology* 18, no. 8(August 2018): 989—1007,

https://doi.org/10.1089/ast.2017.1784.

20. 지구 깊은 곳의 물. Dimitri A. Sverjensky, Brandon Harrison, and David Azzolini, "Water in the Deep Earth: The Dielectric Constant and the Solubilities of Quartz and Corundum to 60kb and 1,200°C," *Geochimica et Cosmochimica Acta* 129(2014): 125-45.

21. 맨틀에서 만들어진 유기물질. Fang Huang et al., "Immiscible Hydrocarbon Fluids in the Deep Carbon Cycle," *Nature Communications* 8(2017): art. 15798.

22. 다이아몬드를 만드는 새로운 방법. Dimitri A. Sverjensky and Fang Huang, "Diamond Formation Due to a pH Drop during Fluid-Rock Interactions," *Nature Communications* 6(2015): art. 8702.

23. 심층메탄 정보 및 메탄 동위원소 연구. Mark A. Sephton and Robert M. Hazen, "On the Origins of Deep Hydrocarbons," *Reviews in Mineralogy and Geochemistry* 75(2013): 449-65.

24. 대기 중 이산화탄소 동위원소. John M. Eiler and Edwin Schauble, "$^{18}O^{13}C^{16}O$ in Earth's Atmosphere," *Geochimica et Cosmochimica Acta* 68(2004): 4767-77.

25. 에드워드 영의 일대기 정보는 2018년 1월 10일에 그와 주고받은 이메일을 통해 제공받았다.

26. 파노라마 기기의 개발은 다음 논문에 잘 나와 있다. Edward D. Young et al., "A Large-Radius High-Mass-Resolution Multiple-Collector Isotope Ratio Mass Spectrometer for Analysis of Rare Isotopologues of O_2, N_2, CH_4 and Other Gases," *International Journal of Mass Spectrometry* 401(2016): 1-10. 초기 응용에 관해서는 다음 논문을 참조하자. Edward D. Young et al., "The Relative Abundances of Resolved $^{12}CH_2D_2$ and $^{13}CH_3D$ and Mechanisms Controlling Isotopic Bond Ordering in Abiotic and Biotic Methane Gases," *Geochimica et Cosmochimica Acta* 203(2017): 235-64.

27. 오노 슈헤이의 일대기 정보는 2018년 1월 10일에 그와 주고받은 이메일을 통해 제공받았다. 개발 과정은 다음 논문에 잘 나와 있다. Shuhei Ono et al., "Measurement of a Doubly-Substituted Methane Isotopologue, $^{13}CH_3D$, by Tunable Infrared Laser Direct Absorption Spectroscopy," *Analytical Chemistry* 86(2014): 6487-94.

28. 메탄 동위원소 분석. A. R. Whitehill et al., "Clumped Isotope Effects during OH and Cl Oxidation of Methane," *Geochimica et Cosmochimica Acta* 196(2017):

307-25; and D. T. Wang et al., "Clumped Isotopologue Constraints on the Origin of Methane at Seafloor Hot Springs," *Geochimica et Cosmochimica Acta* 223(2018): 141-58.

29. 화산에서 분출되는 탄소의 흐름 예측. Michel R. Burton, Georgina M. Sawyer, and Dominico Granieri, "Deep Carbon Emissions from Volcanoes," *Reviews in Mineralogy and Geochemistry* 75(2013): 323-54.

30. 심층지구탄소분출연구위원회(DECADE) 논문 목록. https://deepcarboncycle.org/home-decade.

31. NOVAC의 협력 연구를 보라. http://www.novac-project.eu/partners.htm.

32. 화산에서 분출되는 이산화탄소와 이산화황 측정. A. Aiuppa et al., "Forecasting Etna Eruptions by Real-Time Observation of Volcanic Gas Composition," *Geology* 35(2007): 1115-18. For an application of the method, see J. M. de Moor et al., "Turmoil at Turrialba Volcano(Costa Rico): Degassing and Eruptive Processes Inferred from High-Frequency Gas Monitoring," *Journal of Geophysical Research—Solid Earth* 121, no. 8(2016): 5761-75.

33. 세인트헬렌스 화산 폭발 보고서. Peter W. Lipman and Donal R. Mullineaux, eds., dedication in *The 1980 Eruptions of Mount Saint Helens, Washington*, Geological Survey Professional Paper 1250(Washington, DC: US Government Printing Office, 1981), vii.

34. 해리 글리켄 부고. R. V. Fisher, "Obituary Harry Glicken(1958-1991)," *Bulletin of Volcanology* 53, no. 6(1991): 514-16.

45. 1993년 1월, 여러 명의 지질학자가 사망한 사건. Stanley Williams and Fen Montaigne, *Surviving Galeras*(New York: Houghton Mifflin, 2001); and Victoria Bruce, *No Apparent Danger: The True Story of Volcanic Disaster at Galeras and Nevada del Ruiz*(New York: HarperCollins, 2002).

36. 마리 에드먼즈의 일대기 정보는 2018년 1월 12, 16일에 그녀와 주고받은 이메일에서 가져왔다.

37. 화산 분출로 되돌아오는 탄소 연구. Emily Mason, Marie Edmonds, and Alexandra V. Turchyn, "Remobilization of Crustal Carbon May Dominate Volcanic Arc Emissions," *Science* 357, no. 6346(2017): 290-94.

38. 지구 화산 목록. https://volcano.si.edu.

39. 다이아몬드 유체 내포물. Fluid inclusions in diamonds are discussed in Steven

B. Shirey et al., "Diamonds and the Geology of Mantle Carbon," *Reviews of Mineralogy and Geochemistry* 75(2013): 355−421.

40. 맨틀 탄소 지질학과 다이아몬드. Shirey et al., "Diamonds and the Geology of Mantle Carbon." Additional background on DCO diamond research was provided by Steven Shirey in emails on January 12, 2018.

41. 탄소 흐름 재해석. Kelemen and Manning, "Reevaluating Carbon Fluxes." 심층탄소의 저장과 흐름에 대한 또다른 정보는 다음 논문에 나와 있다. Rajdeep Dasgupta and Marc M. Hirschmann, "The Deep Carbon Cycle and Melting in Earth's Interior," *Earth and Planetary Science Letters*(Frontiers) 298(2010): 1−13.

42. 화석연료 소비의 역사. "History of Energy Consumption in the United States, 1775−2009," February 9, 2011, https://www.eia.gov/todayinenergy/detail. php?id=10.

43. 온실효과와 지구 온난화에 대한 문헌은 워낙 방대하고 압도적이다. 주요 보고서는 다음과 같다. Gabriele C. Hegerl et al., "Understanding and Attributing Climate Change," in *Contribution of Working Group I to the Fourth Assessment Report of the Intergovernmental Panel on Climate Change, 2007*, ed. S. Solomon et al.(Cambridge: Cambridge University Press, 2007), chap. 9; National Research Council, *Advancing the Science of Climate Change*(Washington, DC: National Academies Press, 2010); Intergovernmental Panel on Climate Change, *Fifth Assessment Report*, 4 vols.(New York: Cambridge University Press, 2013).

44. 동계올림픽 개최지가 따뜻해지고 있다는 이야기는 다음 기사를 참고했다. Kendra Pierre−Louis and Nadja Popovich, "Of 21 Winter Olympic Cities, Many May Soon Be Too Warm to Host the Games," *New York Times*, January 11, 2018.

45. 메탄 방출의 긍정적인 효과. D. M. Lawrence and A. Slater, "A Projection of Severe Near−Surface Permafrost Degradation during the 21st Century," *Geophysical Research Letters* 32, no. 24(2005): L24401; David Archer, "Methane Hydrate Stability and Anthropogenic Climate Change," *Biogeosciences* 4, no. 4(2007): 521−44.

46. 오만 시추 프로젝트의 상세한 상황. http://www.omandrilling.ac.uk.

47. 제시 오수벨의 글을 참고했다. Jesse H. Ausubel, "A Census of Ocean Life: On the Difficulty and Joy of Seeing What Is Near and Far," *SGI Quarterly* 60(April 2010): 6−8.

제3악장―불

1. 미식축구 점수 매기기 역사. David M. Nelson, *The Anatomy of a Game*(Newark: University of Delaware Press, 1994).

2. 유기화학 훑어보기. Marye Anne Fox and James K. Whitesell, *Organic Chemistry*, 3rd ed.(Sudbury, MA: Jones and Bartlett, 2004).

3. 방향족 탄화수소. Alasdair H. Neilson, ed., *PAHs and Related Compounds: Chemistry*(Berlin: Springer, 1998). See also Chunsham Song, *Chemistry of Diesel Fuels*(Boca Raton, FL: CRC Press, 2015).

4. 타이탄 위성의 강과 호수. E. R. Stofan et al., "The Lakes of Titan," *Nature* 445(2007): 61-64. See also A. Coustenis and F. W. Taylor, *Titan: Exploring an Earthlike World*(Singapore: World Scientific, 2008).

5. 정유 과정. James G. Speight, *The Chemistry and Technology of Petroleum*, 4th ed.(New York: Marcel Dekker, 2006).

6. 오염 방지 선박용 페인트. A. I. Railkin, *Marine Biofouling: Colonization Processes and Defenses*(Boca Raton, FL: CRC Press, 2004); Laurel Hamers, "Designing a Better Glue from Slug Goo," *Science News*, September 30, 2017, 14-15. 뱃전에 홍합이 달라붙지 못하게 막는 흥미로운 접근법은 다음 논문을 보라. Shahrouz Amini et al., "Preventing Mussel Adhesion Using Lubricant-Infused Materials," *Science* 357, no. 6352(2017): 668-72.

7. 접착제와 밀봉제. Edward M. Petrie, *Handbook of Adhesives and Sealants*(New York: McGraw-Hill, 2000).

8. 실내악단 공연은 1975년 2월 10일 하버드 샌더스 극장에서 열렸다. 우리는 다음날 보스턴, 뉴베리가, 인터미디어 사운드 스튜디오에서 녹음했다. 그러나 공사로 인한 간헐적인 배경 소음이 발생하여 방송용으로 적합하지는 않았다. 상황을 더 자세히 알아보고자 2017년 9월 27일과 10월 1일에 마르사 김과 메일로 인터뷰했다.

9. 가임과 노보셀로프가 노벨상을 수상한 연구가 궁금하다면 다음 논문을 참고하자. K. S. Novoselov et al., "Electric Field Effect in Atomically Thin Carbon Films," *Science* 306(2004): 666-69. 다음 논문도 함께 보자. Andre K. Geim and Konstantin S. Novoselov, "The Rise of Graphene," *Nature Materials* 6(2007): 183-91.

10. 안드레 가임과 김 필립. "Carbon Wonderland," *Scientific American* 298(April 2008): 90-97; Edward L. Wolf, *Applications of Graphene: An Overview*(Berlin:

Springer, 2014).

11. 염색약으로의 그래핀. Mitch Jacoby, "Graphene Finds New Use as Hair Dye," *Chemical and Engineering News*, March 10, 2018, 4.

12. 흑연 탄소 나노튜브. Sumio Iijima, "Helical Microtubules of Graphitic Carbon," *Nature* 354(1991): 56–58.

13. 다양한 탄소 나노 구조. Peter J. F. Harris, *Carbon Nanotube Science: Synthesis, Properties and Applications*(New York: Cambridge University Press, 2009).

14. 버크민스터풀러렌. H. W. Kroto et al., "C_{60}: Buckminsterfullerene,"*Nature* 318, no. 6042(1985): 162–63. Richard E. Smalley, "Discovering the Fullerenes," *Reviews of Modern Physics* 69(1997): 723–30도 함께 보자.

15. 분자 기계의 사례들. Guillaume Povie et al., "Synthesis of a Carbon Nanobelt," *Science* 356, no. 6334(2017): 172–73.

16. 위키에서 인용했다. 영화 〈졸업〉 https://en.wikiquote.org/wiki/The_Graduate.

17. 고무 제조 공정. Howard Wolf and Ralph Wolf, *Rubber: A Story of Glory and Greed*(Akron, OH: Smithers Rapra, 2009).

18. 중합화 과정. Hermann Staudinger, "Über Polymerisation," *Berichte der Deutschen Chemischen Gesellschaft* 53, no. 6(1920): 1073–85.

19. 합성 고분자 화학. Mary Ellen Bowden, *Chemical Achievers: The Human Face of the Chemical Sciences*(Philadelphia: Chemical Heritage Foundation, 1997). Jeffrey L. Meikle, *American Plastics: A Cultural History*(New Brunswick, NJ: Rutgers University Press, 1997)도 함께 보자.

20. 월리스 캐러더스의 삶과 활동. Meikle, *American Plastics*.

21. 폴리우레탄 실험 키트. 플린과학(바타비아, 일리노이주). https://www.flinnsci.com/polyurethane-foam-system---chemical-demonstration-kit/c0335.

22. 겸상적혈구빈혈증을 일으키는 유전자 돌연변이. D. C. Rees, T. N. Williams, and M. T. Gladwin, "Sickle Cell Disease," *Lancet* 376, no. 9757(2010): 2018–31.

23. 플라스틱의 분해. Aamer Ali Shah et al., "Biological Degradation of Plastics: A Comprehensive Review," *Biotechnology Advances* 26(2008): 246–65.

24. 나일론의 분해. M. Moezzi and M. Ghane, "The Effect of UV Degradation on Toughness of Nylon 66/Polyester Woven Fabrics," *Journal of the Textile Institute* 104, no. 12(2013): 1277–83.

25. 마르셀라 하잔Marcella Hazan, *Essentials of Classic Italian Cooking*(New York:

Knopf, 1992). 요리 장인이 파스타를 만드는 과정은 2018년 5월, 테레사 포나로와의 인터뷰에서 얻은 정보를 바탕으로 했다.

26. 미국의회도서관. 종이의 손상과 보존. https://www.loc.gov/preservation/care/deterioratebrochure.html.

제4악장―물

1. 생명의 기원 질문이 담고 있는 철학적 문제에 관한 많은 책들 중 다음의 책을 참고했다. Iris Fry, *The Emergence of Life on Earth: A Historical and Scientific Overview*(New Brunswick, NJ: Rutgers University Press, 2000); and Constance M. Bertka, ed., *Exploring the Origin, Extent, and Future of Life: Philosophical, Ethical and Theological Perspectives*(Washington, DC: American Association for the Advancement of Science, 2009).

2. 달의 생성 시기는 다음 논문에 나와 있다. Tais W. Dahl and David J. Stevenson, "Turbulent Mixing of Metal and Silicate during Planet Accretion―an Interpretation of the Hf―W Chronometer," *Earth and Planetary Science Letters* 295, no. 1-2(2010): 177-86. 논란이 없지는 않지만, 고생물학자들은 대체로 지구에서 가장 오래된 화석이 서오스트레일리아에서 발견된 약 35억 년 전의 스트로마톨라이트라는 사실에 동의한다. Abigail Allwood et al., "Stromatolite Reef from the Early Archean of Australia," *Nature* 441, no. 7094(2006): 714-18. 그럴듯해 보이는 37억 년 전의 화석이 그린란드에서 발견되었다. T. Hassenkam et al., "Elements of Eoarchean Life Trapped in Mineral Inclusions," *Nature* 548(2017): 78-81. 더 오래된 생명의 신호. Matthew S. Dodd et al., "Evidence for Early Life in Earth's Oldest Hydrothermal Vent Precipitates," *Nature* 543(2017): 60-64; Takayuki Tashiro et al., "Early Trace of Life from 3.95 Ga Sedimentary Rocks in Labrador, Canada," *Nature* 549(2017): 516-18.

3. 지구 생물권이 화성의 운석에서 비롯했을 가능성. C. Mileikowsky et al., "Natural Transfer of Microbes in Space, Part I: From Mars to Earth and Earth to Mars," *Icarus* 145, no. 2(2000): 391-427.

4. 시몬 미튼의 『프레드 호일: 과학하는 삶』 *Fred Hoyle: A Life in Science*(New York: Cambridge University Press, 2011)을 보라.

5. 생명과 생명의 기원 가설. Noam Lahav, *Biogenesis: Theories of Life's Origins*(New York: Oxford University Press, 1999); Fry, *Emergence of Life on Earth*; Robert

M. Hazen, *Genesis: The Scientific Quest for Life's Origin*(Washington, DC: Joseph Henry Press, 2005); David Deamer and Jack W. Szostak, eds., *The Origins of Life*(Cold Spring Harbor, NY: Cold Spring Harbor Laboratory Press, 2010); Eric Smith and Harold J. Morowitz, *The Origin and Nature of Life on Earth: The Emergence of the Fourth Geosphere*(New York: Cambridge University Press, 2016).

6. 점토 세계 가설. A. Graham Cairns-Smith, *Seven Clues to the Origin of Life*(Cambridge: Cambridge University Press, 1985); and A. Graham Cairns-Smith and Hyman Hartman, *Clay Minerals and the Origin of Life*(Cambridge: Cambridge University Press, 1986). 그레이엄 케언스, 『생명의 기원에 관한 일곱 가지 단서』, 곽재홍, 두산잡지BU(1991); 동아출판사(1994).

7. 생명 이전의 유기합성. Stanley L. Miller, "A Production of Amino Acids under Possible Primitive Earth Conditions," *Science* 117(1953): 528-29; and Stanley L. Miller, "Production of Some Organic Compounds under Possible Primitive Earth Conditions," *Journal of the American Chemical Society* 77(1955): 2351-61. Christopher Wills and Jeffrey Bada, *The Spark of Life: Darwin and the Primeval Soup*(Cambridge, MA: Perseus, 2000). 크리스토퍼 윌스, 제프리 배더, 『생명의 불꽃』, 고문주, 아카넷(2013).

8. 그의 짧은 전기가 궁금하다면 S. L. Miller and J. Oró, "Harold C. Urey 1893-1981," *Journal of Molecular Evolution* 17(1981): 263-64를 보라.

9. 유리 밀러. "Production of Amino Acids."

10. Claude Lévi-Strauss, *La pensée sauvage*(Paris: Libraire Plon, 1962). 클로드 레비스트로스, 『야생의 사고』, 안정남, 한길사(1996).

11. 잘못된 이분법. Robert M. Hazen, "Deep Carbon and False Dichotomies," *Elements* 10(2010): 407-9.

12. Wills and Bada, *Spark of Life*, 41. 크리스토퍼 윌스, 제프리 배더, 『생명의 불꽃』, 고문주, 아카넷(2013).

13. 열수분출공 가설을 비판한 밀러. P. Radetsky, "How Did Life Start?" *Discover*, November 1992, 74-82. 더 많은 정보를 원한다면 헤이즌의 책 『제너시스』 참조.

14. 토성의 위성, 엔셀라두스. Paul M. Schenk et al., *Enceladus and the Icy Moons of Saturn*(Tucson: University of Arizona Press, 2018).

15. 친수성, 소수성을 갖는 양친매성 물질. David W. Deamer and R. M. Pashley, "Amphiphilic Components of the Murchison Carbonaceous Chondrite: Surface

Properties and Membrane Formation," *Origins of Life and Evolution of the Biosphere* 19(1989): 21-38. 더 일반적인 개요는 David W. Deamer, "Self-Assembly of Organic Molecules and the Origin of Cellular Life," *Reports of the National Center for Science Education* 23(May-August 2003): 20-33 참조.

16. 조셉 후커에게 보낸 다윈의 편지. https://www.darwinproject.ac.uk/letter/DCP-LETT-7471.xml.

17. 샬린 에스트라다의 일대기 정보는 2017년 1월에 그녀와 나눈 인터뷰와 이메일 기록에서 가져왔다.

18. 아미노산 흡착 연구. Charlene Estrada et al., "Interaction between l-Aspartate and the Brucite $[Mg(OH)_2]$-WaterInterface,"*Geochimica et Cosmochimica Acta* 155(2015): 172-86.

19. 테레사 포나로의 일대기 정보는 2017년 1월에 그녀와 나눈 인터뷰와 이메일 기록에서 가져왔다.

20. 브루사이트와 뉴클레오티드에 관한 포나로의 연구를 알고 싶다면 다음 논문을 참고하자. Teresa Fornaro et al., "Binding of Nucleic Acid Components to the Serpentinite-Hosted Hydrothermal Mineral Brucite," *Astrobiology* 18, no. 8(August 2018): 989-1007, https://doi.org/10.1089/ast.2017.1784.

21. 스미스와 모로비츠의 *Origin and Nature of Life on Earth*, 186, 201 참조.

22. 헤이즌의 논문에서 인용했다. Robert M. Hazen, "Chance, Necessity, and the Origins of Life," *Philosophical Transactions of the Royal Society. Series A* 375(2016): 20160353.

23. Jacques Monod, *Chance and Necessity: An Essay on the Natural Philosophy of Modern Biology*(New York: Vintage Books, 1972). 자크 모노, 『우연과 필연』, 조현수, 궁리(2010).

24. 쇼페니엘스, 『반우연파』Ernest Schoffeniels, *Anti-chance: A Reply to Monod's Chance and Necessity*, trans. B. L. Reid(Oxford: Pergamon, 1976), 18.

25. 이 가설은 카네기 연구소 강연에서 처음 발표되었다. Robert Hazen, "Chance, Necessity, and the Origins of Life"(Carnegie Public Lectures, Carnegie Institution for Science, November 12, 2015), accessed October 12, 2018, https://carnegiescience.edu/events/lectures/special-event-robert-hazen-chance-necessity-and-origins-life.

26. Charles Darwin, *The Origin of Species*(London: John Murray, 1859). 찰스 다윈, 『종

의 기원』, 장대익, 사이언스북스(2019).

27. 폴 팔코프스키, 『생명의 엔진』Paul G. Falkowski, *Life's Engines: How Microbes Made Earth Habitable*(Princeton, NJ: Princeton University Press, 2015). 다음 논문도 함께 보자. J. D. Kim et al., "Discovering the Electronic Circuit Diagram of Life: Structural Relationships among Transition Metal Binding Sites in Oxidoreductases," *Philosophical Transactions of the Royal Society. Series B* 368(2013): 20120257.

28. 폴 팔코프스키의 일대기 정보는 『생명의 엔진』을 참고했다. 추가 정보는 2017년 6월 9일과 2017년 12월 10일에 그와 주고받은 이메일 인터뷰와 출판되지 않은 회고록에서 가져왔다.

29. 지구권과 생물권의 공진화에서 미생물의 역할. Benjamin I. Jelen, Donato Giovannelli, and Paul G. Falkowski, "The Role of Microbial Electron Transfer in the Coevolution of the Geosphere and Biosphere," *Annual Review of Microbiology* 70(2016): 45-62.

30. 지하 깊은 곳 미생물 생명체. https://deepcarbon.net/content/deep-life.

31. 지하 깊은 곳 미생물 생명체 목록. https://deepcarbon.net/tag/census-deep-life.

32. 스티븐 동트의 일대기 정보는 2017년 12월 20일에 그와 나눈 이메일 인터뷰에서 가져왔다.

33. 고압 환경에서 미생물의 활성. Anurag Sharma et al., "Microbial Activity at Gigapascal Pressures," *Science* 295(2002): 1514-16.

34. 광합성. Falkowski, *Life's Engines*, 96 and following.

35. 근적외선을 흡수하는 엽록소. Dennis J. Nürnberg et al., "Photochemistry beyond the Red Limit in Chlorophyll f-Containing Photosystems," *Science* 360(2018): 1210-13.

36. 광물의 진화. Robert M. Hazen et al., "Mineral Evolution,"*American Mineralogist* 93(2008): 1693-1720.

37. 다세포 생명체의 기원은 다음 책에 잘 나타나 있다. Andrew H. Knoll, *Life on a Young Planet: The First Three Billion Years of Evolution on Earth*(Princeton, NJ: Princeton University Press, 2003), 161-78. 앤드루 놀, 『생명 최초의 30억 년』, 김명주, 뿌리와이파리(2007).

38. 앤드루 놀, 『생명 최초의 30억 년』Knoll, *Life on a Young Planet*, 122-60.

39. 린 마굴리스의 일대기 정보는 그녀가 죽기 3주 전인 2011년 11월 3일과 4일에 매

사추세츠주 애머스트에서 진행한 인터뷰에서 가져왔다.

40. 린 세이건Lynn Sagan, "On the Origin of Mitosing Cells," *Journal of Theoretical Biology* 14(1967): 225-74. See also Lynn Margulis, *Origin of Eukaryotic Cells*(New Haven, CT: Yale University Press, 1970). 칼 세이건과 이혼하기 전에 쓴 논문이다.

41. 찰스 만의 글에서 인용했다. Charles Mann, "Lynn Margulis: Science's Unruly Earth Mother," *Science* 252(April 19, 1991): 379-81.

42. 에디아카라 화석은 앤드루 놀의 책 『생명 최초의 30억 년』에 나와 있다. 추가 정보는 2017년 6월 10일에 드루 무센테에게서 이메일로 제공받았다.

43. 마이클 마이어의 일대기 정보는 2017년 봄에 그와 나눈 대화와 2017년 6월 7일에 주고받은 이메일을 통해 얻었다.

44. 고생물학 데이터베이스. https://paleobiodb.org.

45. 에디아카라 연구인 "Deep-Time Data-Driven Discovery and the Co-evolution of the Geosphere and Biosphere"는 2017년 5월 4일, 버지니아주 앨링턴에 있는 국립과학재단 강연에서 발표했다.

46. 화석 기록으로 대멸종을 밝힐 네트워크 분석. A. Drew Muscente et al., "Quantifying Ecological Impacts of Mass Extinctions with Network Analysis of Fossil Communities," *Proceedings of the National Academy of Sciences* USA 115(2018): 5217-22.

47. 생체 광물화에 대한 주요 참고 문헌은 다음과 같다. Patricia Dove, "The Rise of Skeletal Biominerals," *Elements* 6, no. 1(2010): 37-42. 산호 형성에 대한 통찰은 다음 논문 참조. Stanislas Von Euw et al., "Biological Control of Aragonite Formation in Stony Corals," *Science* 356, no. 6341(2017): 933-38.

48. 퍼트리샤 더브의 일대기 정보는 2017년 6월 23일과 2018년 1월 11일에 그녀와 나눈 이메일 인터뷰에서 가져왔다.

49. 무정형 탄산칼슘에 대한 주요 참고 문헌은 다음과 같다. S. Weiner et al., "Biologically Formed Amorphous Calcium Carbonate," Connective Tissue Research 44(2003): 214-18. D. Wang et al., "Carboxylated Molecules Regulate Magnesium Content of Amorphous Calcium Carbonates during Calcification," *Proceedings of the National Academy of Sciences USA* 106(2009): 21511-16.

50. 코콜리드. 석회비늘편모류. Hans R. Thierstein and Jeremy R. Young, *Coccolithophores: From Molecular Processes to Global Impact*(Berlin: Springer,

2004).

51. 육상 생명체의 등장. David Beerling, *The Emerald Planet: How Plants Changed Earth's History*(New York: Oxford University Press, 2007).

52. 고생대 노래기류. Heather M. Wilson and Lyall I. Anderson, "Morphology and Taxonomy of Paleozoic Millipedes(Diplopoda: Chilignatha: Archipolypoda) from Scotland," *Journal of Paleontology* 78(2004): 169-84.

53. 닐 슈빈의 일대기 정보는 2018년 1월에 그와 나눈 이메일 인터뷰에서 가져왔다.

54. 그 발견은 다음 논문에 기술되어 있다. Edward B. Daeschler, Neil H. Shubin, and Farish A. Jenkins Jr., "A Devonian Tetrapod-like Fish and the Evolution of the Tetrapod Body Plan," *Nature* 440, no. 7085(2006): 757-63. 좀더 대중적인 설명은 다음 책 참조. Neil H. Shubin, *Your Inner Fish: A Journey into the 3.5-Billion-Year History of the Human Body*(New York: Vintage Books, 2008). 닐 슈빈, 『내 안의 물고기』, 김명남, 김영사(2009).

55. 산호. Dirk Willem van Krevelen, Coal: *Typology, Chemistry, Physics and Constitution*, 3rd ed.(New York: Elsevier Science, 1993).

56. 유기탄소를 격리하는 점토광물의 역할. Martin J. Kennedy and Thomas Wagner, "Clay Mineral Continental Amplifier for Marine Carbon Sequestration in a Greenhouse Ocean," *Proceedings of the National Academy of Sciences USA* 108(2011): 9776-81.

57. 방사성 탄소 연대측정. R. E. Taylor, *Radiocarbon Dating: An Archeological Perspective*(Orlando, FL: Academic Press, 1987).

58. 방사성 탄소 연대측정. Taylor, *Radiocarbon Dating*, chap. 6.

59. 홍적세 말, 말과 낙타의 사냥. Michael R. Waters et al., "Late Pleistocene Horse and Camel Hunting at the Southern Margin of the Ice-Free Corridor: Reassessing the Age of Wally's Beach, Canada," *Proceedings of the National Academy of Sciences USA* 112, no. 14(2015): 4263-67.

60. 대기 중 탄소 동위원소. Quan Hua, Mike Barbetti, and Andrzej Z. Rakowski, "Atmospheric Radiocarbon for the Period 1950-2010," *Radiocarbon* 55(2013): 2059-72.

61. 분자의 순환을 계산하는 또 하나의 흥미로운 방법. Sam Kean, *Caesar's Last Breath: Decoding the Secrets of the Air around Us*(New York: Little, Brown, 2017). 샘 킨, 『카이사르의 마지막 숨』, 이충호, 해나무(2021).

찾아보기

〈뿌리와이파리 오파비니아〉를 내며

지금부터 5억 년 전, 생물의 온갖 가능성이 활짝 열린 시대가 있었다. 우리는 그것을 캄브리아기 대폭발이라 부른다. 우리가 아는 대부분의 생물은 그때 열린 문들을 통해 진화의 길을 걸어 오늘에 이르렀다.

그러나 그보다 많은 문들이 곧 닫혀버렸고, 많은 생물들이 그렇게 진화의 뒤안길로 사라졌다. 흙을 잔뜩 묻힌 화석으로 발견된 그 생물들은 우리의 세상을 기고 걷고 날고 헤엄치는 생물들과 겹치지 않는 전혀 다른 무리였다. 학자들은 자신의 '구둣주걱'으로 그 생물들을 기존의 '신발'에 밀어넣으려고 안간힘을 썼지만, 그 구둣주걱은 부러지고 말았다.

오파비니아. 눈 다섯에 머리 앞쪽으로 소화기처럼 기다란 노즐이 달린, 마치 공상과학영화의 외계생명체처럼 보이는 이 생물이 구둣주걱을 부러뜨린 주역이었다.

뿌리와이파리는 '우주와 지구와 인간의 진화사'에서 굵직굵직한 계기들을 짚어보면서 그것이 현재를 살아가는 우리에게 어떤 뜻을 지니고 어떻게 영향을 미치고 있는지를 살피는 시리즈를 연다. 하지만 우리는 익숙한 세계와 안이한 사고의 틀에 갇혀 그런 계기들에 섣불리 구둣주걱을 들이밀려고 하지는 않을 것이다. 기나긴 진화사의 한 장을 차지했던, 그러나 지금은 멸종한 생물인 오파비니아를 불러내는 까닭이 여기에 있다.

진화의 역사에서 중요한 매듭이 지어진 그 '활짝 열린 가능성의 시대'란 곧 익숙한 세계와 낯선 세계가 갈라지기 전에 존재했던, 상상력과 역동성이 폭발하는 순간이 아니었을까? 〈뿌리와이파리 오파비니아〉는 두 개의 눈과 단정한 입술이 아니라 오파비니아의 다섯 개의 눈과 기상천외한 입을 빌려, 우리의 오늘에 대한 균형 잡힌 이해에 더해 열린 사고와 상상력까지를 담아내고자 한다.

탄소 교향곡

탄소와 거의 모든 것의 진화

2022년 5월 20일 초판 1쇄 찍음
2022년 6월 10일 초판 1쇄 펴냄

지은이 로버트 M. 헤이즌
옮긴이 김홍표

펴낸이 정종주
편집주간 박윤선
편집 박소진 김신일
마케팅 김창덕

펴낸곳 도서출판 뿌리와이파리
등록번호 제10-2201호 (2001년 8월 21일)
주소 서울시 마포구 월드컵로 128-4 (월드빌딩 2층)
전화 02)324-2142~3
전송 02)324-2150
전자우편 puripari@hanmail.net

표지 디자인 페이지

종이 화인페이퍼
인쇄 및 제본 영신사
라미네이팅 금성산업

값 22,000원
ISBN 978-89-6462-172-1 (03450)